메가스터디 수학 연산 프로그램

메가 계산력

응용편

응용 6권

초등 3학년

자연

KB017934

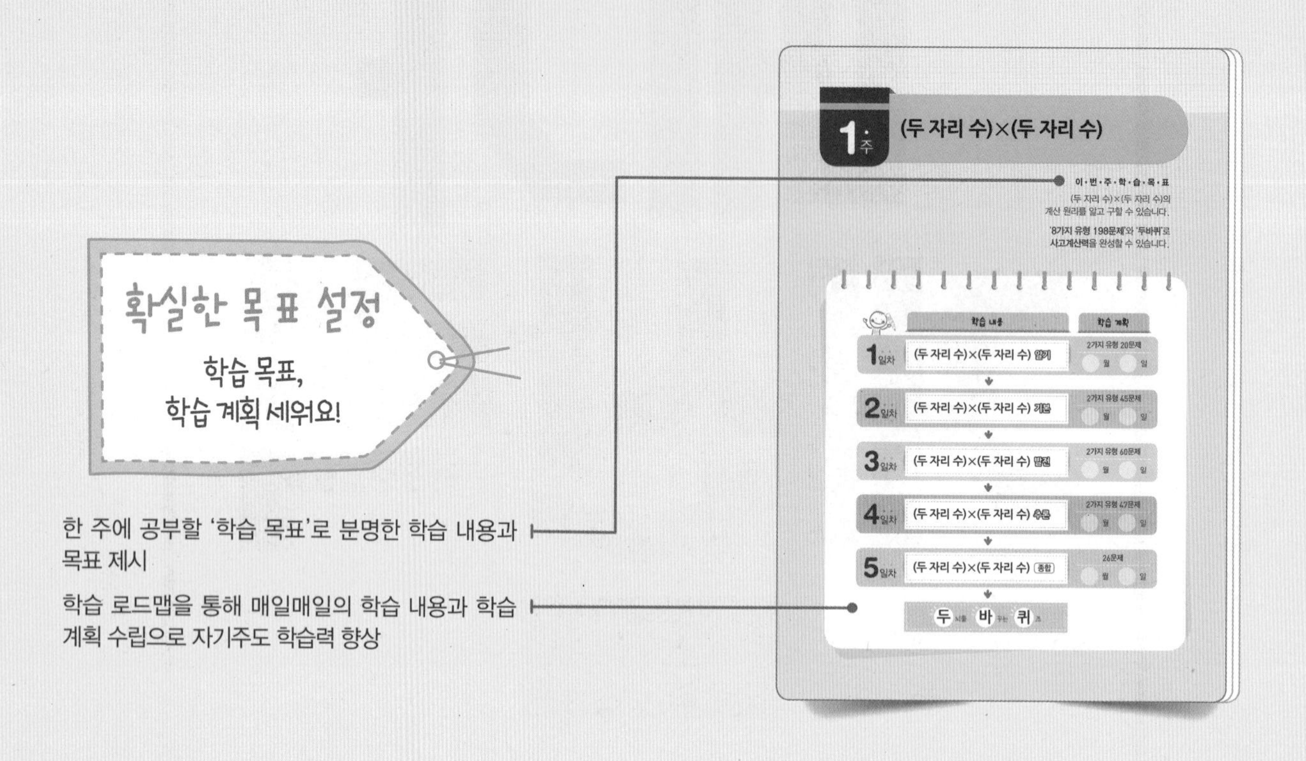

한 주에 공부할 '학습 목표'로 분명한 학습 내용과 목표 제시

학습 로드맵을 통해 매일매일의 학습 내용과 학습 계획 수립으로 자기주도 학습력 향상

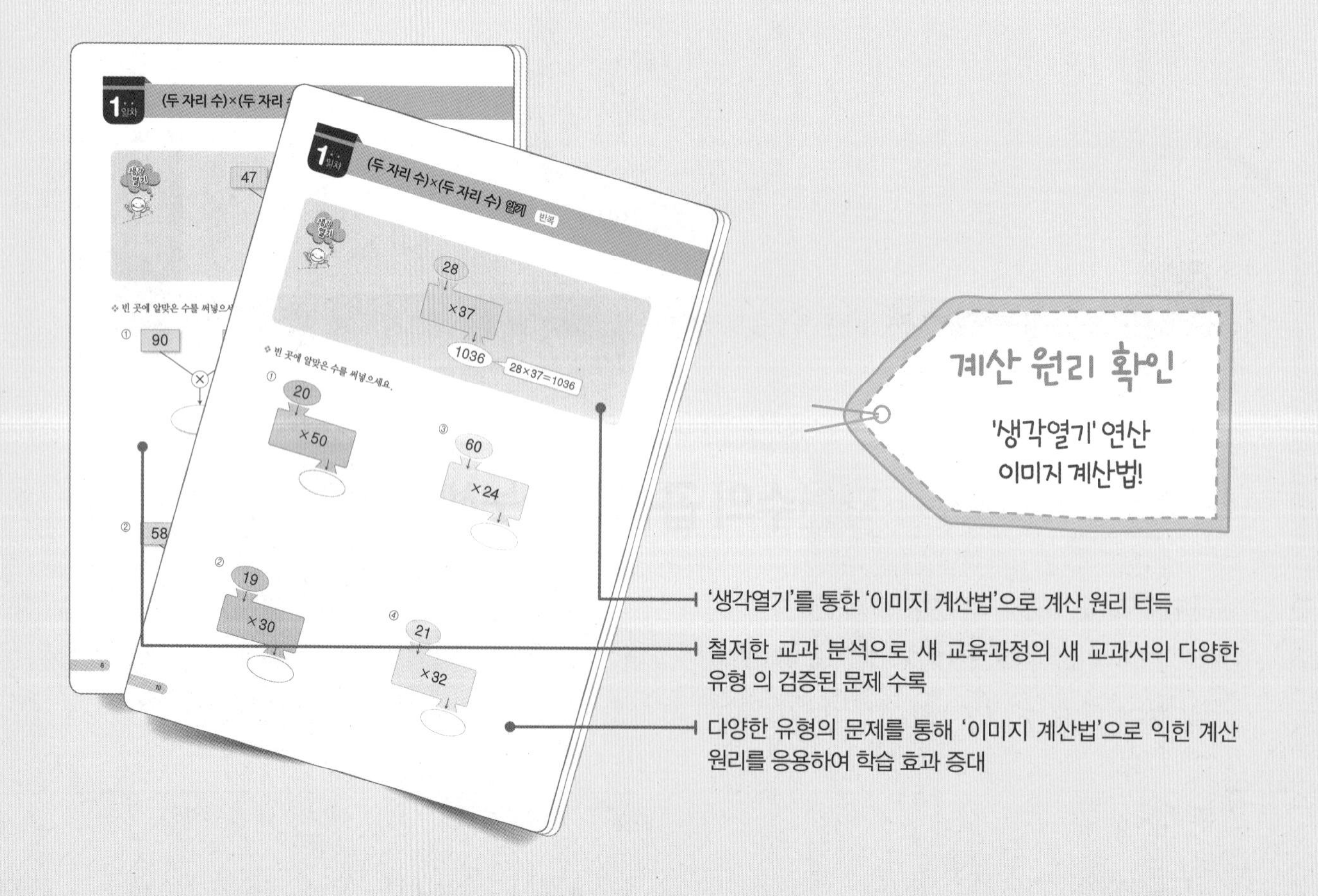

'생각열기'를 통한 '이미지 계산법'으로 계산 원리 터득

철저한 교과 분석으로 새 교육과정의 새 교과서의 다양한 유형 의 검증된 문제 수록

다양한 유형의 문제를 통해 '이미지 계산법'으로 익힌 계산 원리를 응용하여 학습 효과 증대

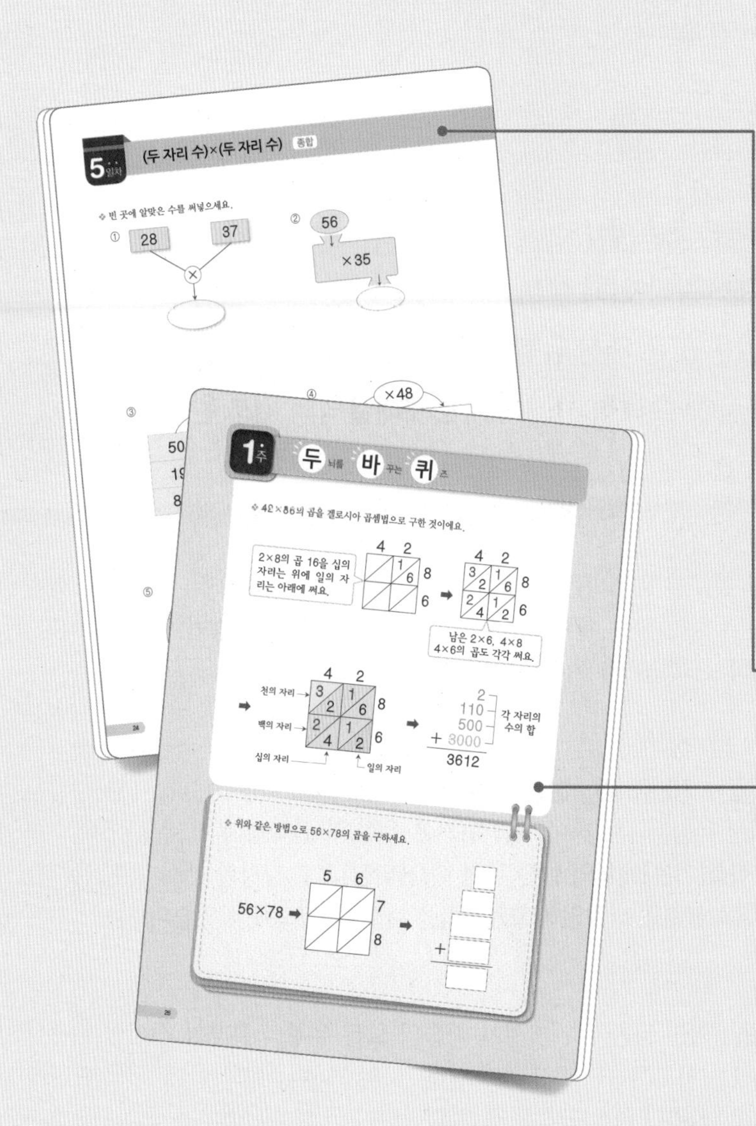

일차별 흐름 학습

기본 유형과 확장 유형으로 수리 계산력을 다져요!

- 일차별 학습 '알기(1일), 기본(2일), 발전(3일), 추론(4일)'에 따른 '연습 → 반복 → 종합'의 3단계 흐름 학습으로 사고계산력 다지기
- '종합문제와 두바퀴(5일차)'를 통해 한 주 학습을 진단하고 마무리하여 사고계산력의 완성도 높이기

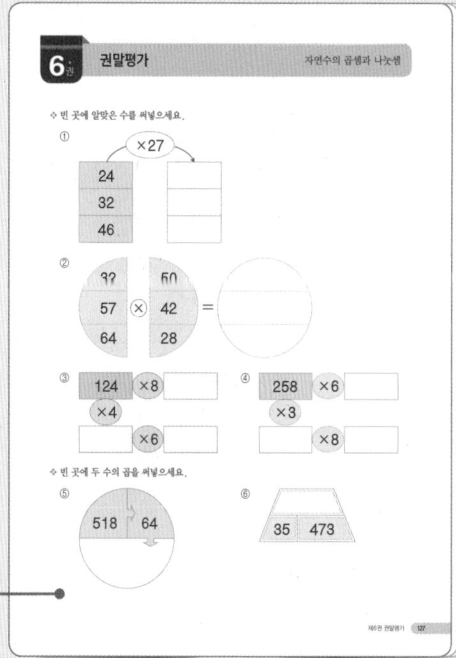

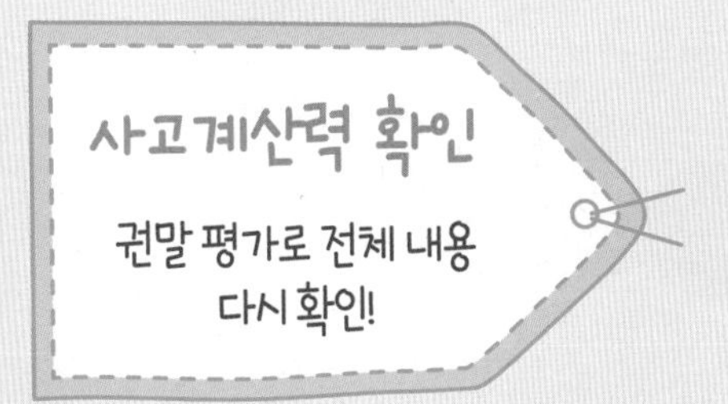

사고계산력 확인

권말 평가로 전체 내용 다시 확인!

- 6주 과정 대표 문제로 실력 확인 학습

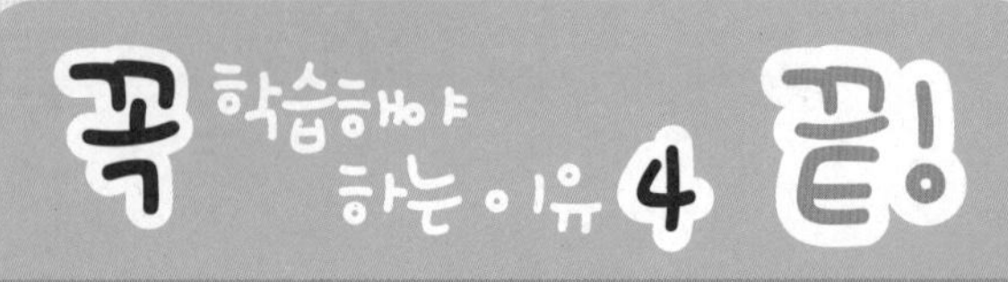

1. **'학습로드맵'**을 통해 **학습 목표**와 **학습 계획** 끝!
2. **생각열기**의 **'이미지 계산법'**으로 **계산원리 이해** 끝!
3. **교과서 계산 유형**뿐만 아니라 새로운 **모든 계산 유형**으로 **학교 시험 한 방**에 끝!
4. **추론 계산 유형**과 **두**뇌를 **바**꾸는 **퀴**즈를 통해 **수학적 사고력**과 **문제해결력**의 **기초 완성** 끝!

매일매일 꾸준히 하는 공부 습관도 중요하지만 일주일의 계획을 세워 실행하는 실행력이 더 중요합니다. 매일 학습하기 전에 학습 목표를 살피고 그날의 학습과 일주일의 학습 계획을 세워나가는 전략적인 학습 방법이 필요합니다. **학습로드맵은 학습 목표와 학습 계획을 세워 자기주도 학습력**을 키우는데 알맞습니다.

학습로드맵에 따라 일차별 흐름 학습 **'알기(1일), 기본(2일), 발전(3일), 추론(4일)'으로 학습**합니다. 1일~3일차에서는 새 교육과정의 새 교과서에 따른 **필수 계산 유형**을 엄선하여 연습형(기본 유형)과 반복형(복합 유형)으로 구성하였고, 4일차에서는 **1일~3일차의 필수 유형 학습[기본]에서의 발전 유형 학습[확장]**으로 다양한 계산 유형 문제를 자연스럽고 빠르게 적용하여 **논리적사고력과 문제해결력의 바탕인 사고계산력**을 다질 수 있도록 하였습니다.

마지막 5일차의 '종합 학습'은 **한 주 학습에 대한 확인 평가**로 1~4일차 학습의 모든 유형의 문제가 섞여있는 종합 문제입니다. 각 주의 내용을 스스로 평가할 수 있는 자학자습의 효과까지 얻을 수 있습니다. 이와 함께 '두뇌를 바꾸는 퀴즈'를 통해 **1주 전체 학습을 마무리하여 사고계산력의 완성도**를 높일 수 있습니다.

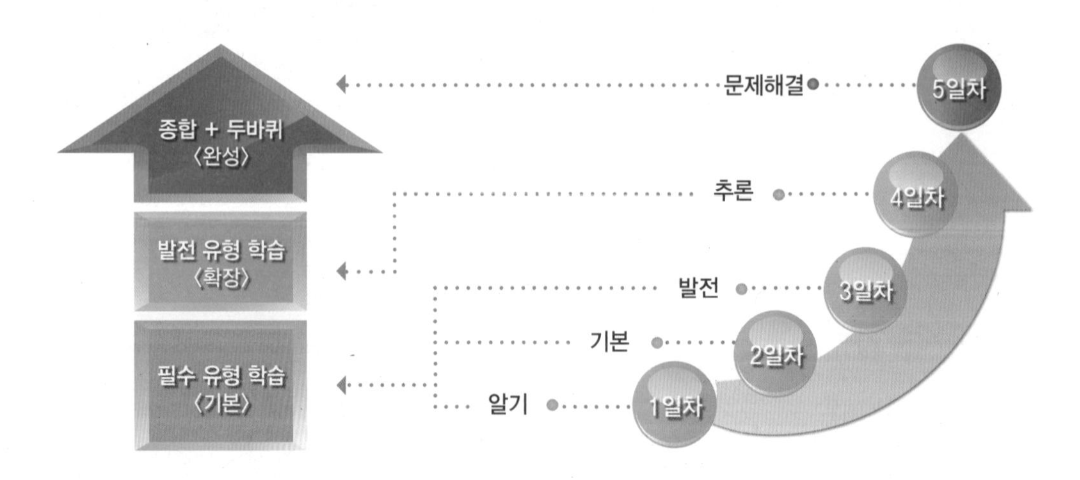

❖ **6주 학습[1권 과정]** 완료 후 **권말평가**로 **성취감**과 **자신감**을 **확인**합니다.

책의 마지막에 권말평가는 학습 부담을 주기 위함이 아니라 간단하게 확인하여 성취감과 자신감을 가질 수 있도록 하는 것입니다.

권별 학습내용

❖ 메가북스 홈페이지 www.megabooks.co.kr의 '메가 계산력 응용편' 자료실에서 각 권의 진단평가를 다운 받아 보실 수 있습니다.

1권	자연수의 덧셈과 뺄셈 기본
1주	합이 9까지인 수의 덧셈
2주	한 자리 수의 뺄셈
3주	세 수의 덧셈과 뺄셈 ①
4주	(몇십 몇)±(몇)
5주	(두 자리 수)±(두 자리 수) ①
6주	세 수의 덧셈과 뺄셈 ②

2권	자연수의 덧셈과 뺄셈 초급
1주	10이 되는 덧셈, 10에서 빼는 뺄셈
2주	세 수의 덧셈과 뺄셈 ③
3주	받아올림이 있는 (몇)+(몇)
4주	받아내림이 있는 (십몇)−(몇)
5주	(두 자리 수)±(한 자리 수)
6주	(두 자리 수)±(두 자리 수) ②

3권	자연수의 덧셈과 뺄셈 중급/곱셈구구
1주	두 자리 수의 덧셈과 뺄셈
2주	세 수의 덧셈과 뺄셈
3주	2, 3, 4, 5의 단 곱셈구구
4주	6, 7, 8, 9의 단 곱셈구구
5주	곱셈구구
6주	세 수의 곱셈

4권	자연수의 덧셈과 뺄셈 고급
1주	(세 자리 수)±(두 자리 수)
2주	(세 자리 수)+(세 자리 수)
3주	(세 자리 수)−(세 자리 수)
4주	세 자리 수의 덧셈과 뺄셈
5주	세 수의 덧셈과 뺄셈
6주	(네 자리 수)±(세 자리 수)

5권	자연수의 곱셈과 나눗셈 기본
1주	같은 수 빼기 ① / 곱셈구구로 하는 나눗셈 ①
2주	곱셈과 나눗셈의 관계
3주	같은 수 빼기 ② / 곱셈구구로 하는 나눗셈 ②
4주	곱셈구구로 하는 나눗셈 ③
5주	올림이 없는 (두 자리 수)×(한 자리 수)
6주	(두 자리 수)×(한 자리 수)

6권	자연수의 곱셈과 나눗셈
1주	(두 자리 수)×(두 자리 수)
2주	(세 자리 수)×(한 자리 수)
3주	(세 자리 수)×(두 자리 수)
4주	(몇십)÷(몇), (몇백 몇십)÷(몇)
5주	(두 자리 수)÷(한 자리 수) ①
6주	(두 자리 수)÷(한 자리 수) ②

7권	자연수의 나눗셈 / 혼합 계산
1주	(세 자리 수)÷(한 자리 수)
2주	(두 자리 수)÷(두 자리 수)
3주	(세 자리 수)÷(두 자리 수) ①
4주	(세 자리 수)÷(두 자리 수) ②
5주	자연수의 곱셈과 나눗셈
6주	자연수의 혼합 계산

8권	분수와 소수의 덧셈과 뺄셈
1주	대분수를 가분수로, 가분수를 대분수로 나타내기
2주	분모가 같은 진분수, 대분수의 덧셈
3주	분모가 같은 진분수, 대분수의 뺄셈
4주	대분수와 진분수의 덧셈과 뺄셈
5주	소수의 덧셈
6주	소수의 뺄셈

contents

메가 계산력 응용편

6권 학습내용

6권 자연수의 곱셈과 나눗셈

1주 (두 자리 수)×(두 자리 수)

이·번·주·학·습·목·표

(두 자리 수)×(두 자리 수)의
계산 원리를 알고 구할 수 있습니다.

'8가지 유형 198문제'와 **'두바퀴'**로
사고계산력을 완성할 수 있습니다.

	학습 내용	학습 계획
1일차	(두 자리 수)×(두 자리 수) 알기	2가지 유형 20문제 / 월 일
2일차	(두 자리 수)×(두 자리 수) 기본	2가지 유형 45문제 / 월 일
3일차	(두 자리 수)×(두 자리 수) 발전	2가지 유형 60문제 / 월 일
4일차	(두 자리 수)×(두 자리 수) 추론	2가지 유형 47문제 / 월 일
5일차	(두 자리 수)×(두 자리 수) 종합	26문제 / 월 일

두뇌를 바꾸는 퀴즈

1 일차 (두 자리 수)×(두 자리 수) 알기 연습

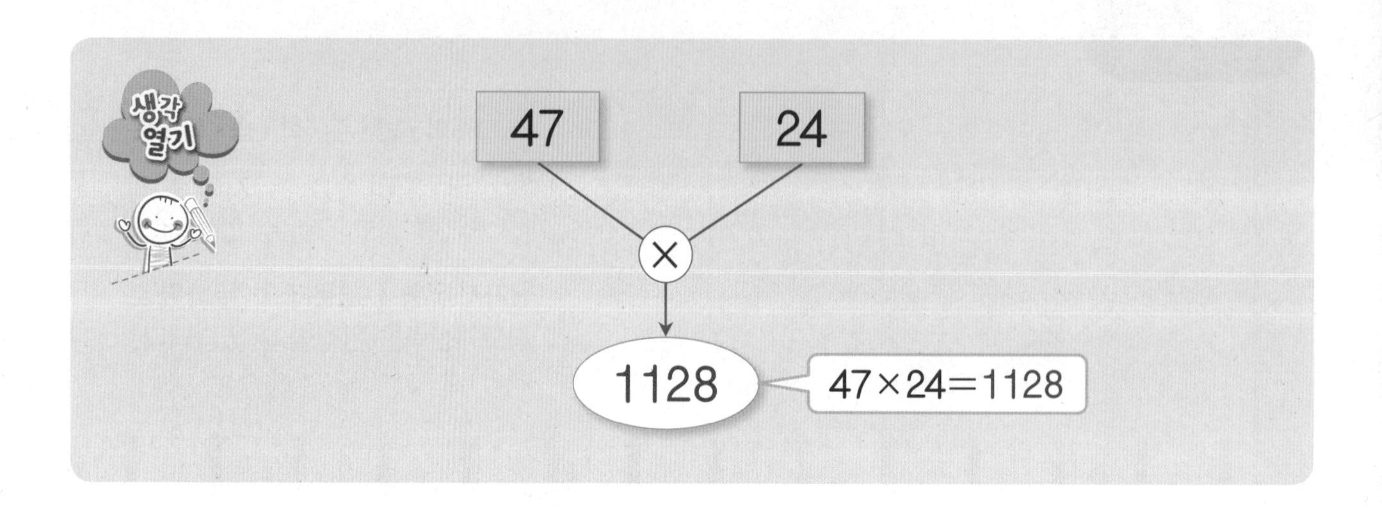

❖ 빈 곳에 알맞은 수를 써넣으세요.

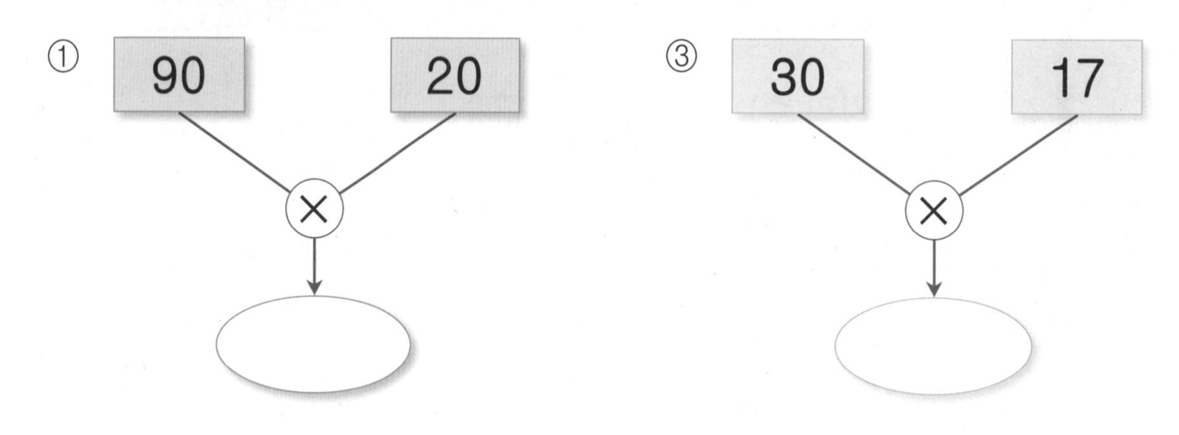

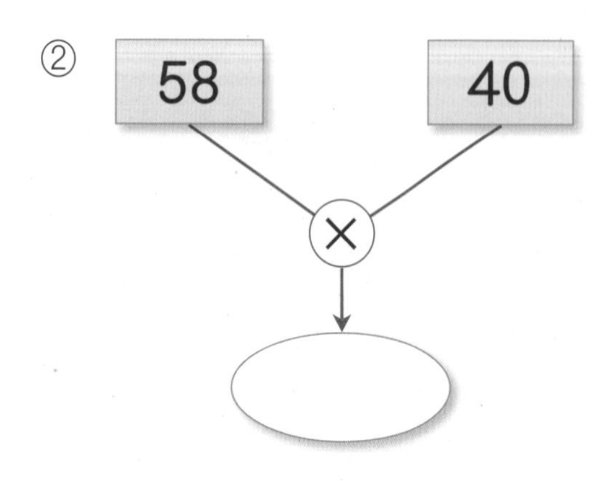

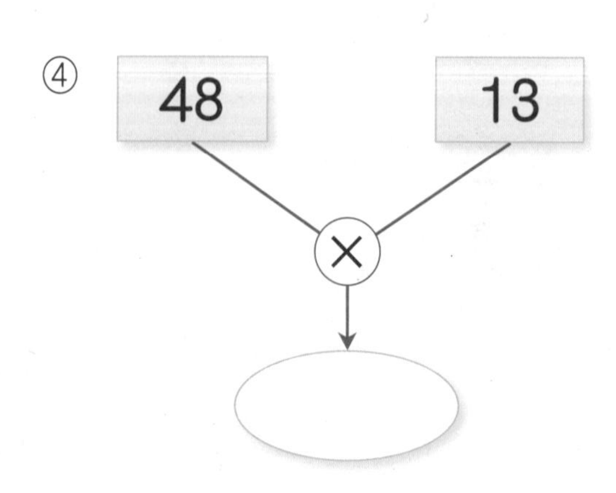

⑤
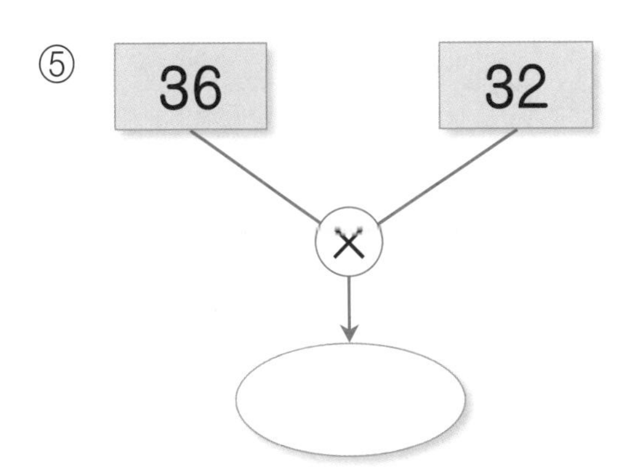

⑥
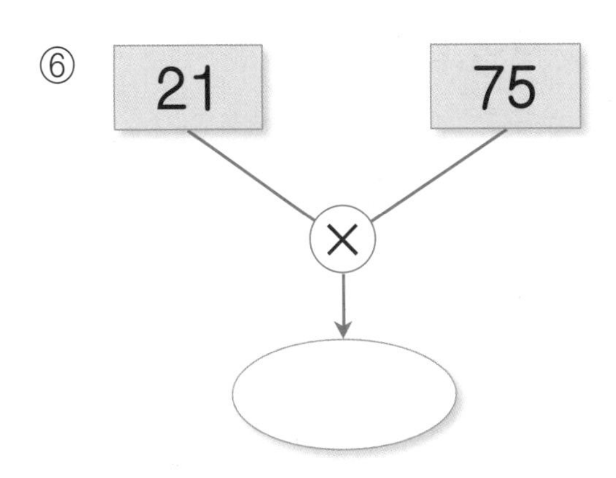

⑦
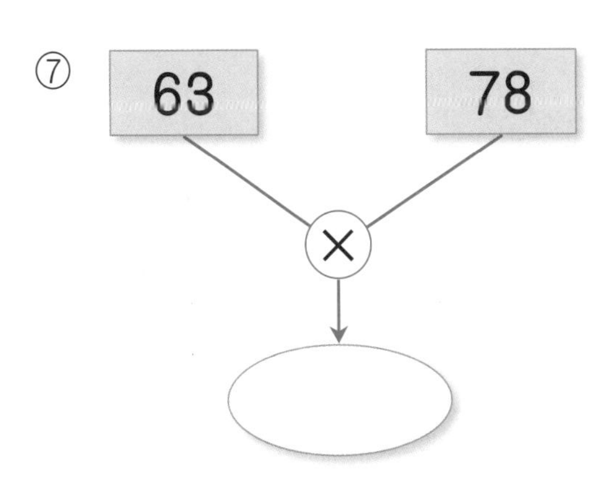

⑧
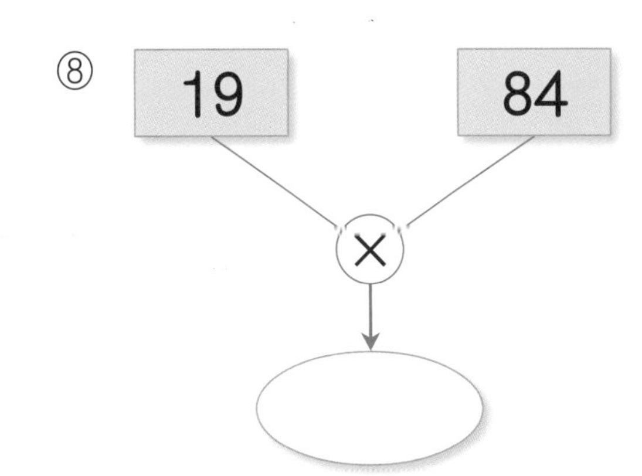

⑨
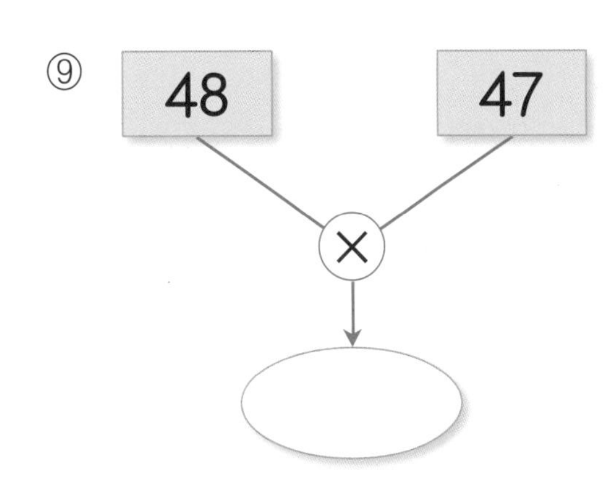

⑩
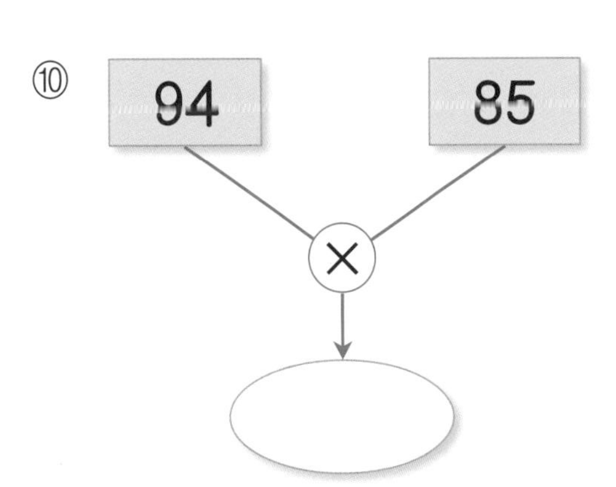

(몇십)×(몇십)은 (몇)×(몇)을 계산한 다음 그 뒤에 0을 2개 붙여 써요.

1일차 (두 자리 수)×(두 자리 수) 알기 반복

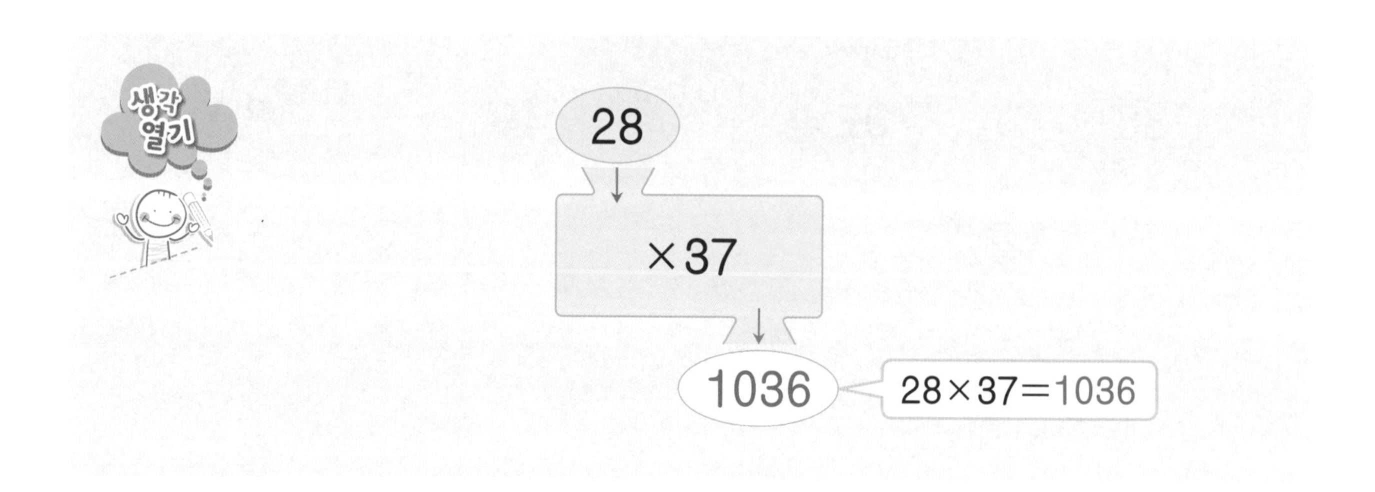

❖ 빈 곳에 알맞은 수를 써넣으세요.

①
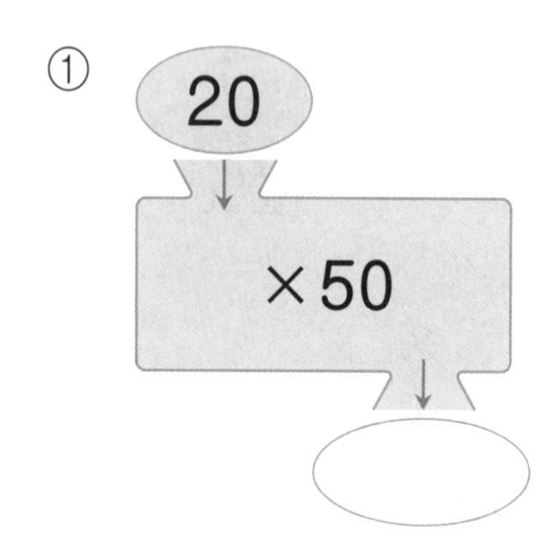

②
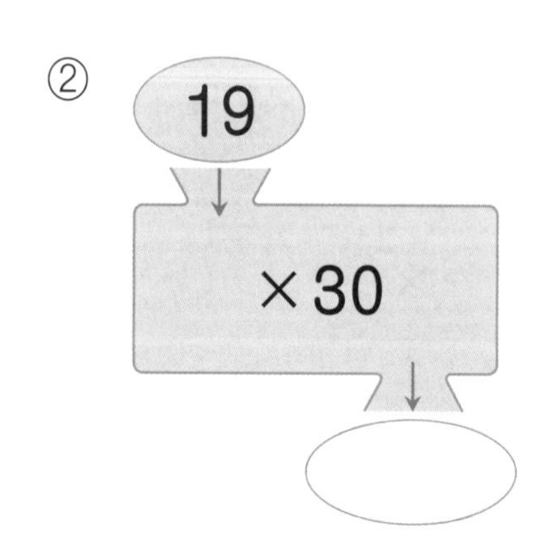

③
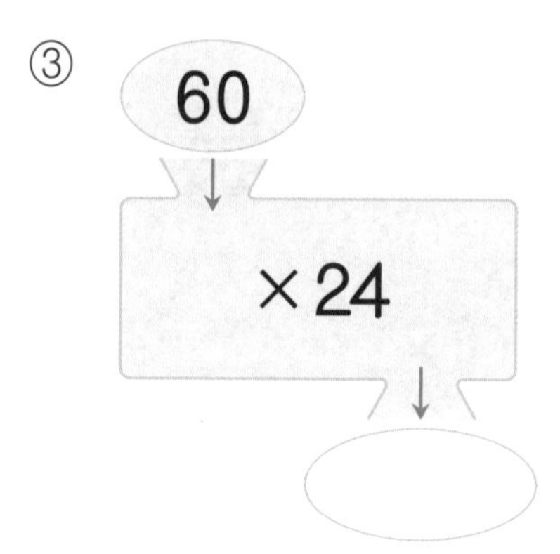

④
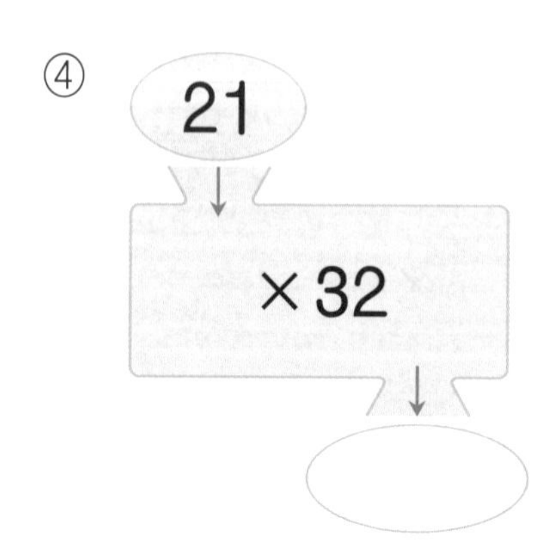

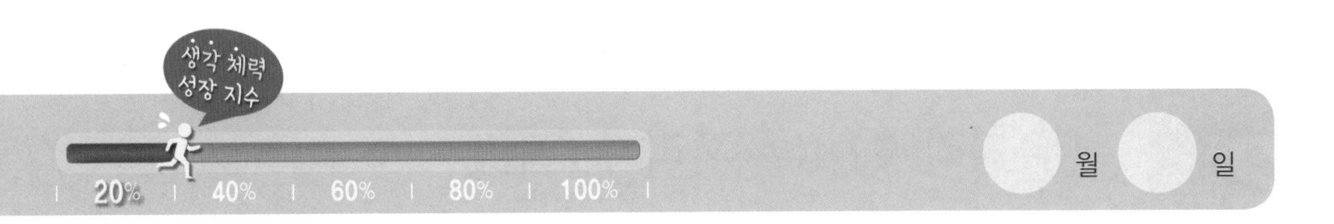

⑤
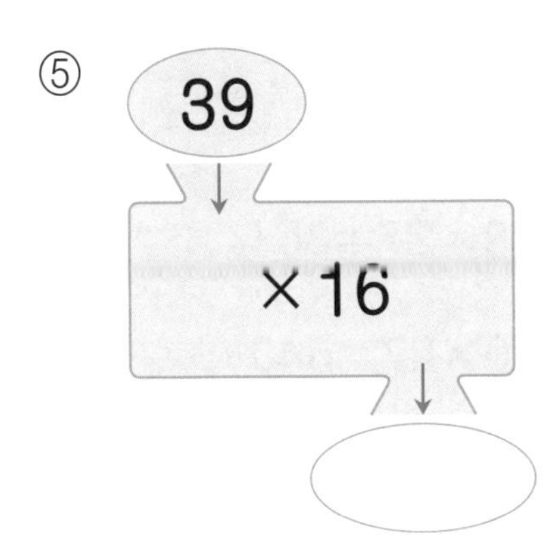

⑥
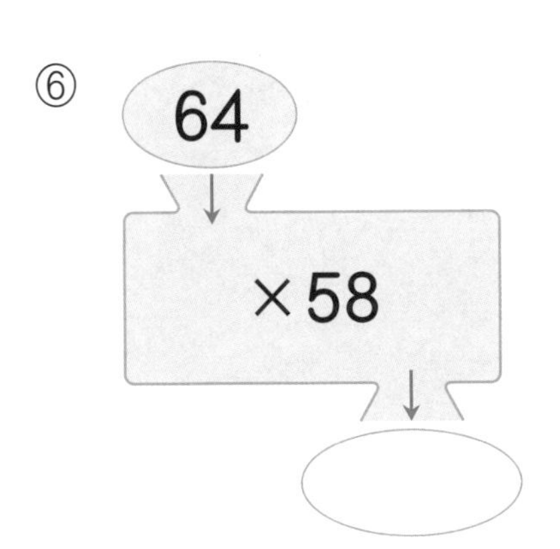

⑦
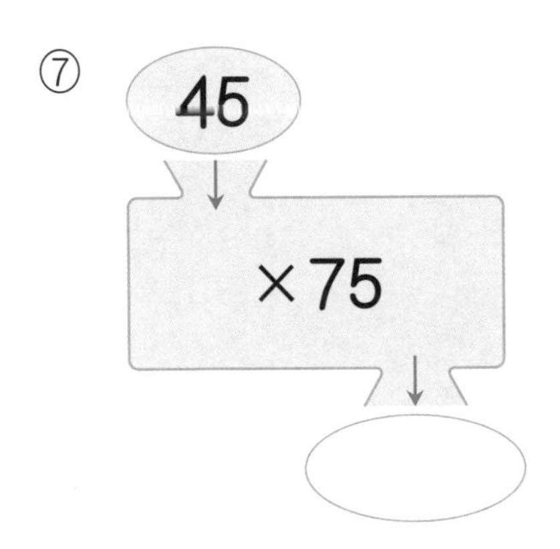

⑧
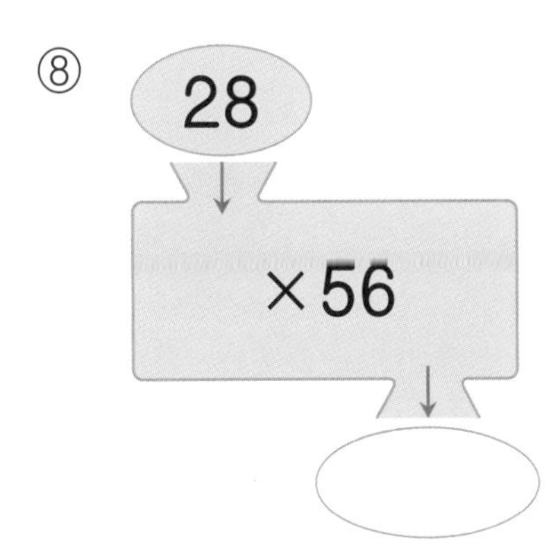

⑨
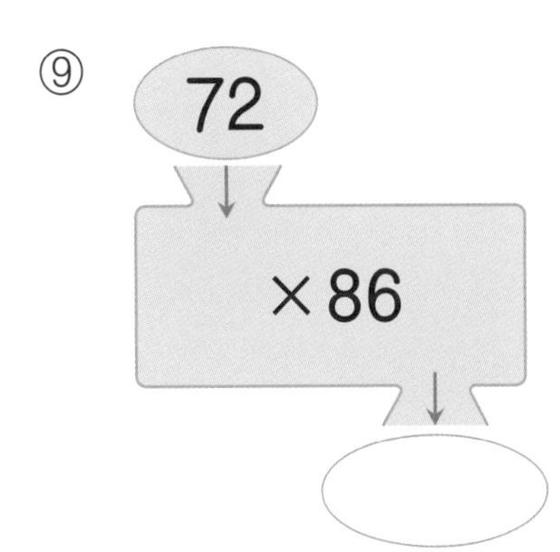

⑩
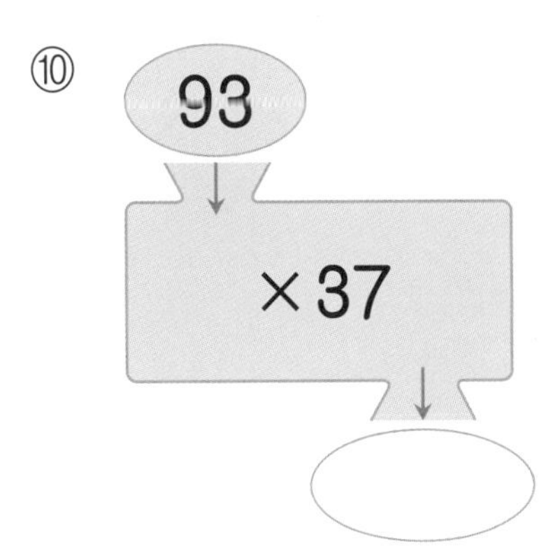

(몇십)×(몇십 몇)은 (몇십)×(몇)과 (몇십)×(몇십)을 각각 계산한 다음 두 곱을 더해요.

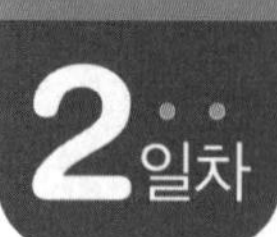

(두 자리 수)×(두 자리 수) 기본 연습

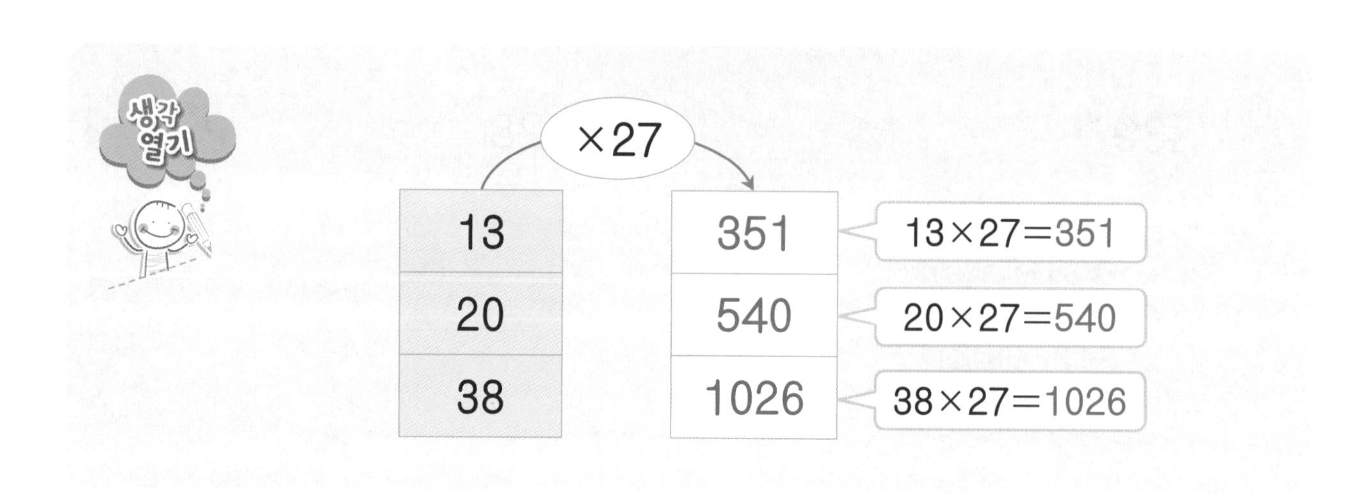

❖ 빈 곳에 알맞은 수를 써넣으세요.

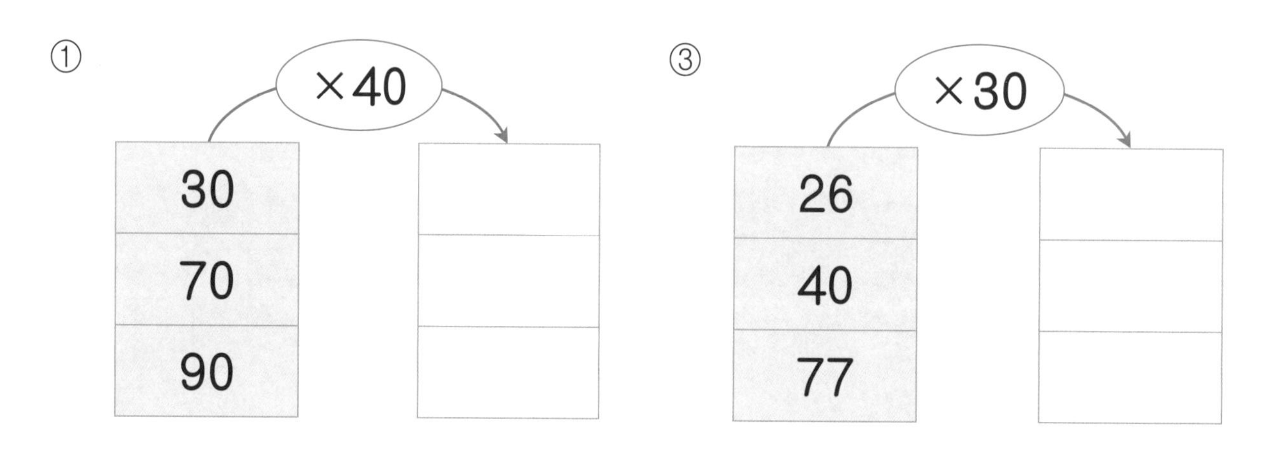

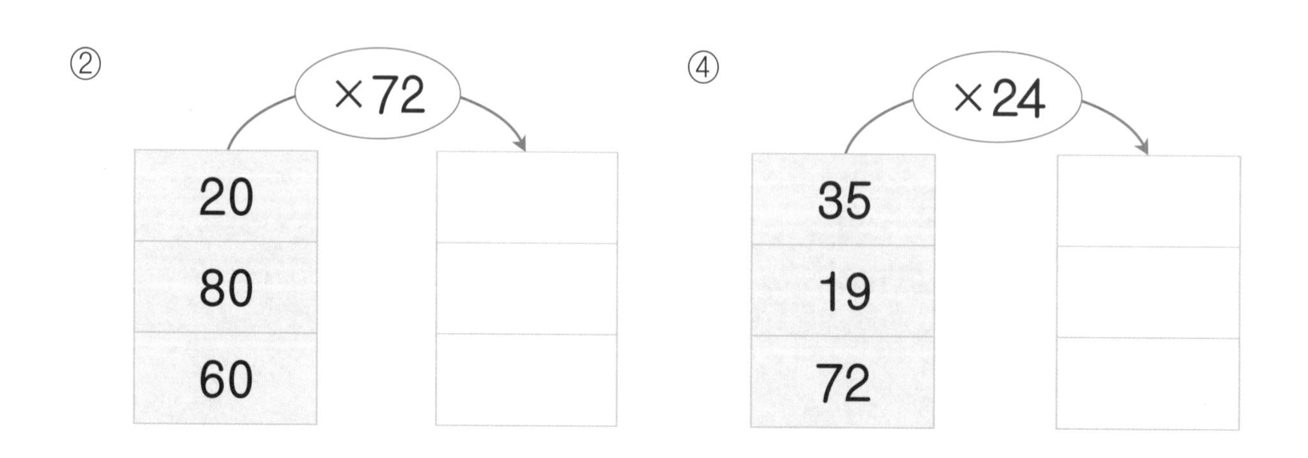

월 일

⑤

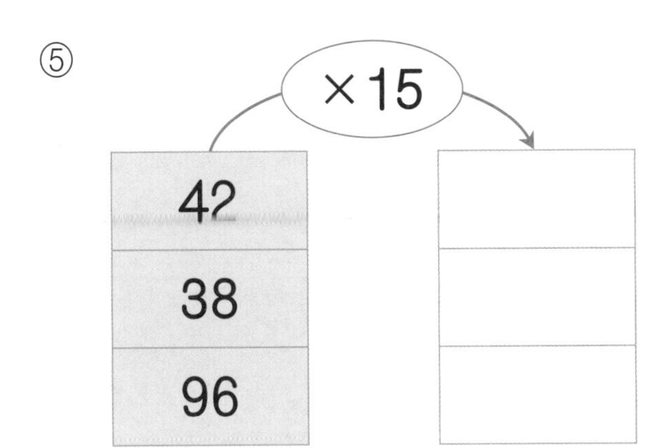

⑧

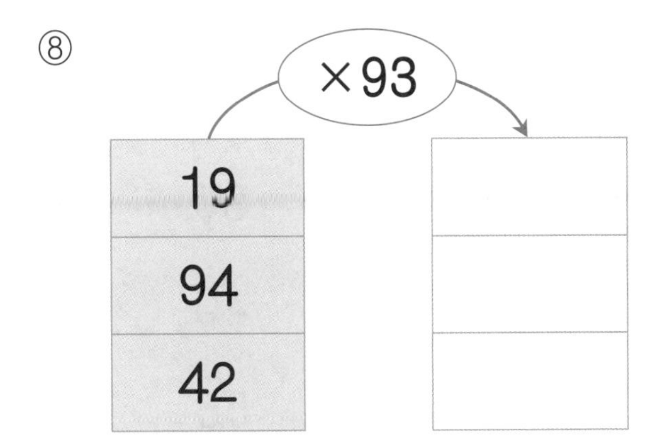

⑥

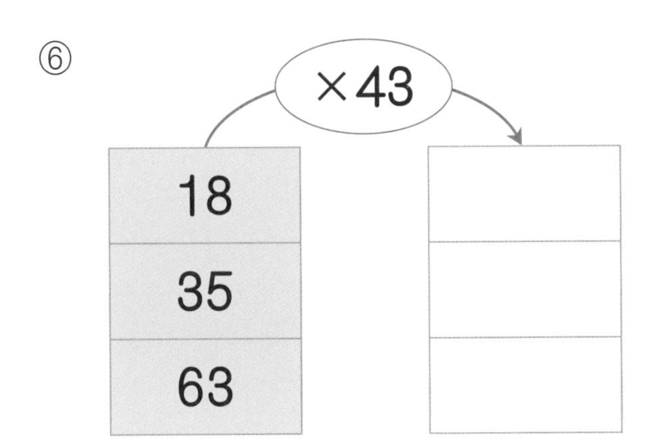

⑨

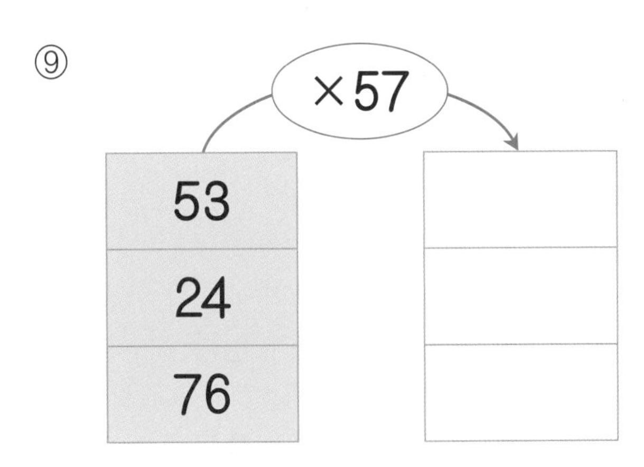

⑦

×68

79

45

16

⑩

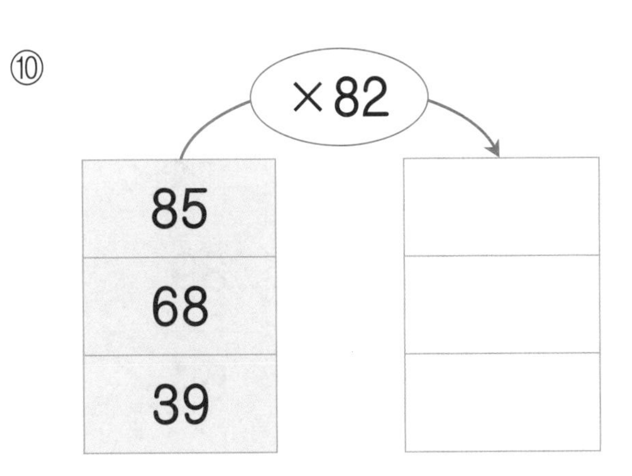

(몇십 몇)×(몇십)은 (몇십 몇)×(몇)을 계산하고 그 뒤에 0을 1개 붙여 써요.

(두 자리 수)×(두 자리 수) 개념 반복

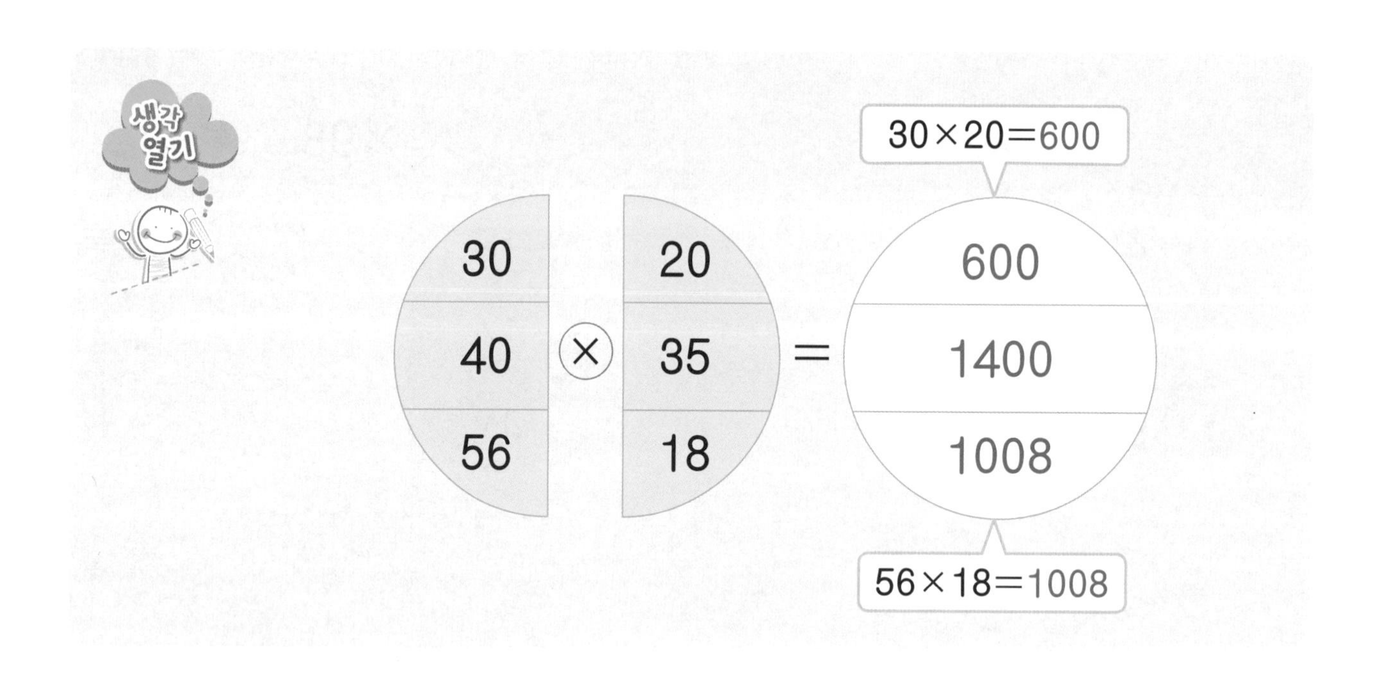

❖ 빈 곳에 알맞은 수를 써넣으세요.

①

50	×	70	=	
19		60		
32		27		

②

40	×	12	=	
25		39		
68		54		

③

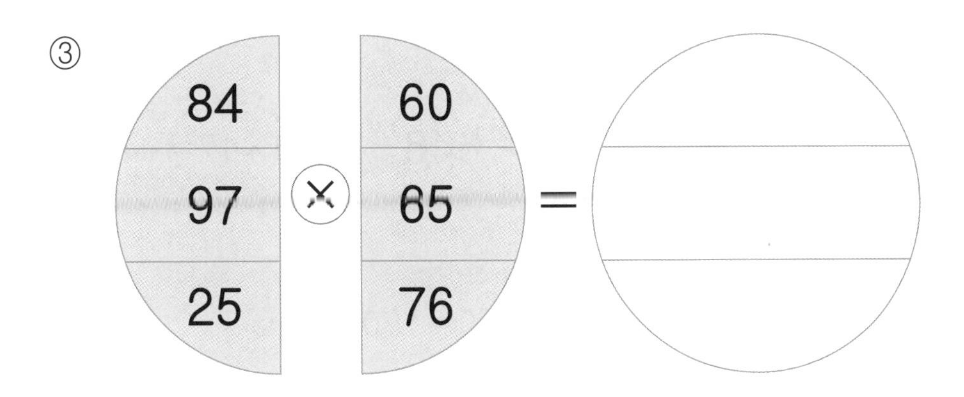

④

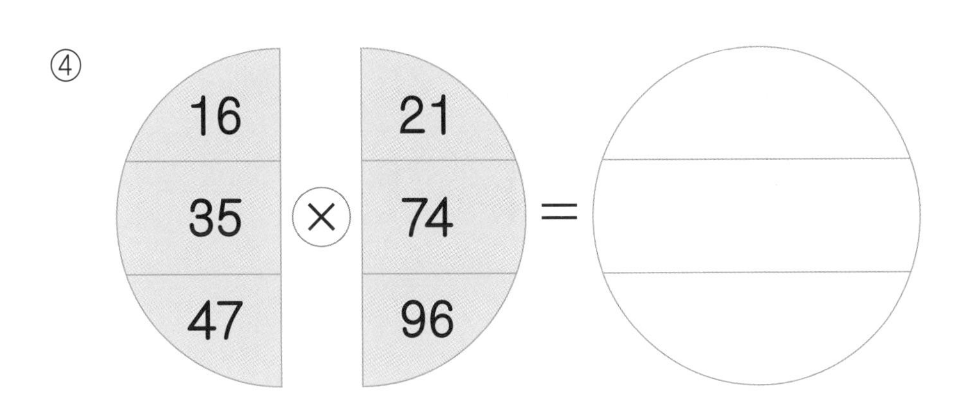

⑤

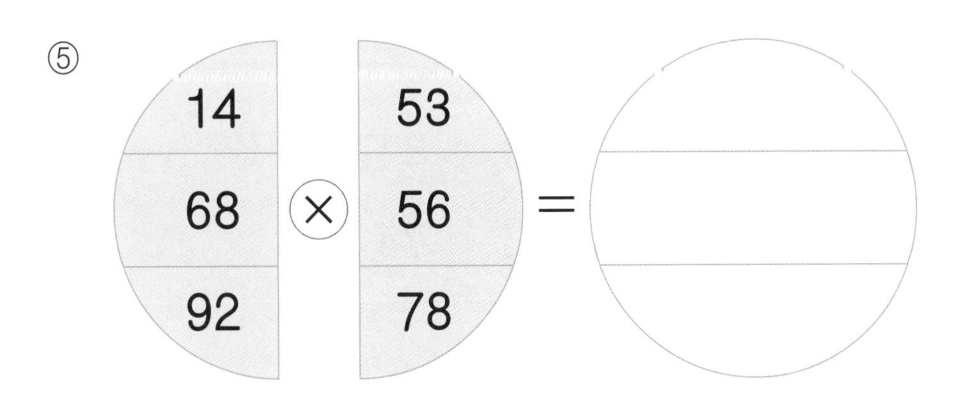

(몇십 몇)×(몇십 몇)은 (몇십 몇)×(몇)과 (몇십 몇)×(몇십)을 각각 계산한 다음 두 곱을 더해요.

(두 자리 수)×(두 자리 수) 발전 연습

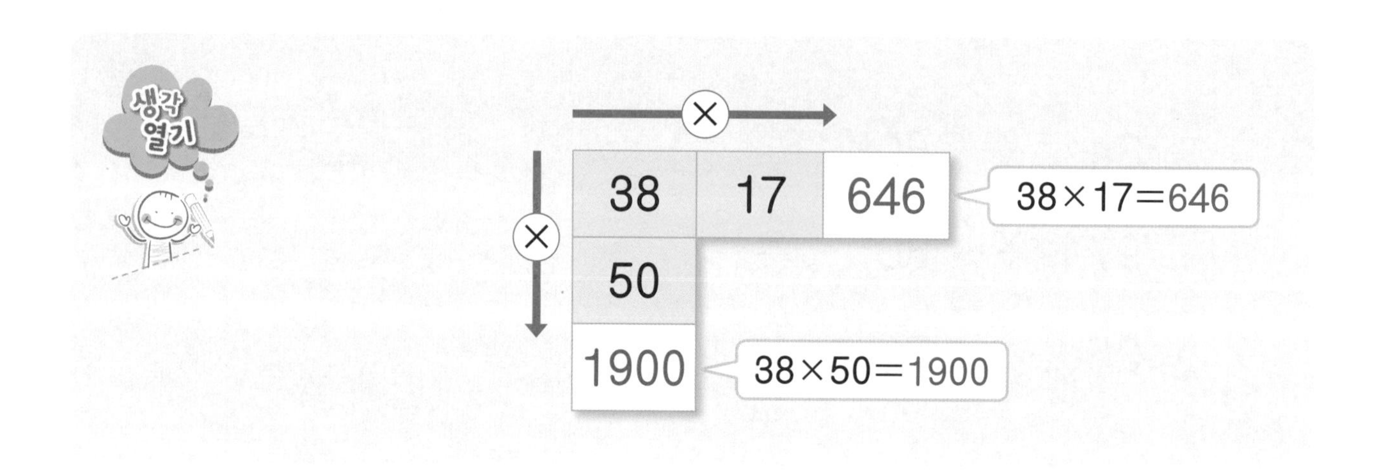

❖ 빈 곳에 알맞은 수를 써넣으세요.

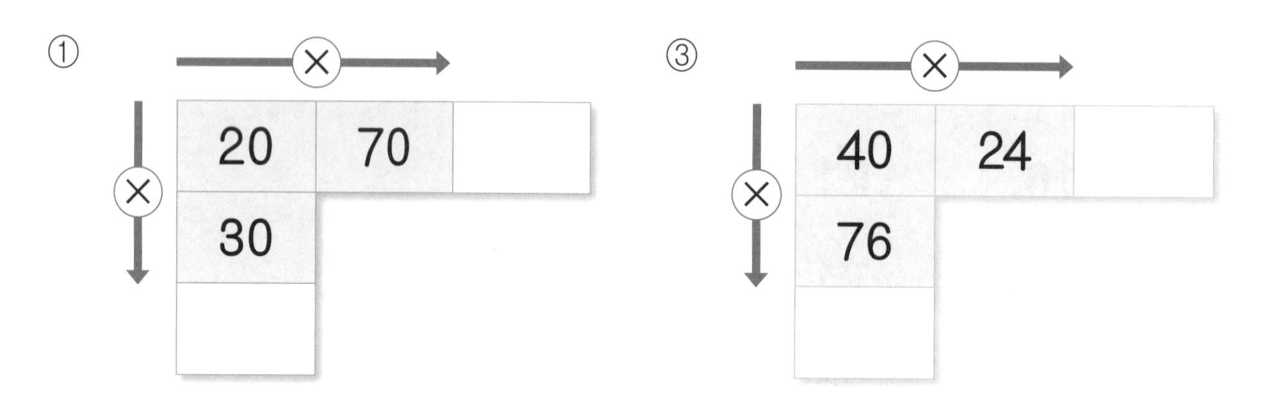

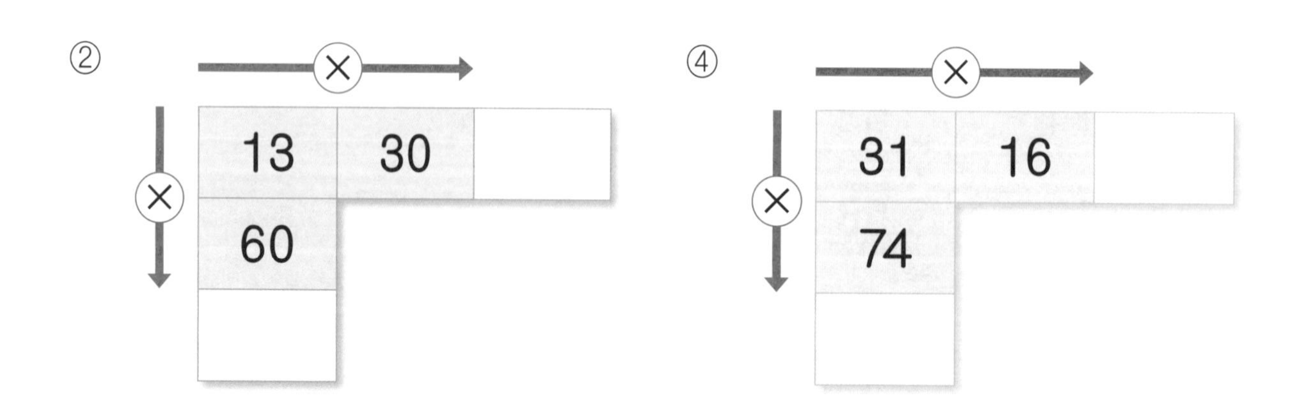

⑤

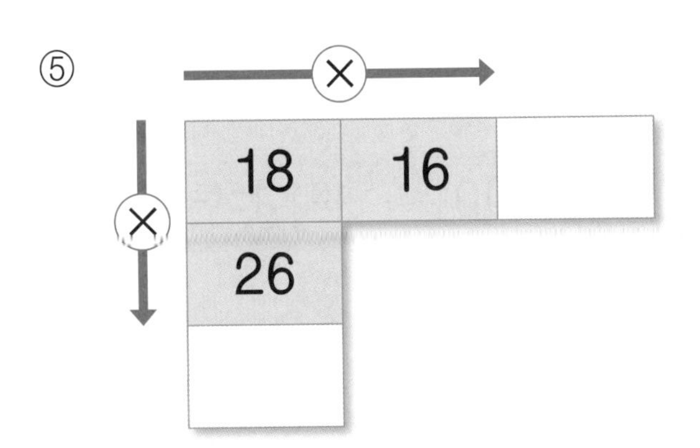

⑥

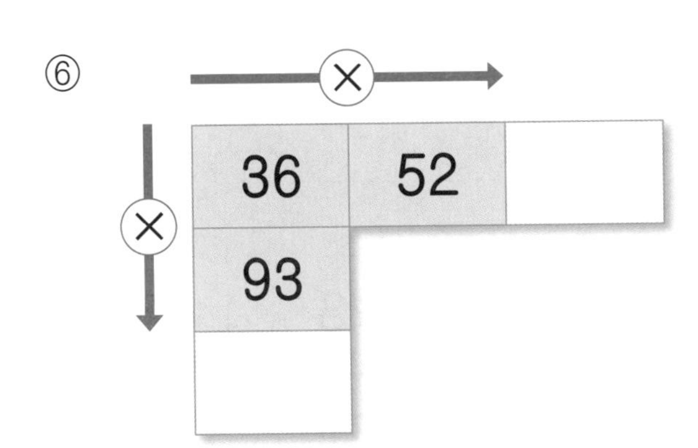

⑦

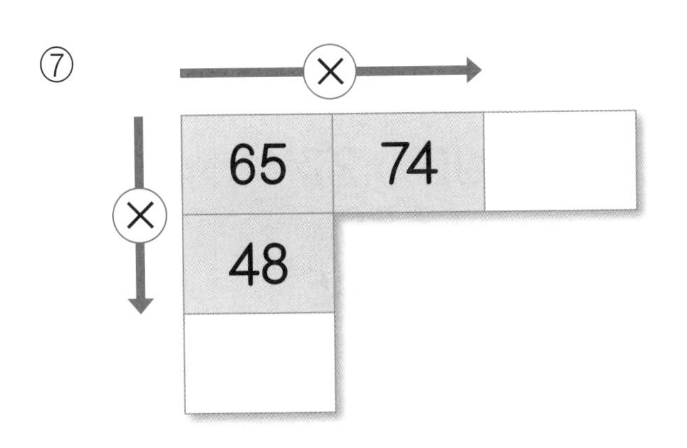

⑧

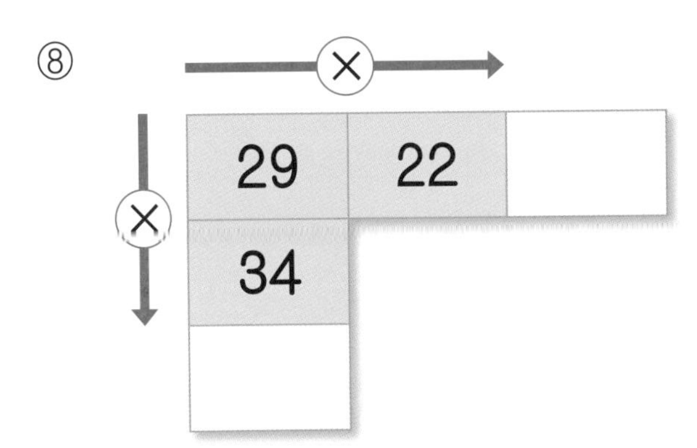

⑨

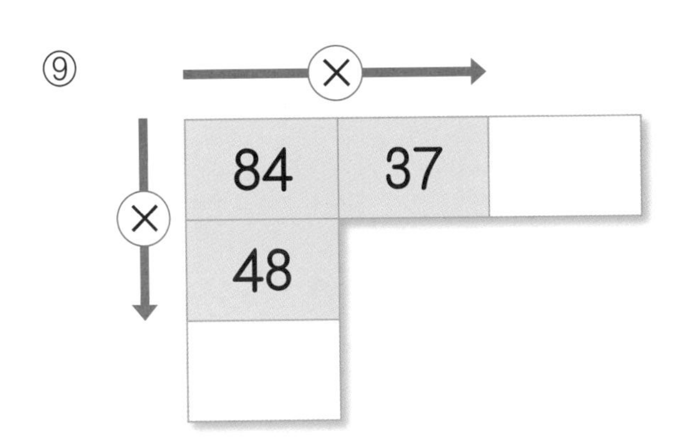

⑩

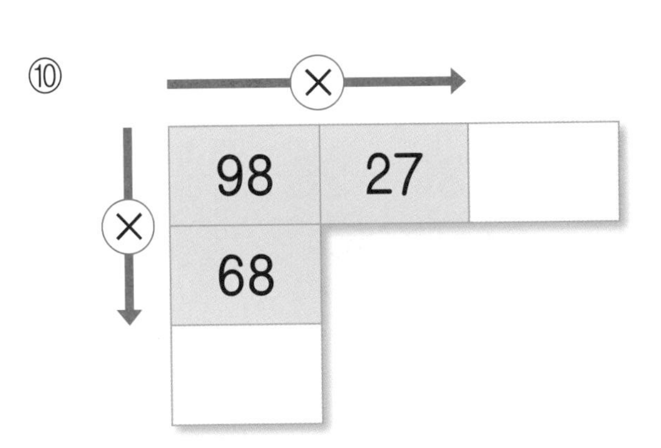

올림한 수를 잊지 않도록 주의해요.

(두 자리 수)×(두 자리 수) 발전 반복

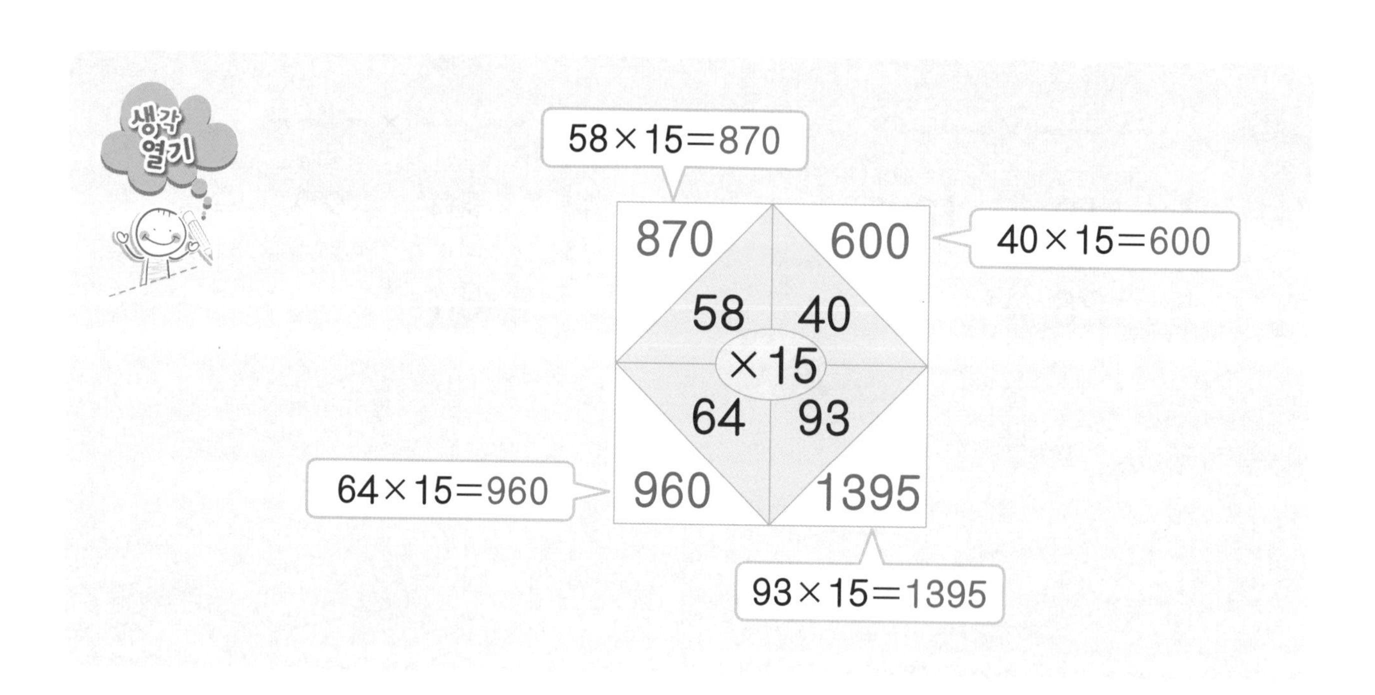

❖ 빈 곳에 알맞은 수를 써넣으세요.

①

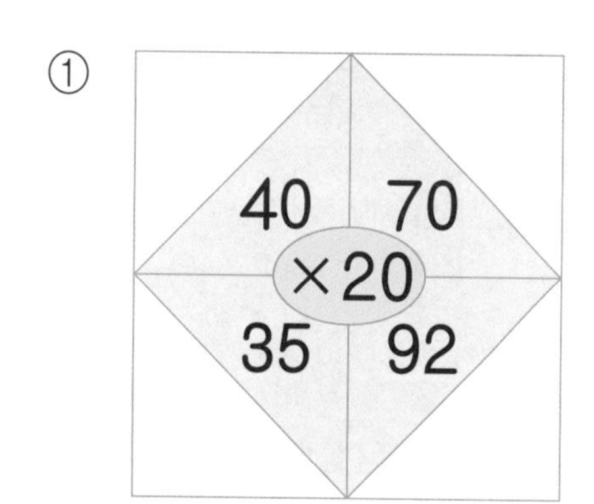

②

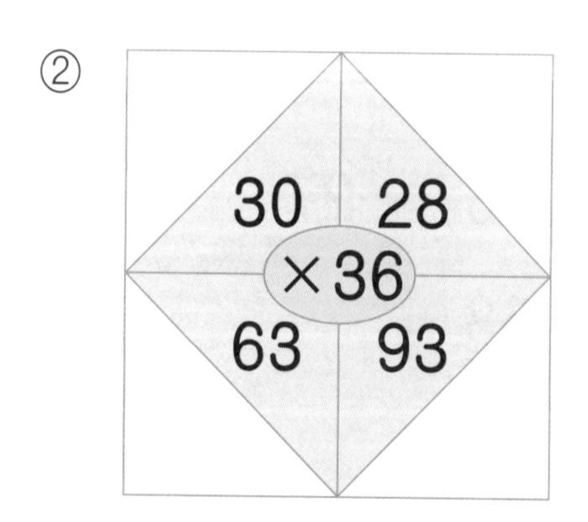

③

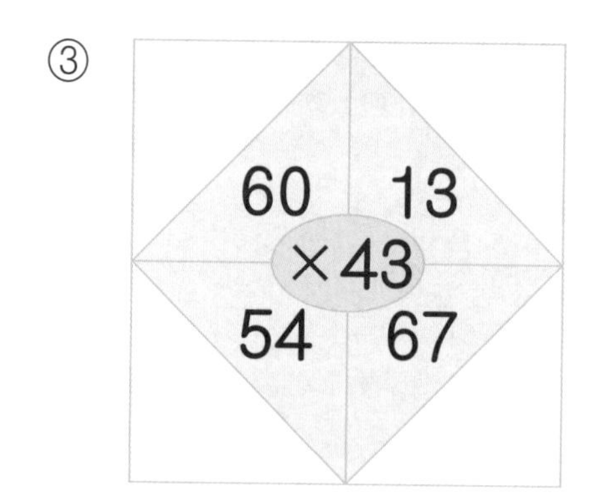

④

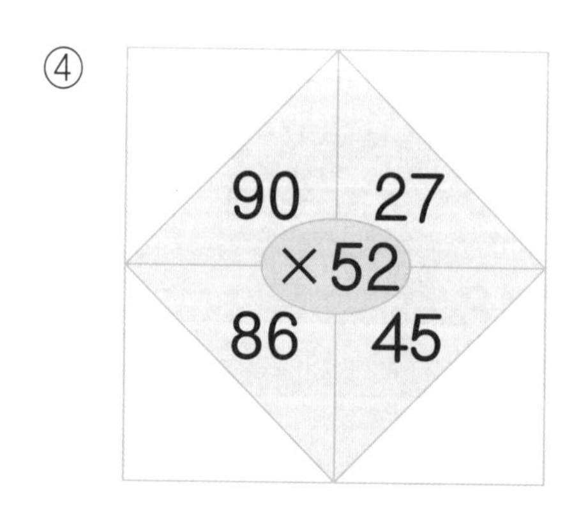

⑤

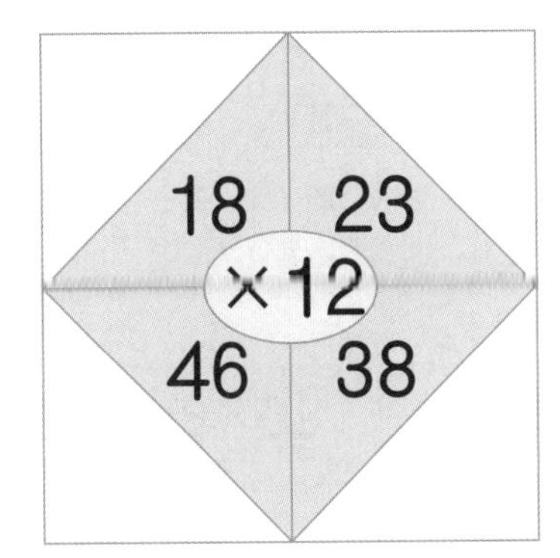

⑥

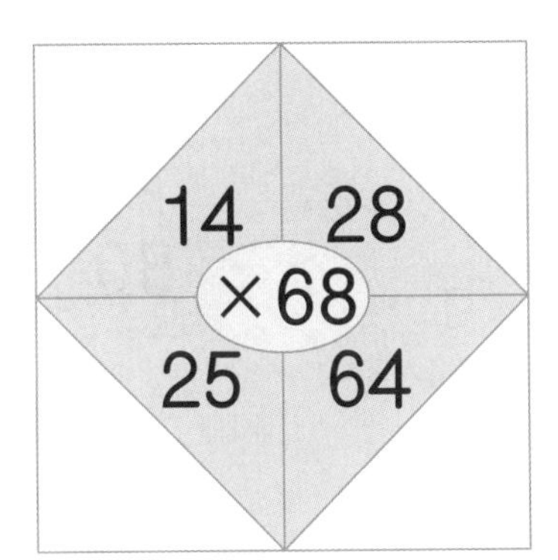

⑦

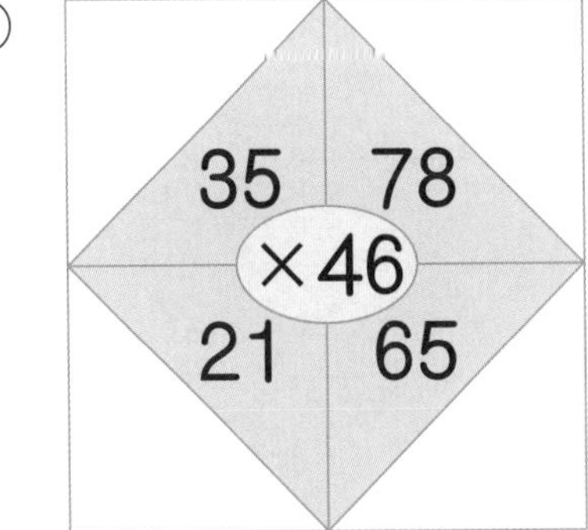

⑧

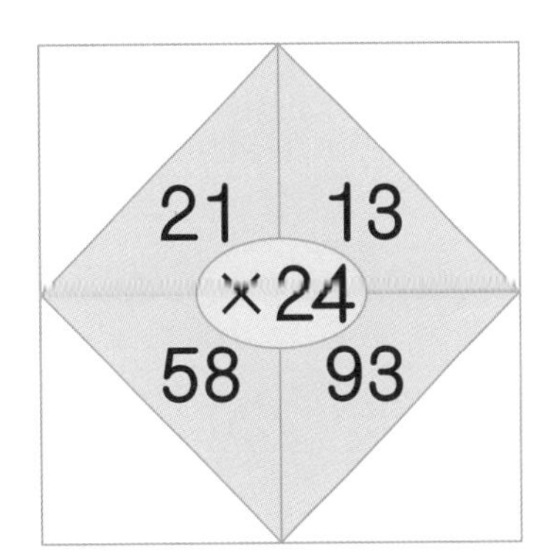

⑨

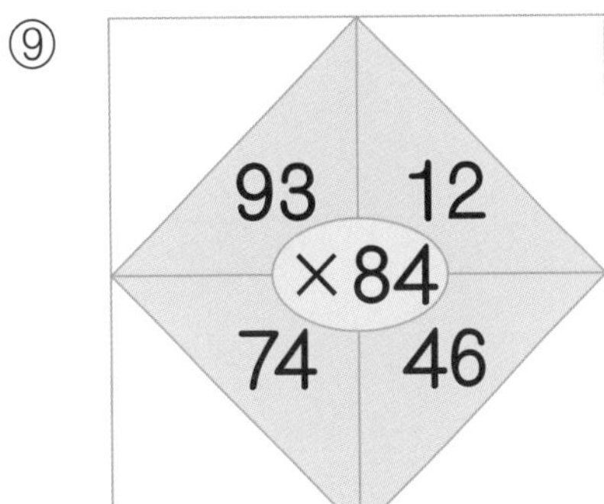

⑩

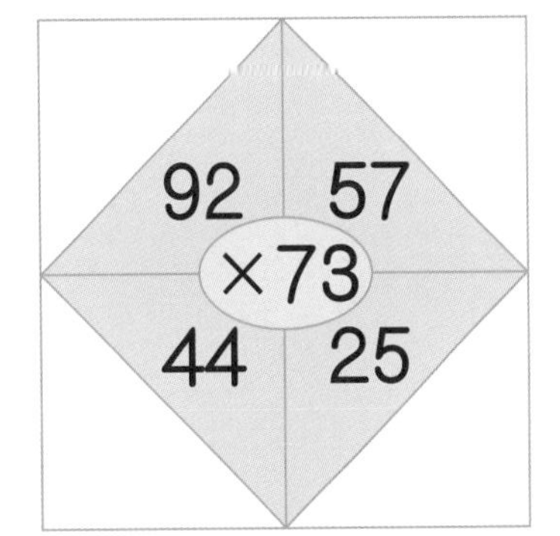

곱셈에서는 곱하는 두 수를 바꾸어 곱해도 계산 결과가 같아요.

4일차 (두 자리 수)×(두 자리 수) 추론 연습

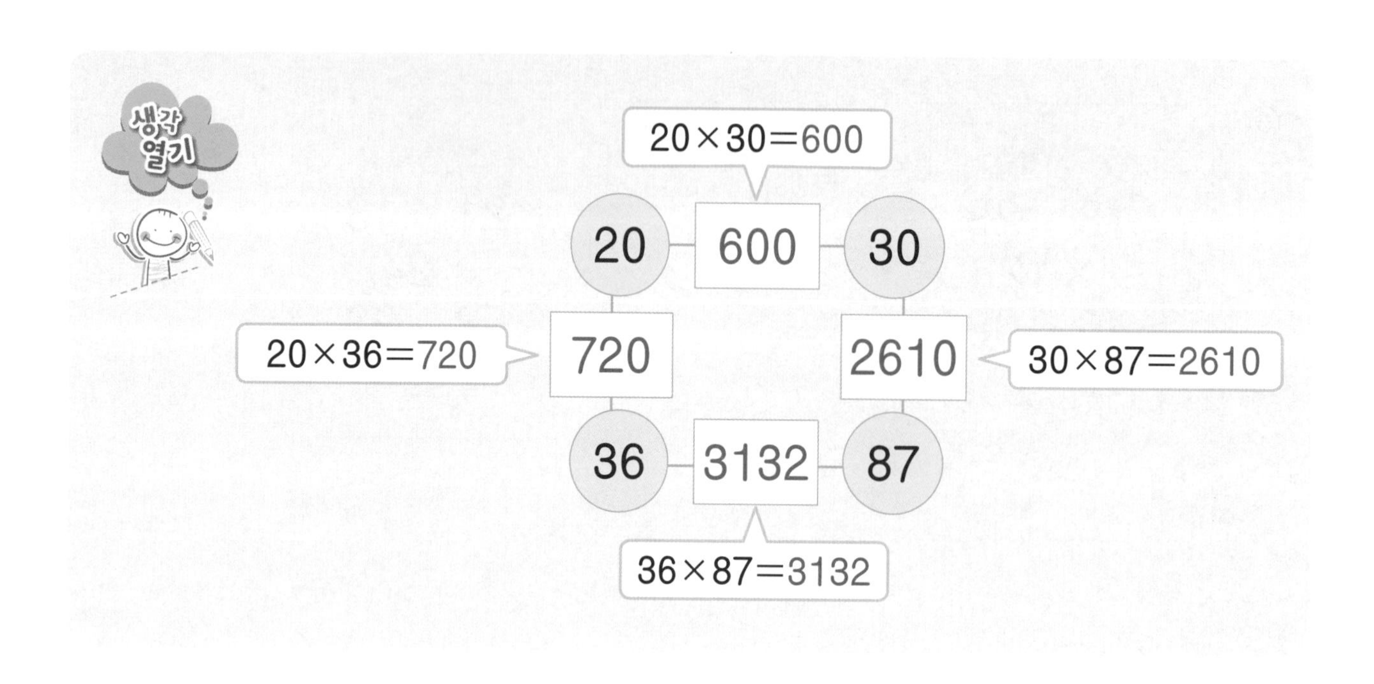

❖ 같은 줄에 있는 ◯ 안의 두 수의 곱을 가운데 ☐ 안에 써넣으세요.

①

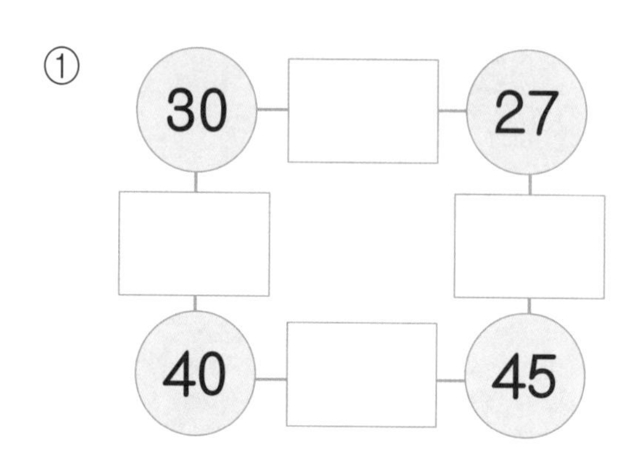

②

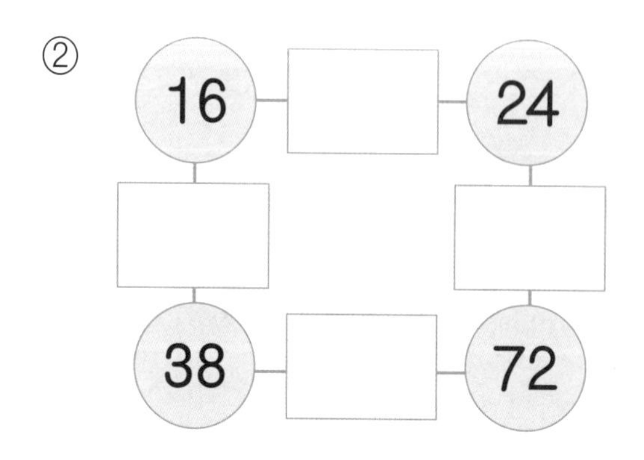

③

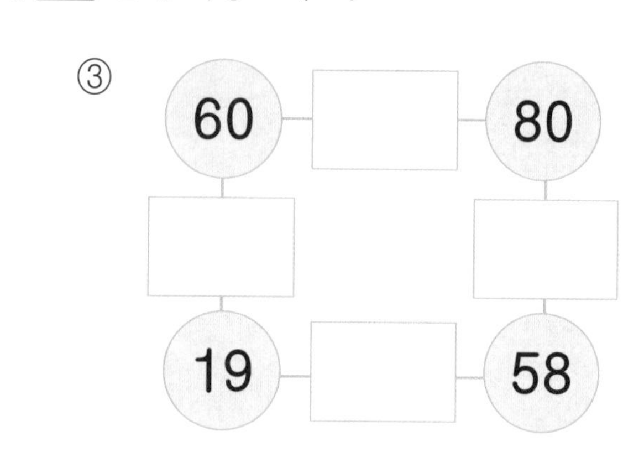

④

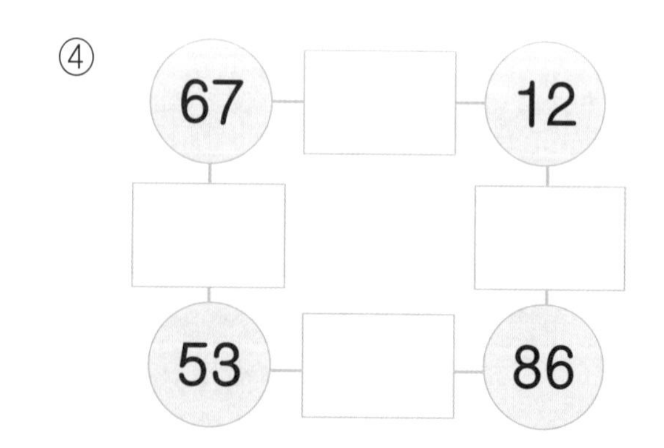

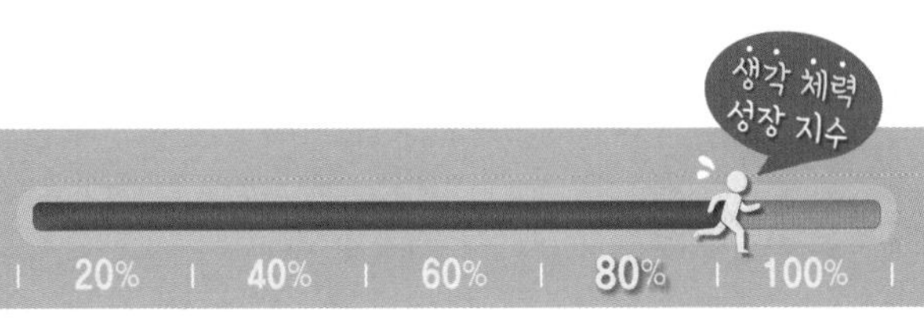

월 일

⑤
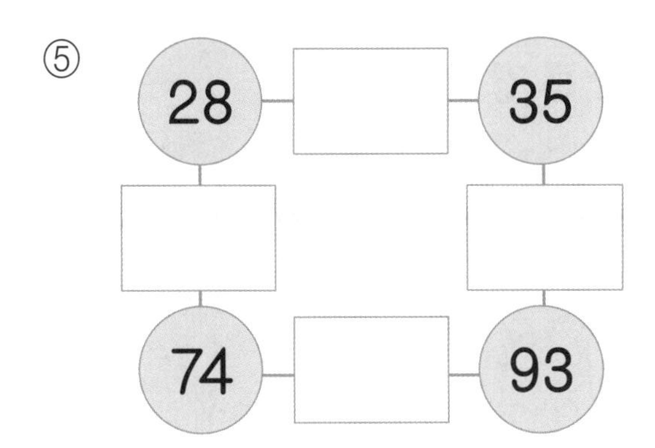

⑧
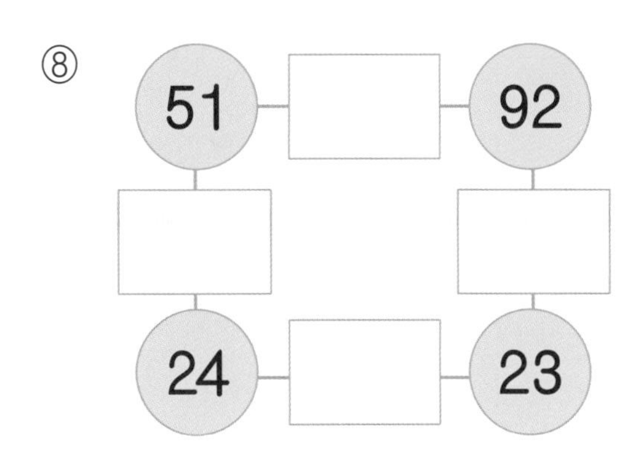

⑥
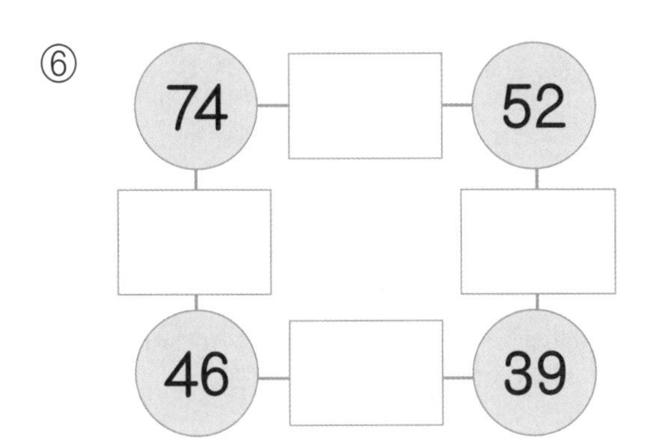

⑨
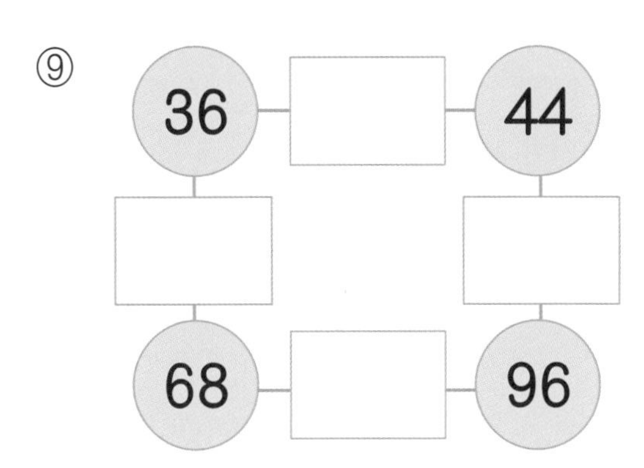

⑦
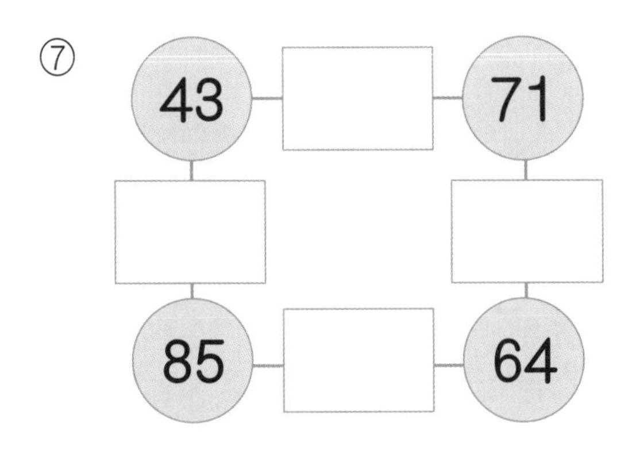

⑩
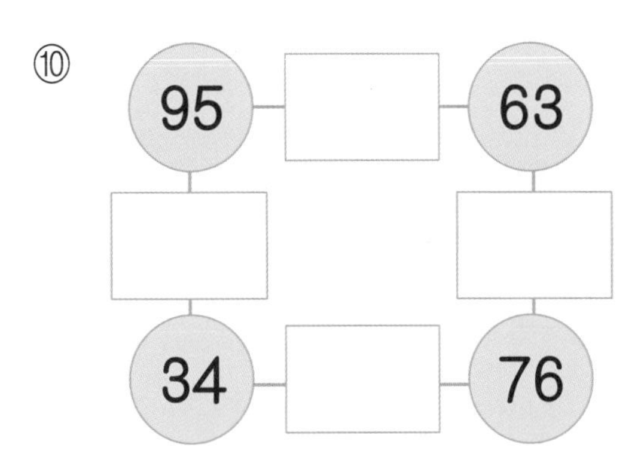

곱을 구할 때 올림한 수를 잊지 말고 윗자리의 곱에 더해야 해요.

4일차 (두 자리 수)×(두 자리 수) 추론 반복

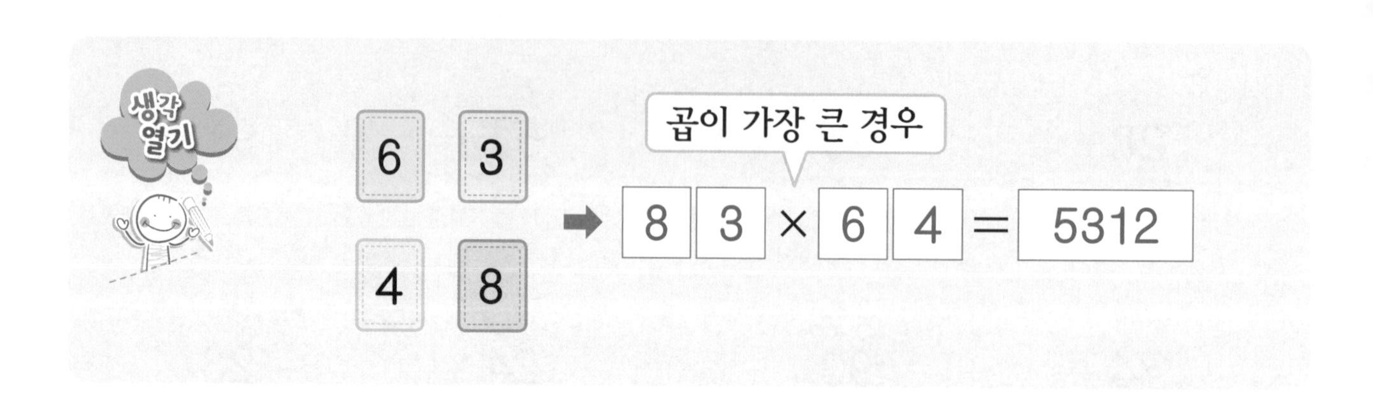

❖ 숫자 카드를 한 번씩만 사용하여 곱이 가장 큰 (두 자리 수)×(두 자리 수)를 만들고, 곱을 구하세요.

① 7 5 3 2

➡ 7☐ × 5☐ = ☐

② 4 6 5 3

➡ ☐3 × ☐4 = ☐

③ 3 8 4 6

➡ ☐3 × 6☐ = ☐

④

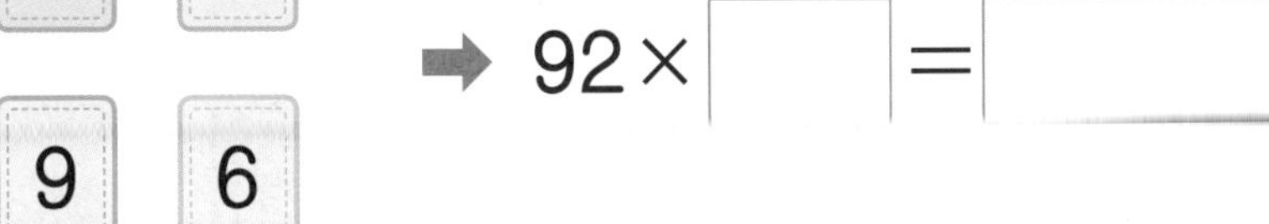

⑤

⑥

⑦ 8 5

곱해지는 수의 십의 자리에 가장 큰 수를 놓아요.

5일차 (두 자리 수)×(두 자리 수) 종합

❖ 빈 곳에 알맞은 수를 써넣으세요.

①

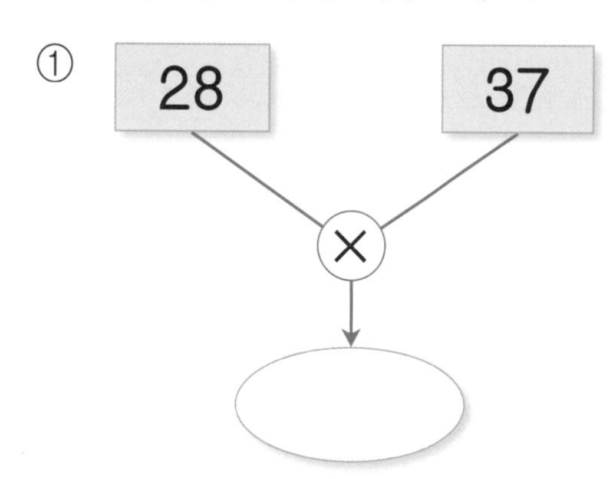

②

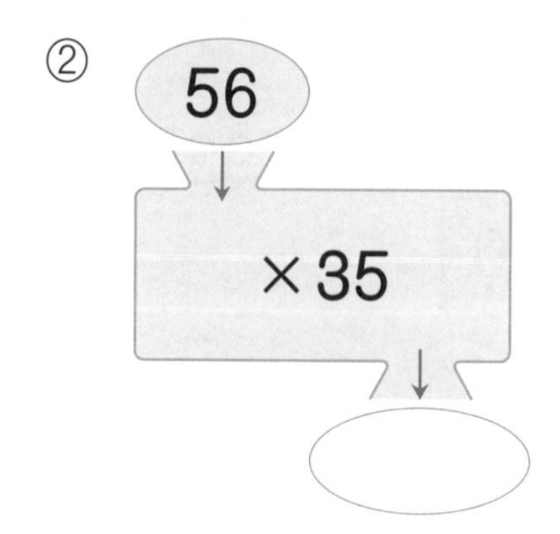

③

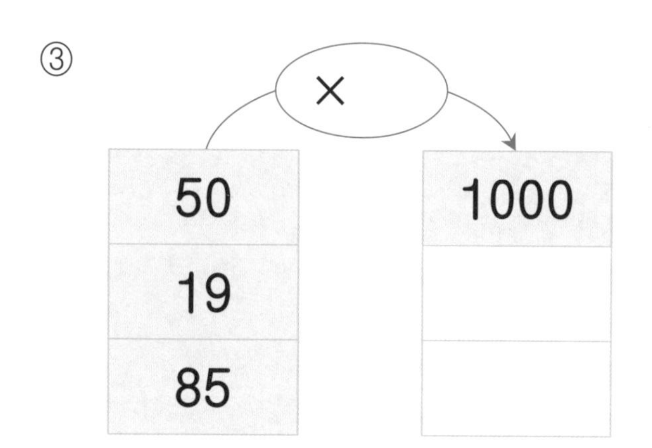

④

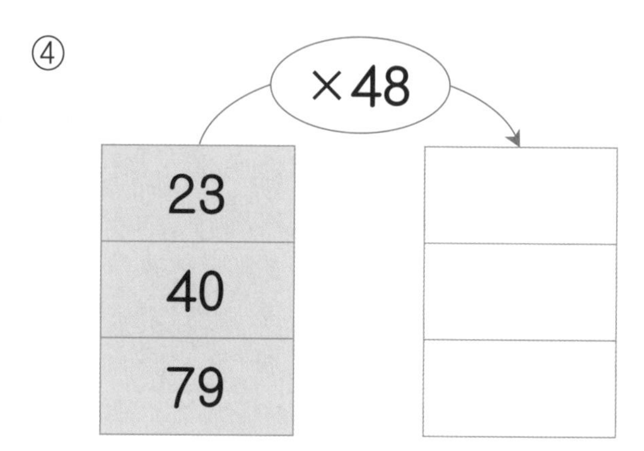

⑤

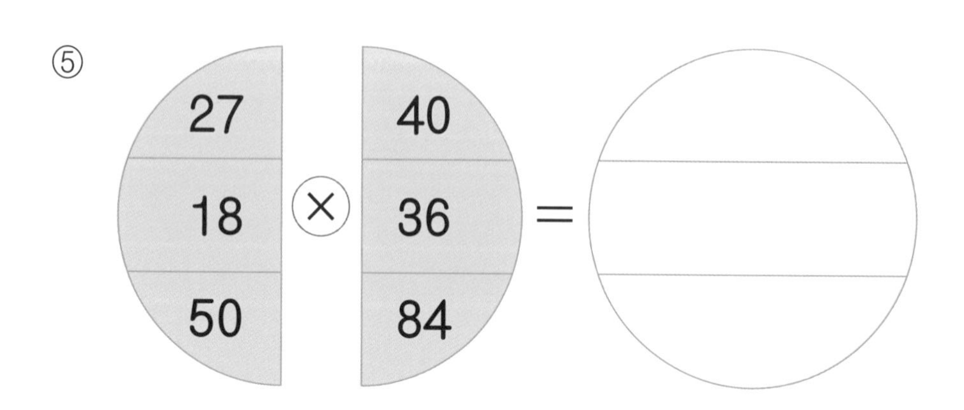

⑥

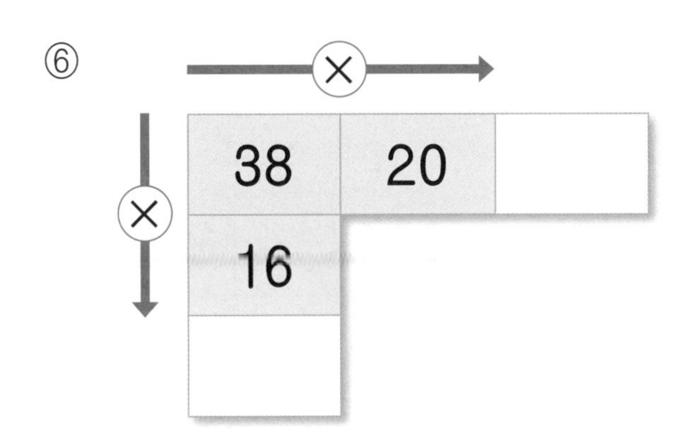

⑦

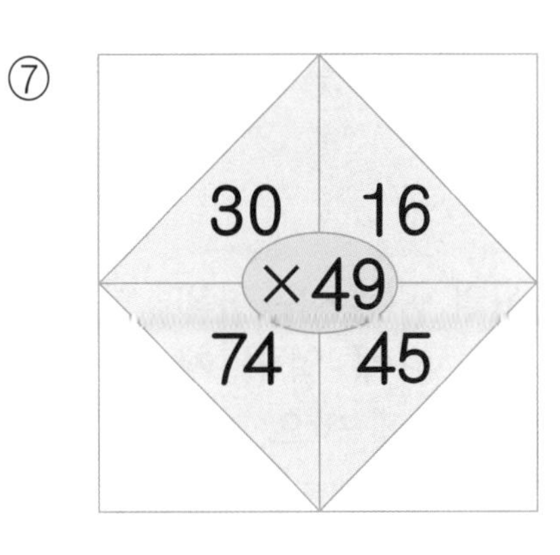

❖ 같은 줄에 있는 ◯ 안의 두 수의 곱을 가운데 ☐ 안에 써넣으세요.

⑧

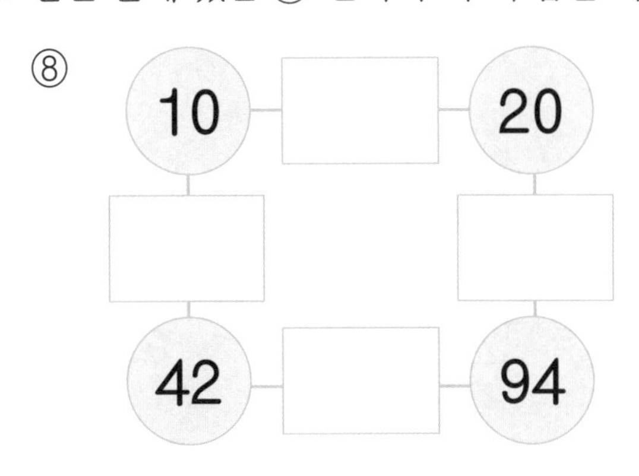

⑨

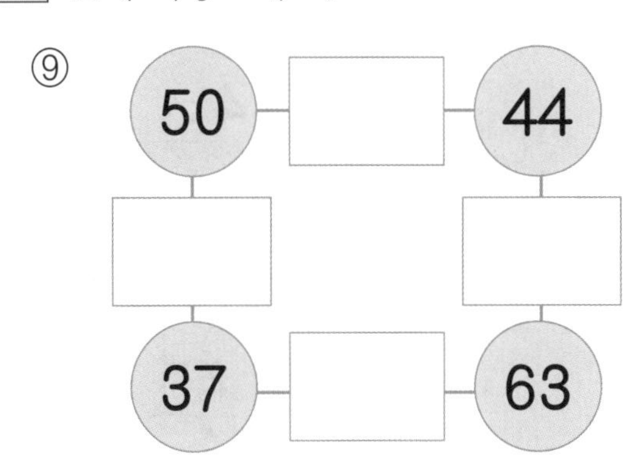

❖ 숫자 카드를 한 번씩만 사용하여 곱이 가장 큰 (두 자리 수)×(두 자리 수)를 만들고, 곱을 구하세요.

⑩

➡ ______________________

수고하셨어요.

여기까지 '8가지 유형 198문제'로 사고계산력을 완성했어요.
이제 '두바퀴'를 통해 한 주 동안 자란 나의 문제해결력을 확인해 보세요.

1주 두뇌를 바꾸는 퀴즈

❖ 42×86의 곱을 겔로시아 곱셈법으로 구한 것이에요.

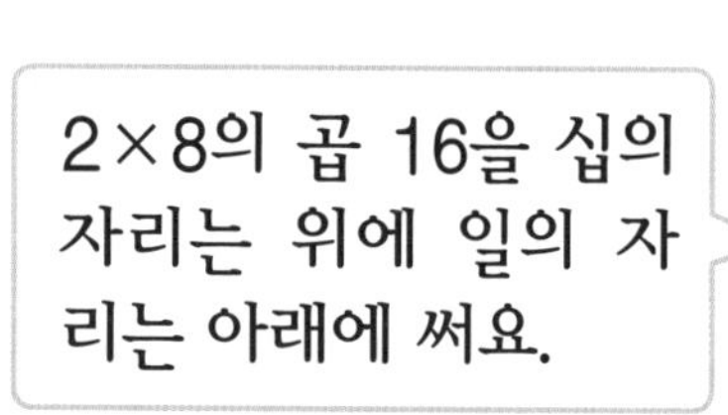

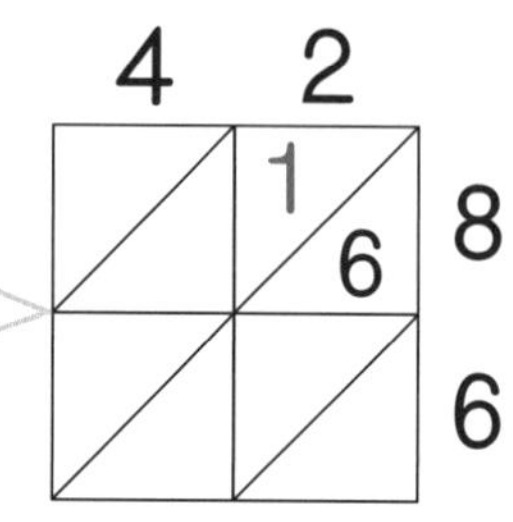

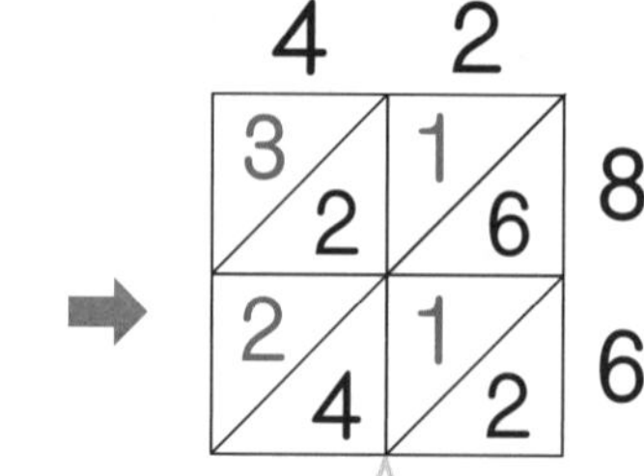

남은 2×6, 4×8
4×6의 곱도 각각 써요.

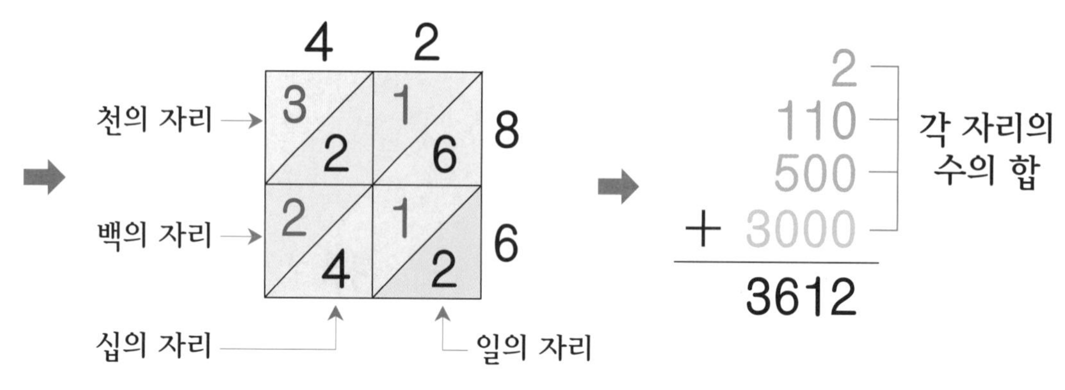

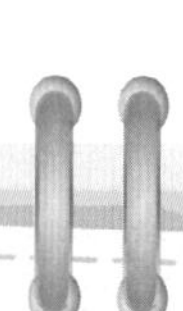

❖ 위와 같은 방법으로 56×78의 곱을 구하세요.

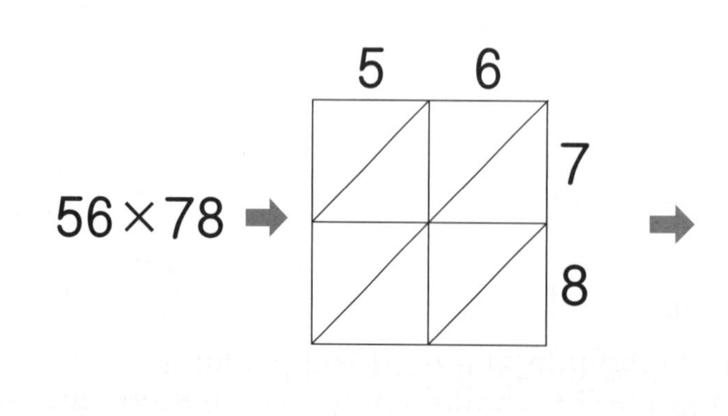

+

2주 (세 자리 수)×(한 자리 수)

이·번·주·학·습·목·표

(세 자리 수)×(한 자리 수)의
계산 원리를 알고 구할 수 있습니다.

'8가지 유형 222문제'와 **'두바퀴'**로
사고계산력을 완성할 수 있습니다.

	학습 내용	학습 계획
1일차	(세 자리 수)×(한 자리 수) 알기	2가지 유형 40문제 / 월 일
2일차	(세 자리 수)×(한 자리 수) 기본	2가지 유형 82문제 / 월 일
3일차	(세 자리 수)×(한 자리 수) 발전	2가지 유형 29문제 / 월 일
4일차	(세 자리 수)×(한 자리 수) 추론	2가지 유형 44문제 / 월 일
5일차	(세 자리 수)×(한 자리 수) 종합	27문제 / 월 일

두뇌를 바꾸는 퀴즈

1 일차

(세 자리 수)×(한 자리 수) 알기 연습

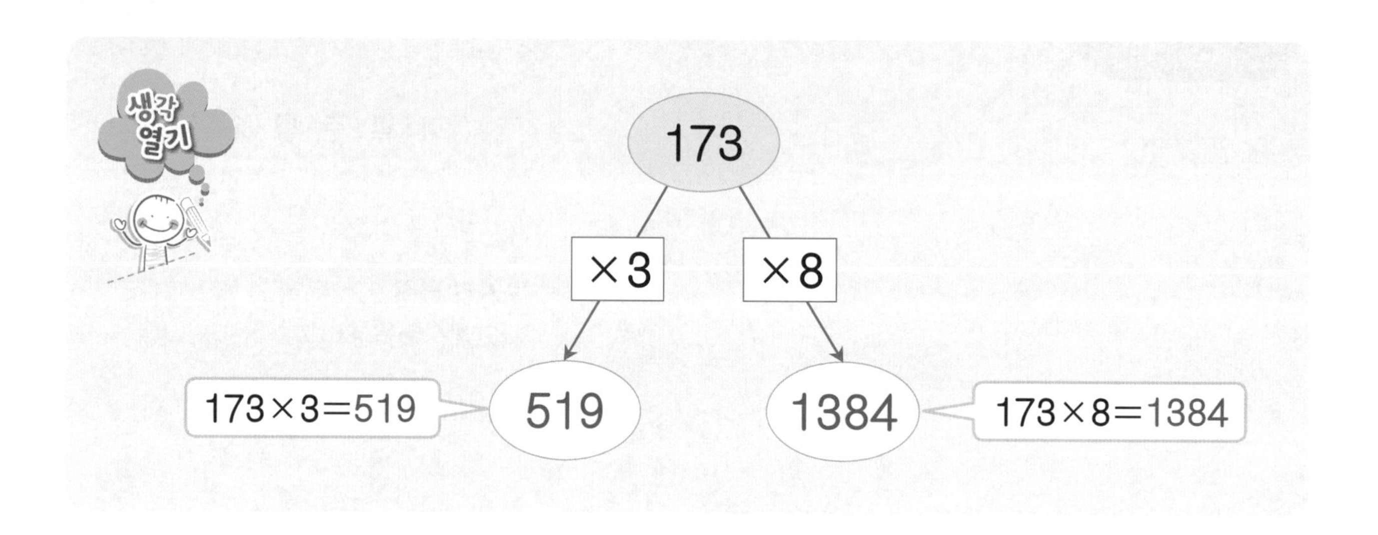

❖ 빈 곳에 알맞은 수를 써넣으세요.

①

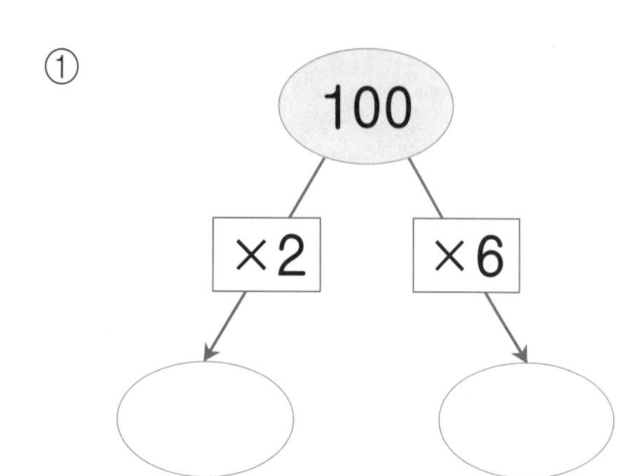

②

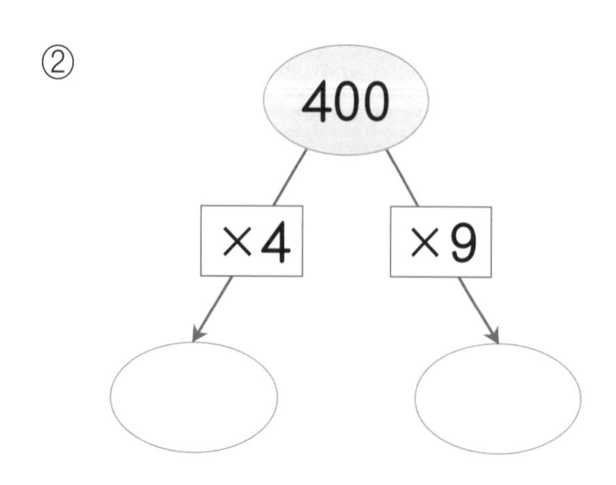

③

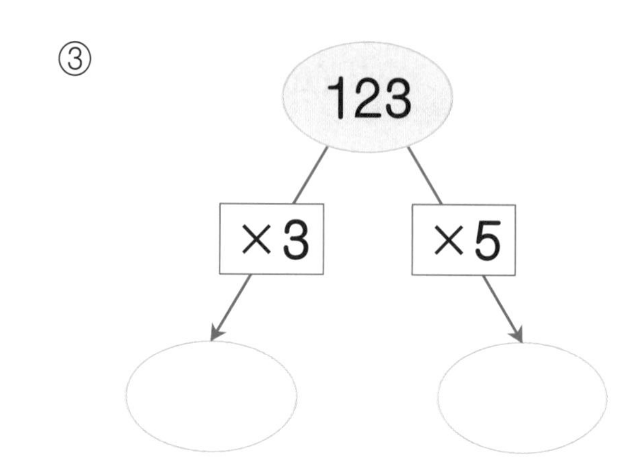

④

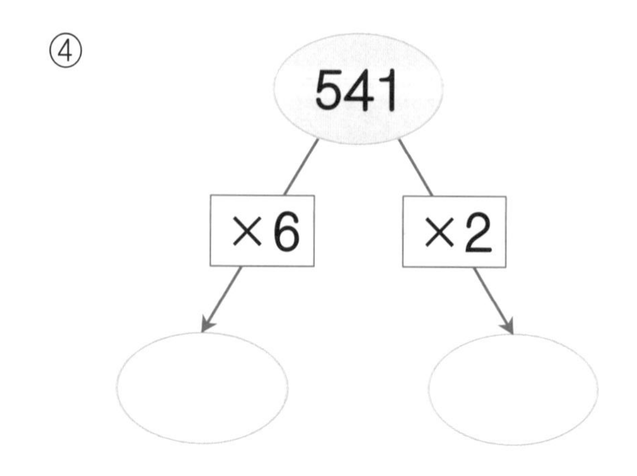

⑤

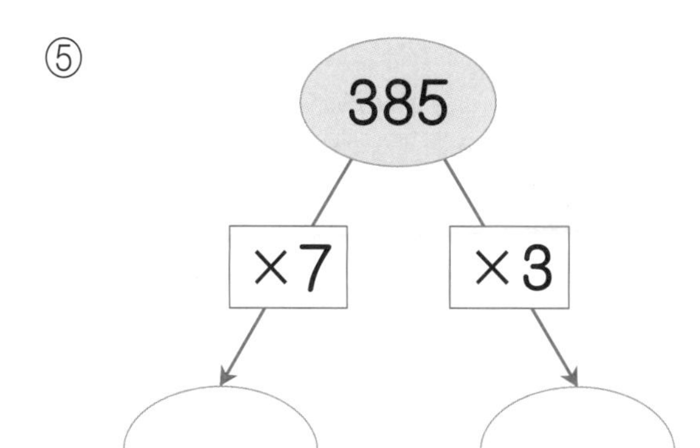

⑧

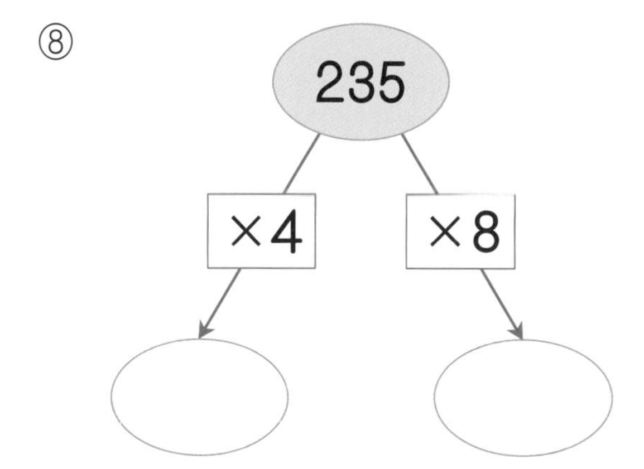

⑥

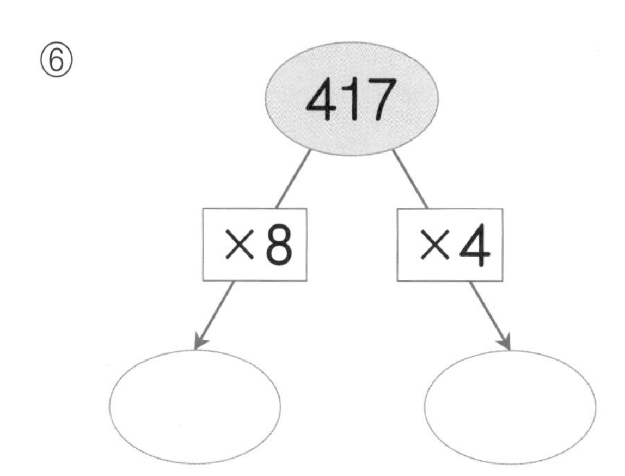

⑨

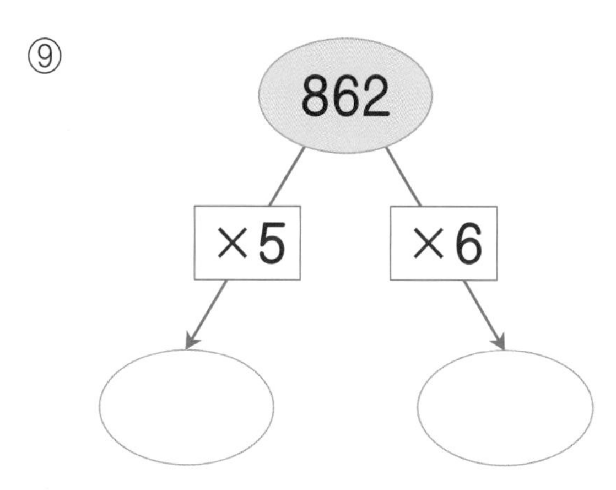

⑦

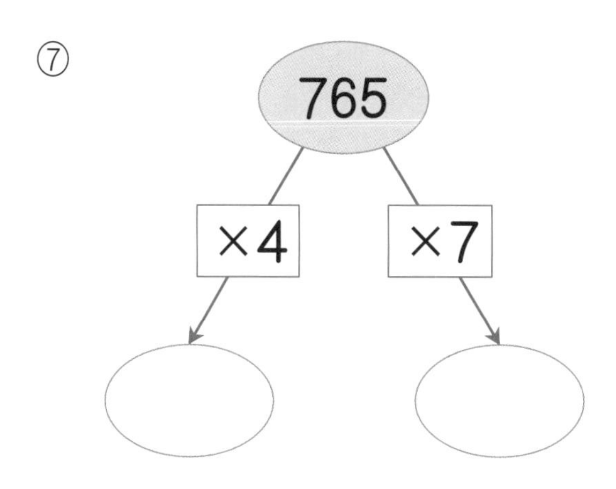

⑩

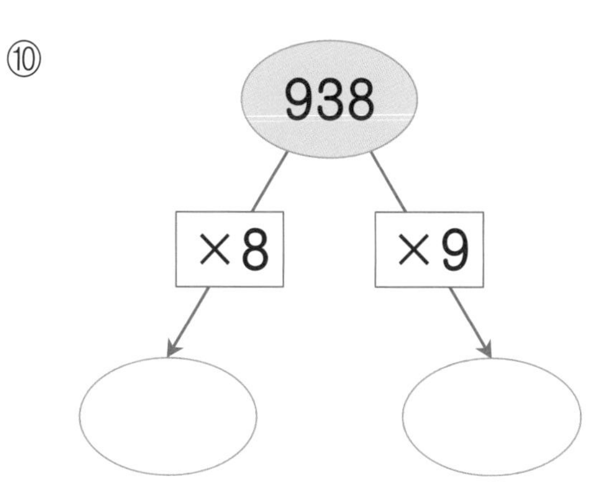

(몇백)×(몇)의 계산은 백의 자리 숫자와 몇의 곱에 0을 2개 붙여요.

(세 자리 수)×(한 자리 수) 알기 반복

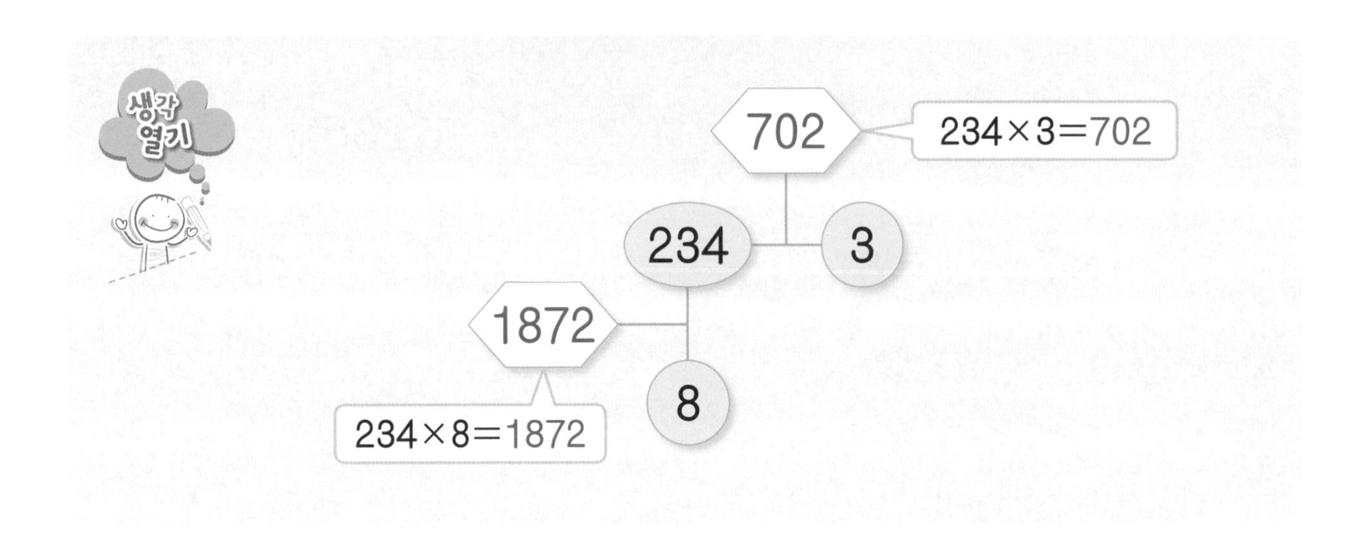

❖ 선으로 연결된 두 수의 곱을 빈 곳에 써넣으세요.

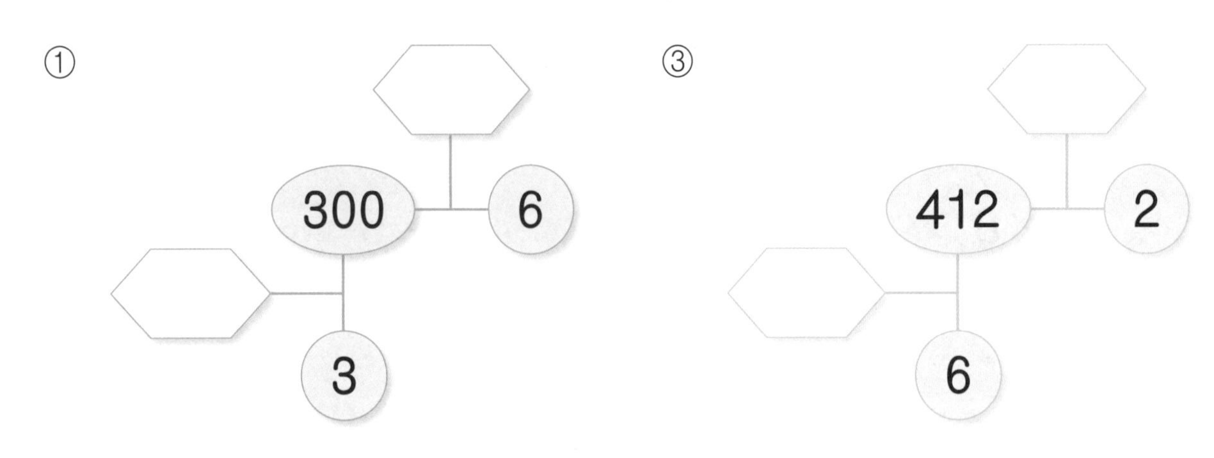

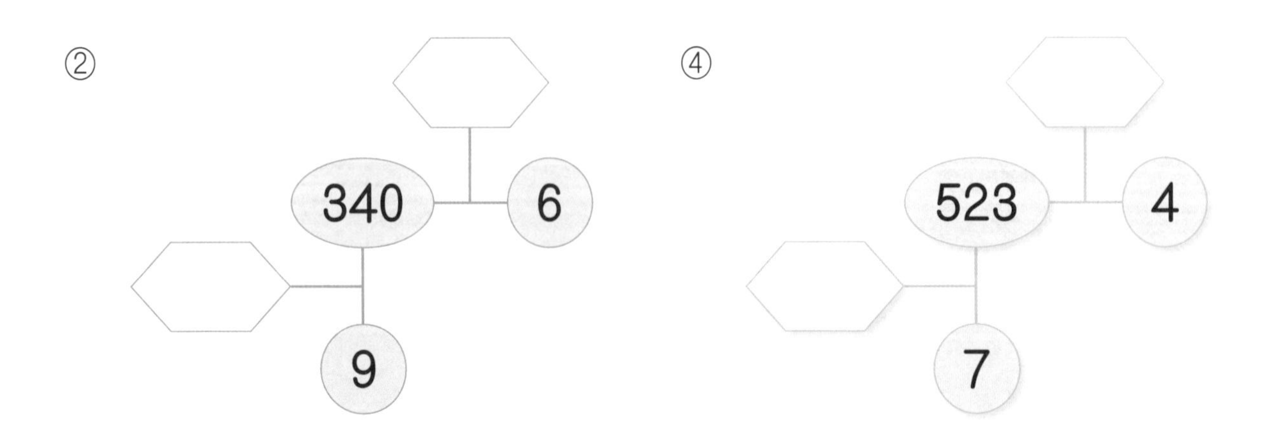

⑤

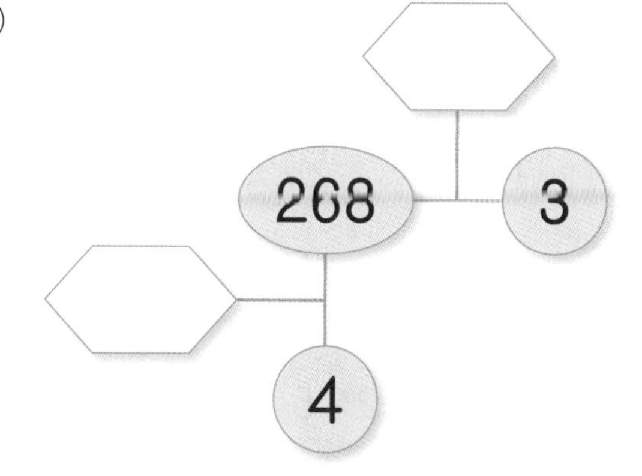

⑧

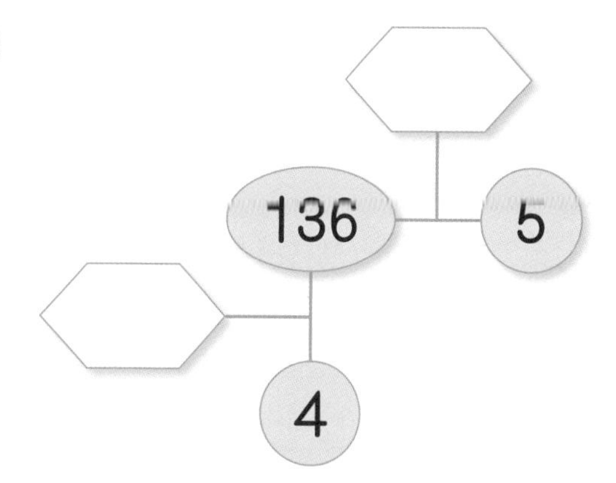

⑥

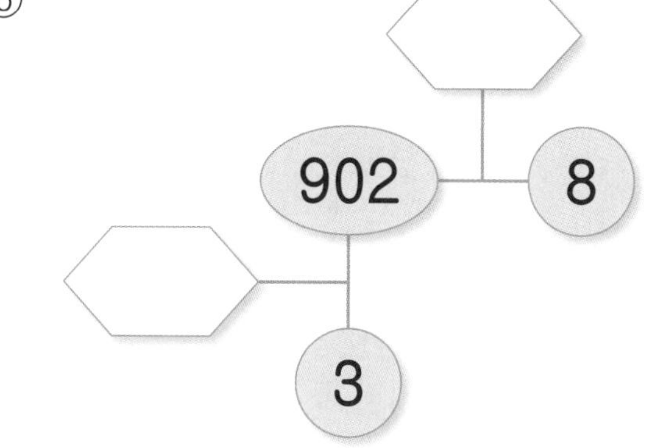

⑨

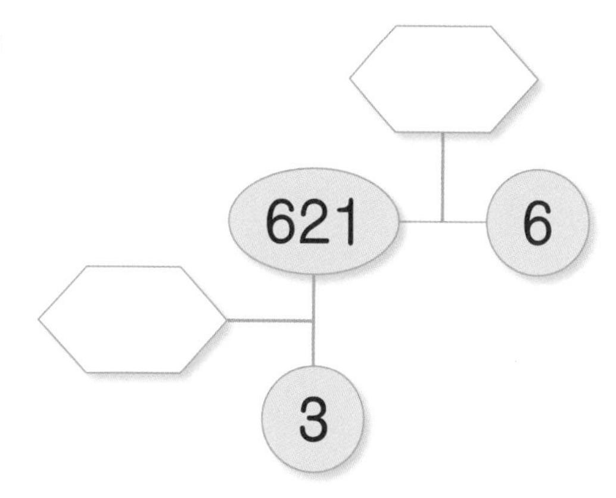

⑦

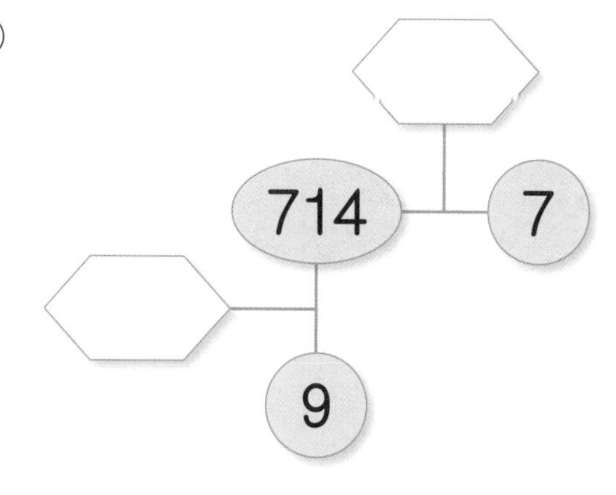

⑩

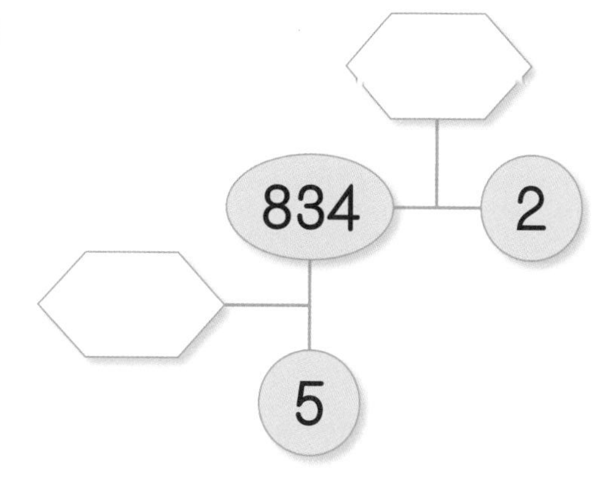

선으로 연결된 두 원의 수를 각각 곱해요.

(세 자리 수)×(한 자리 수) 기본 연습

×	100	213	452	734
3	300	639	1356	2202
5	500	1065	2260	3670

$5\times100=100\times5=500$

$5\times452=452\times5=2260$

❖ 빈 곳에 알맞은 수를 써넣으세요.

①

×	200	150	349	728
2				
9				

②

×	600	371	618	194
8				
4				

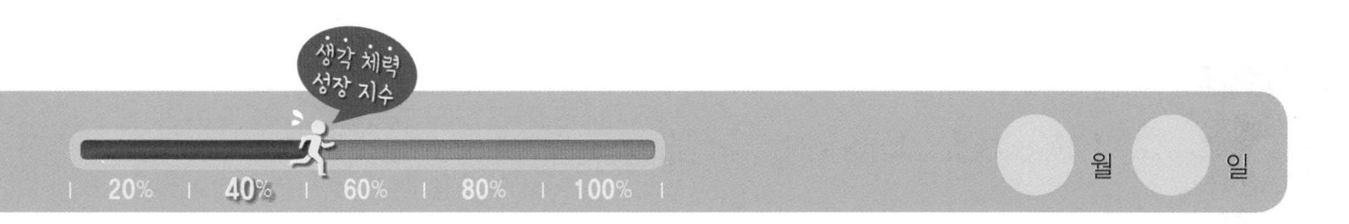

③

×	158	636	248	729
5				
6				

④

×	918	167	564	305
7				
3				

⑤

×	368	527	435	936
6				
8				

일의 자리, 십의 자리, 백의 자리의 순서로 곱해요.

(세 자리 수)×(한 자리 수) 계산 반복

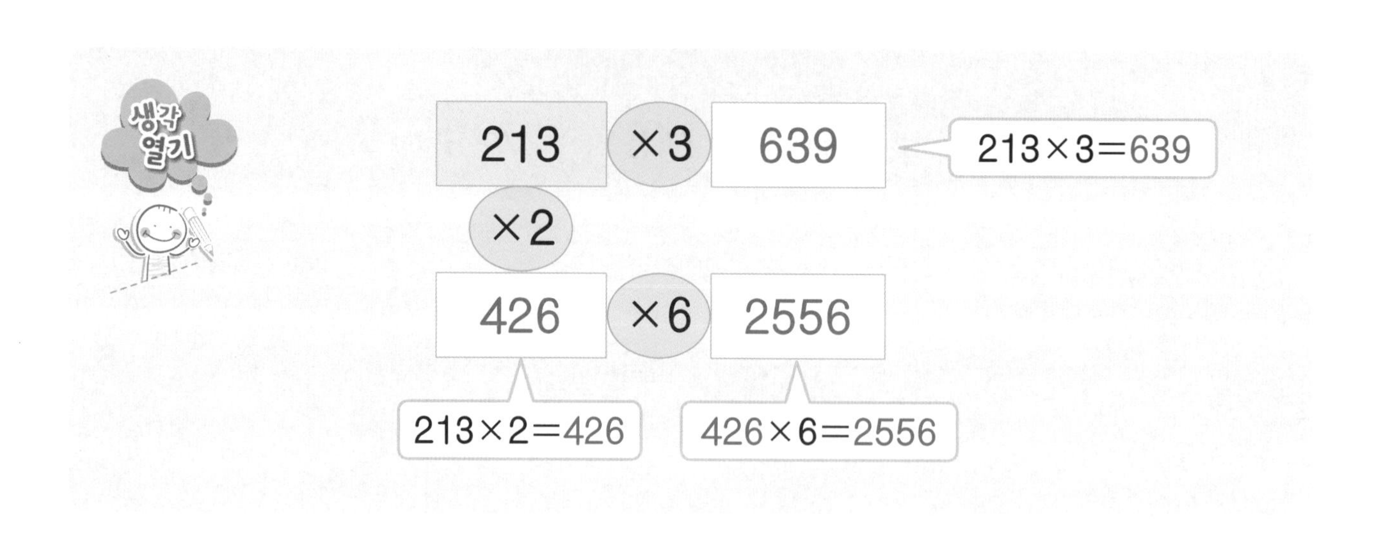

❖ 빈 곳에 알맞은 수를 써넣으세요.

①
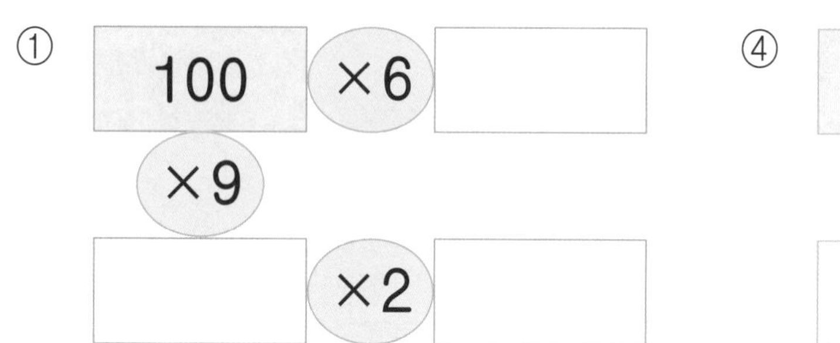

④

②
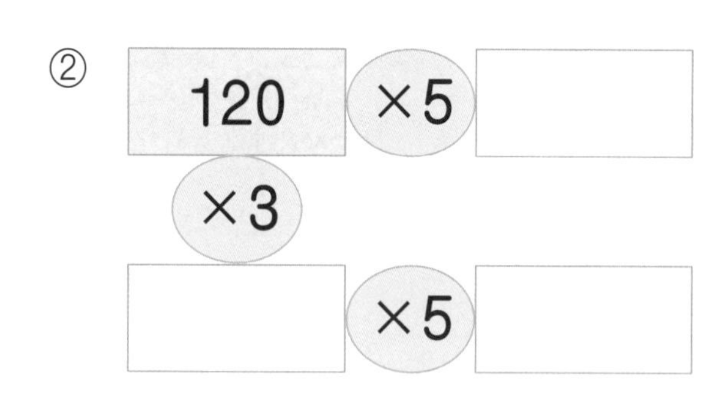

⑤
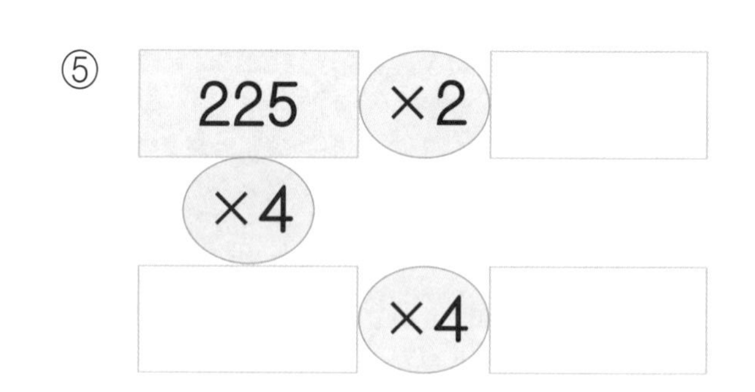

③
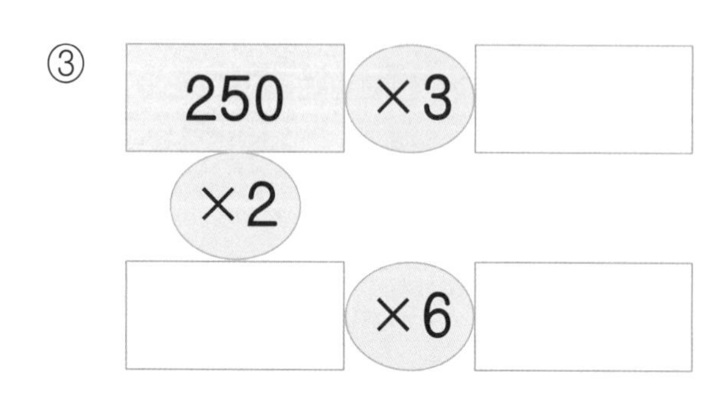

⑥
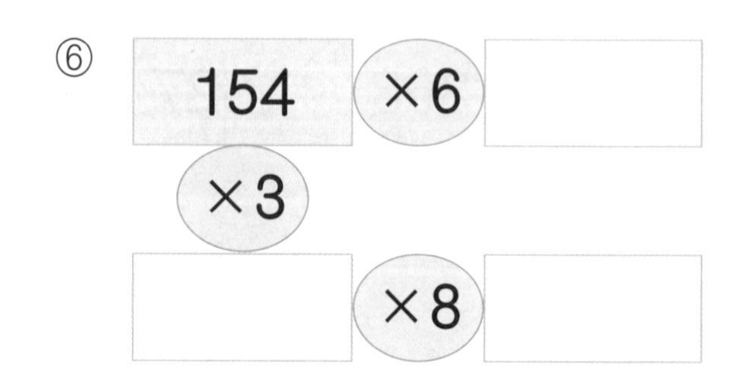

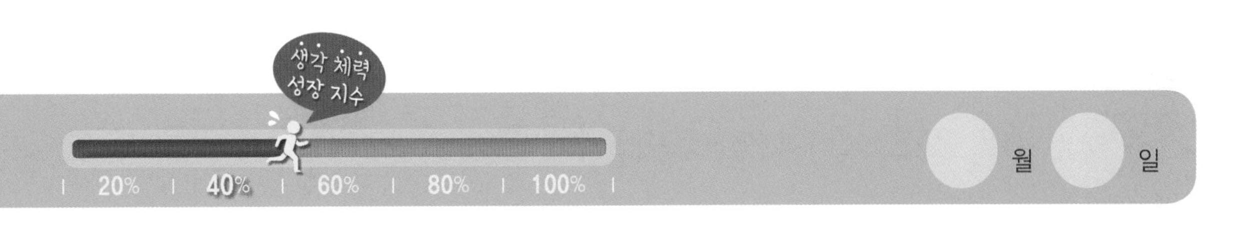

⑦
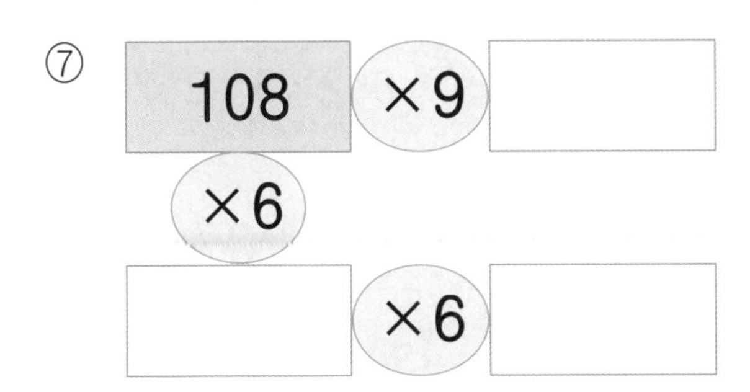

⑪
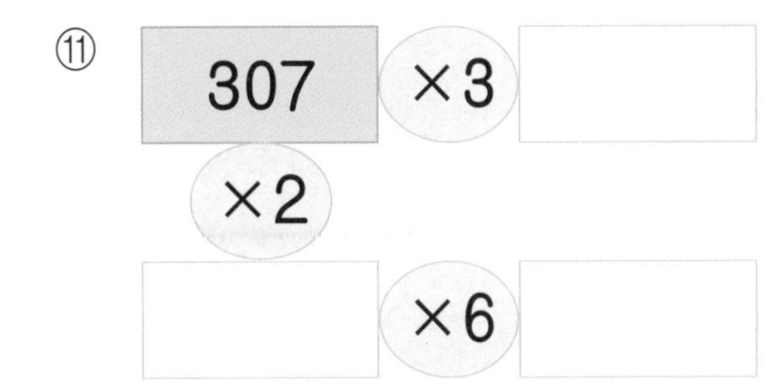

⑧
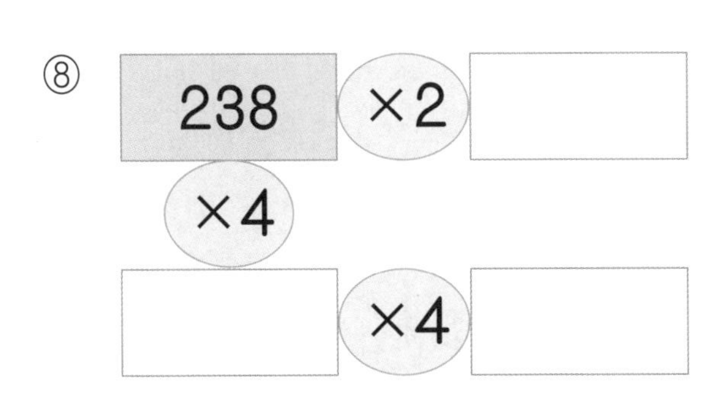

⑫
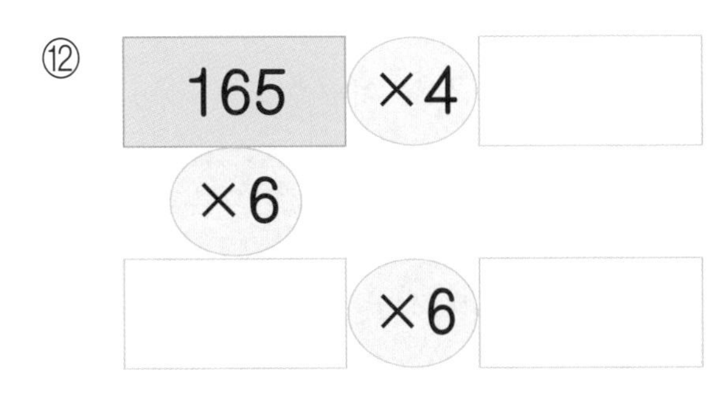

⑨
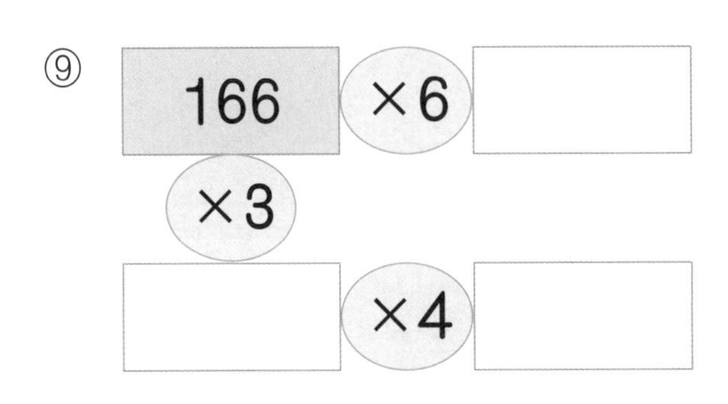

⑬
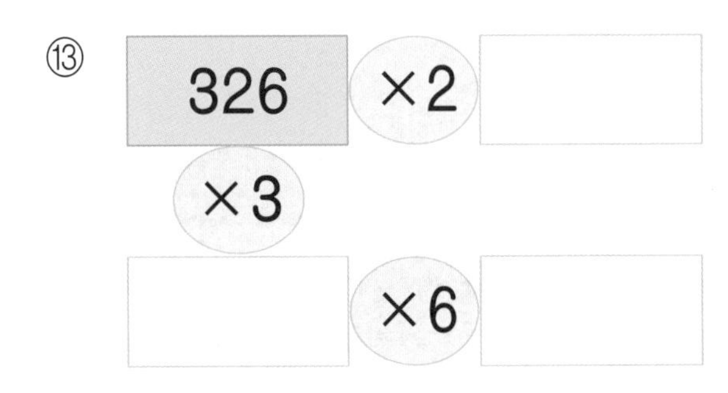

⑩
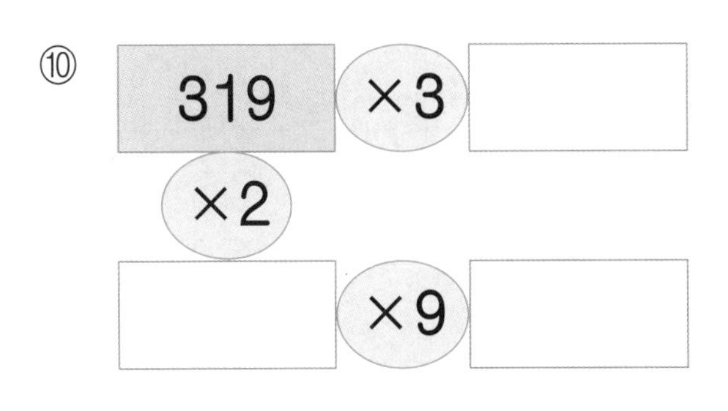

⑭
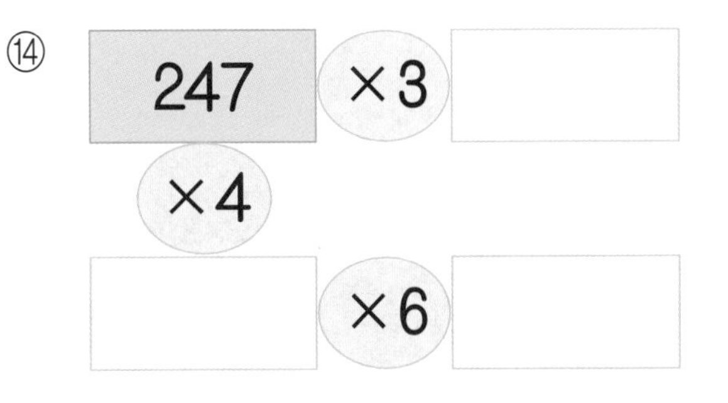

일의 자리 계산, 십의 자리 계산에서 올림한 수는 윗자리 수의 곱과 더해서 계산해요.

3일차 (세 자리 수)×(한 자리 수) 발전 연습

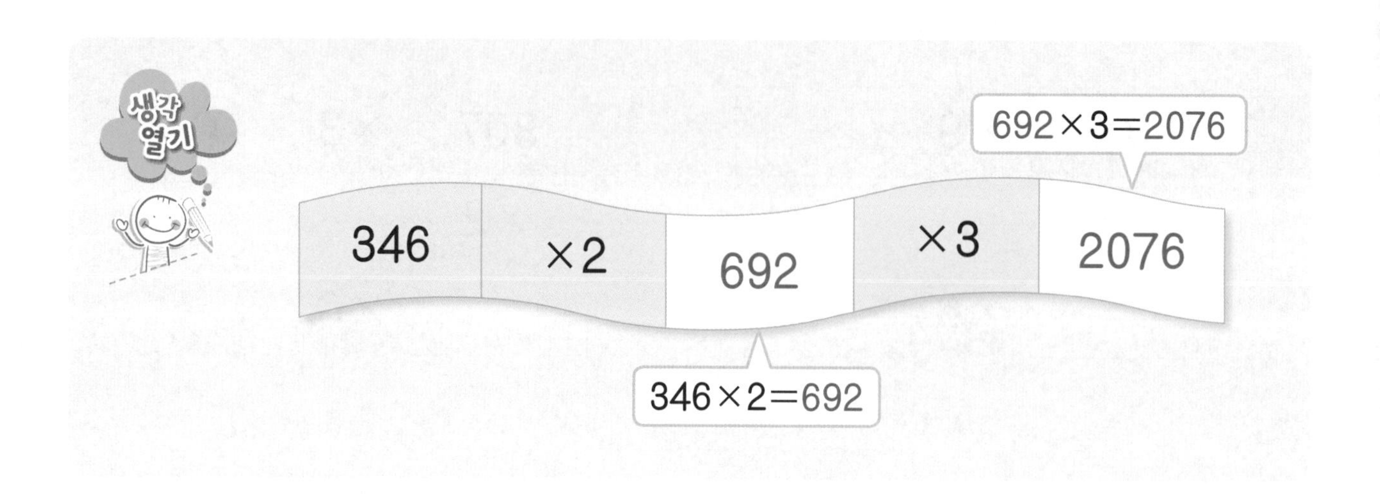

❖ 빈 곳에 알맞은 수를 써넣으세요.

①

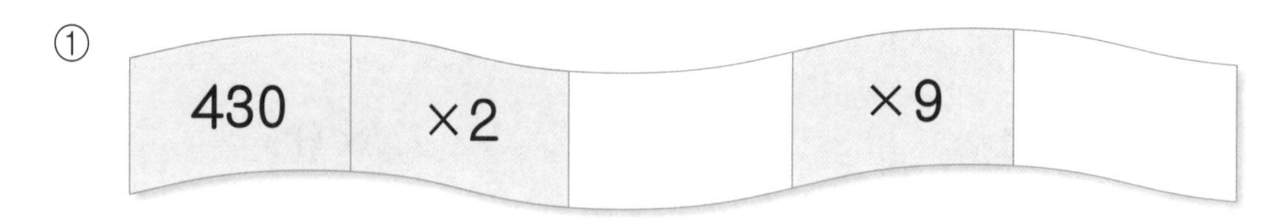

② 132 | ×3 | | ×7 |

③ 142 | ×4 | | ×5 |

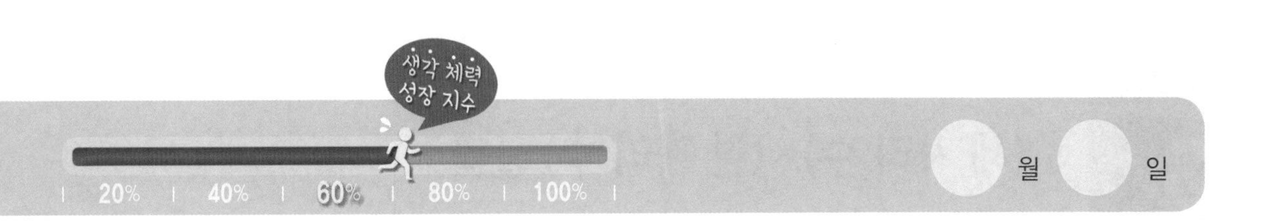

④
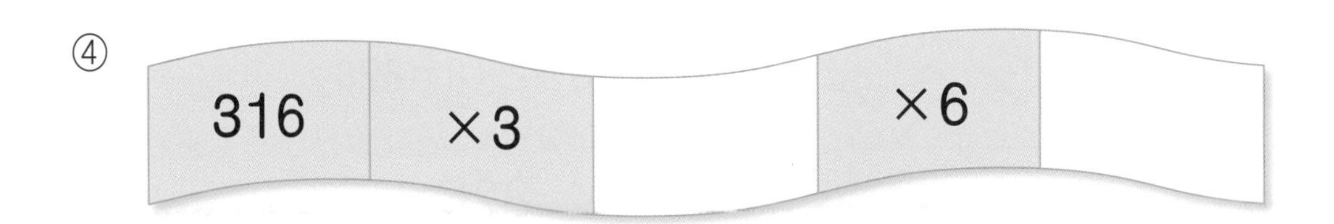

⑤
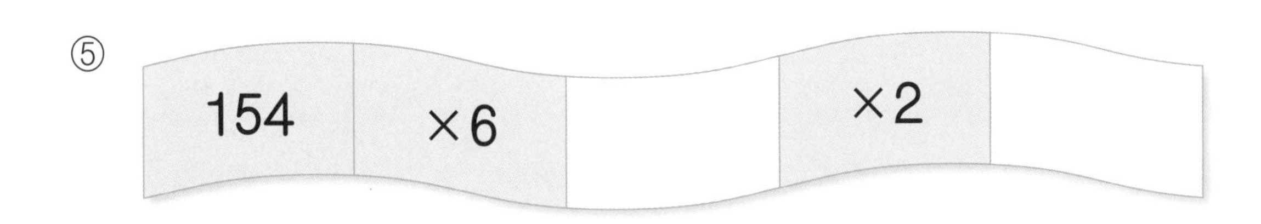

⑥
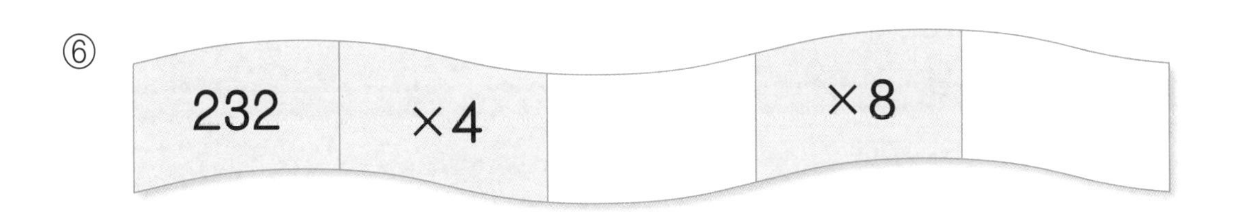

⑦

앞에서부터 차례로 계산해요.

(세 자리 수)×(한 자리 수) 발전 반복

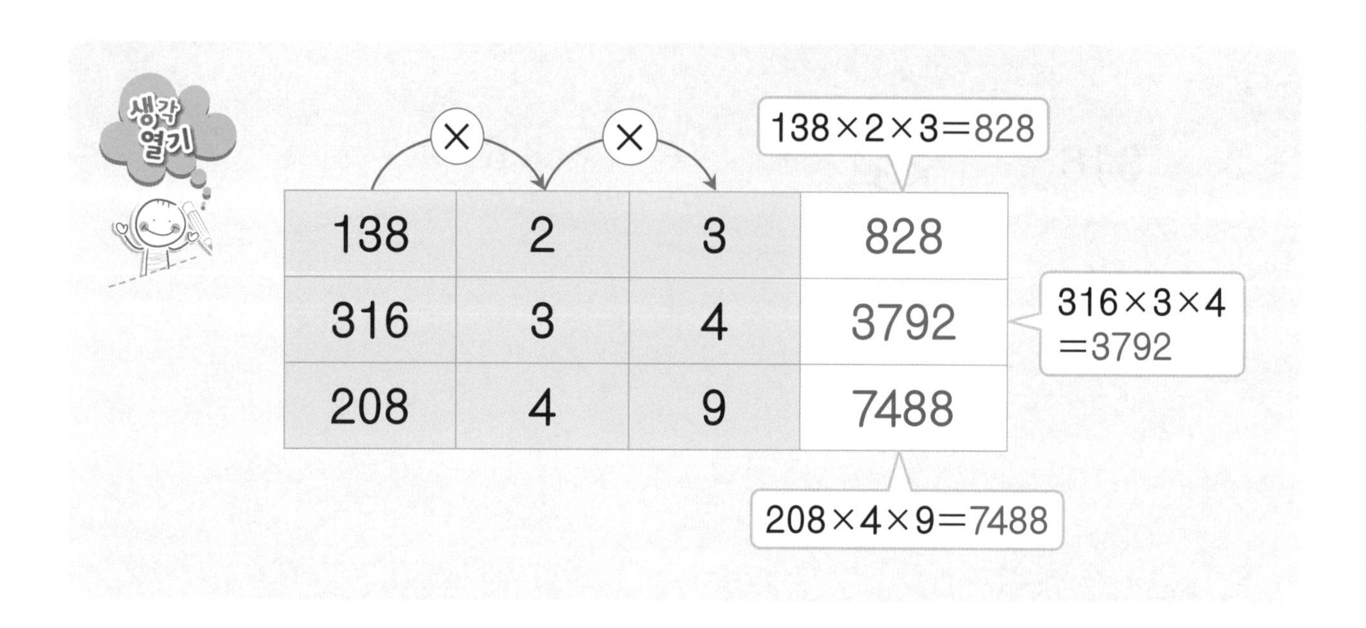

138	2	3	828
316	3	4	3792
208	4	9	7488

❖ 빈 곳에 알맞은 수를 써넣으세요.

①

210	4	3	
438	2	6	
105	9	2	

②

158	3	8	
396	2	9	
165	5	7	

③ (× → ×)

124	8	4	
236	4	3	
157	6	5	

④ (× → ×)

119	7	5	
183	5	8	
319	3	4	

⑤ (× → ×)

124	6	7	
138	7	9	
106	9	6	

화살표 방향으로 차례로 곱해요.

(세 자리 수)×(한 자리 수) 추론 연습

×	4
200	800
80	320
6	24
286	1144

800+320+24=1144

➡ 286×4= 1144

$$\begin{array}{r} 286 \\ \times \quad 4 \\ \hline 1144 \end{array}$$

❖ 빈 곳에 알맞은 수를 써넣으세요.

①

×	2
300	
20	
4	
324	

➡ 324×2= □

$$\begin{array}{r} 324 \\ \times \quad 2 \\ \hline \square \end{array}$$

②

×	3
700	
40	
3	
743	

➡ 743×3= □

$$\begin{array}{r} 743 \\ \times \quad 3 \\ \hline \square \end{array}$$

③

×	8
500	
10	
7	
517	

➡ $517 \times 8 =$ ☐

$$\begin{array}{r} 517 \\ \times \quad 8 \\ \hline \square \end{array}$$

④

×	6
400	
90	
5	
495	

➡ $495 \times 6 =$ ☐

$$\begin{array}{r} 495 \\ \times \quad 6 \\ \hline \square \end{array}$$

⑤

×	9
600	
40	
8	
648	

➡ $648 \times 9 =$ ☐

$$\begin{array}{r} 648 \\ \times \quad 9 \\ \hline \square \end{array}$$

세 자리 수를 몇백, 몇십, 몇으로 나누어 구한 곱을 모두 더하는 방법이에요.

(세 자리 수)×(한 자리 수) 추론 반복

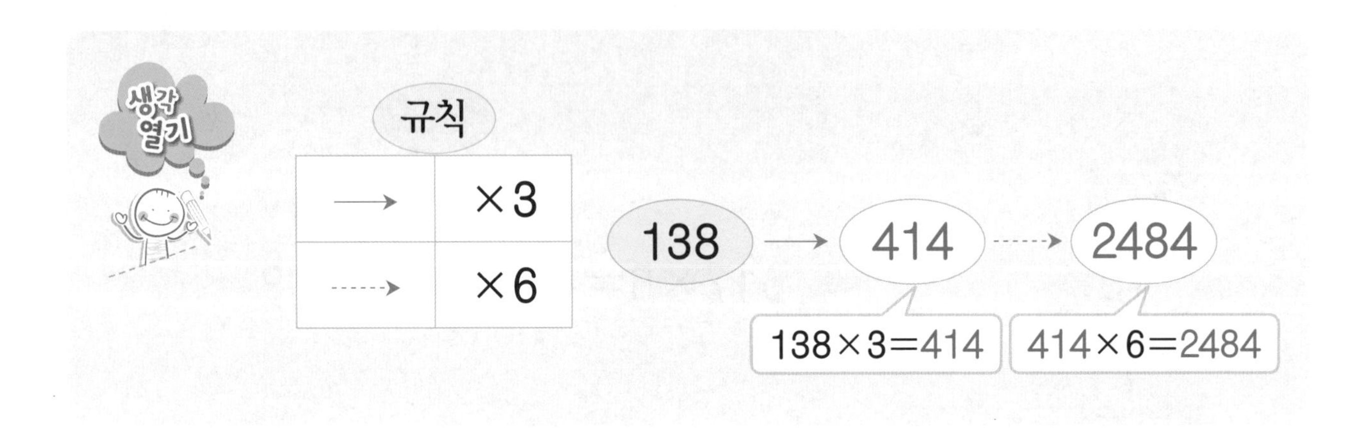

❖ 규칙에 따라 빈 곳에 알맞은 수를 써넣으세요.

①

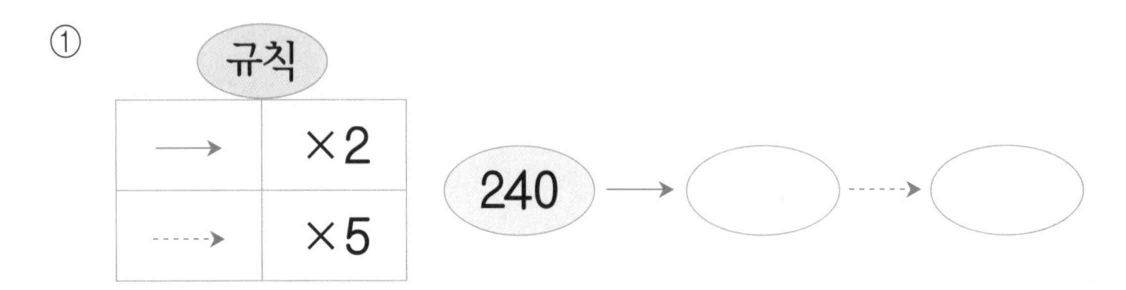

②

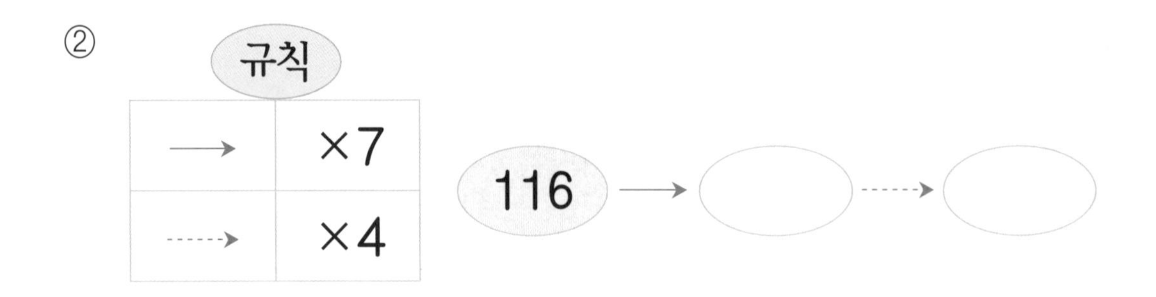

③

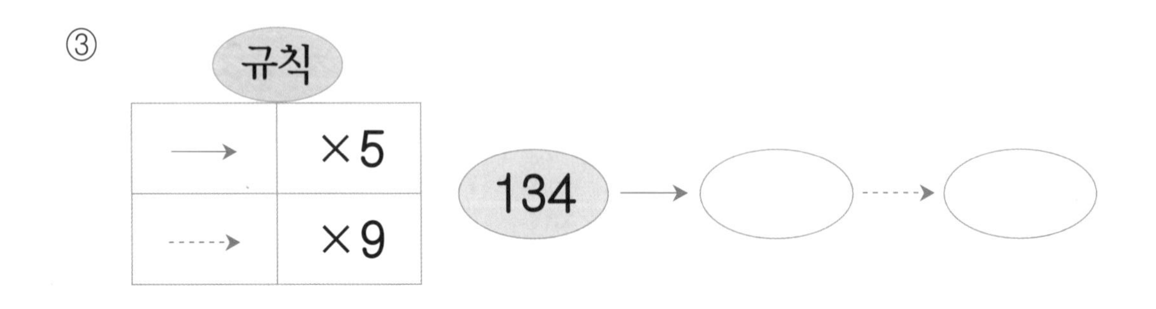

④
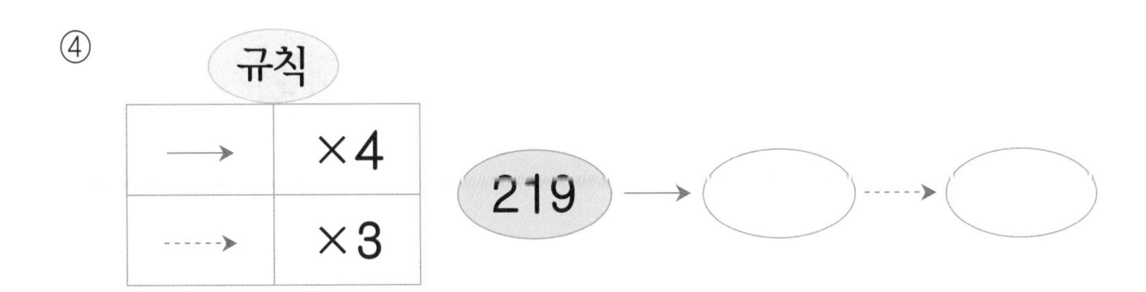

⑤
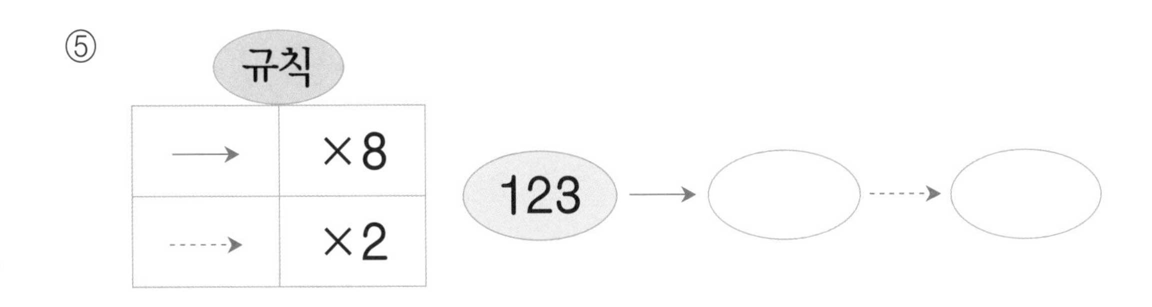

⑥
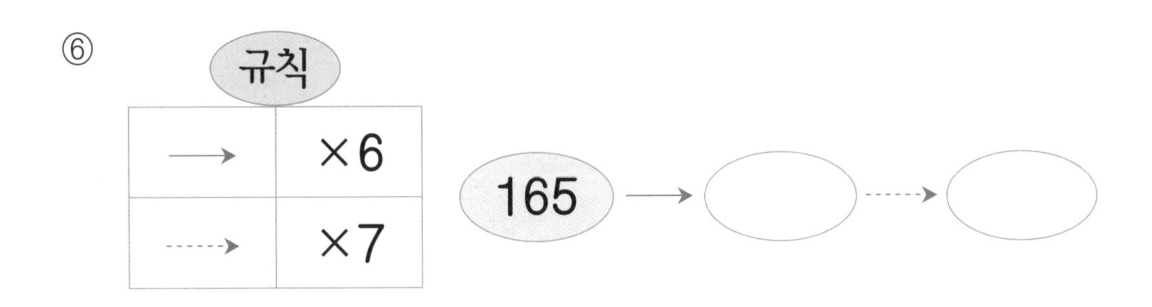

⑦
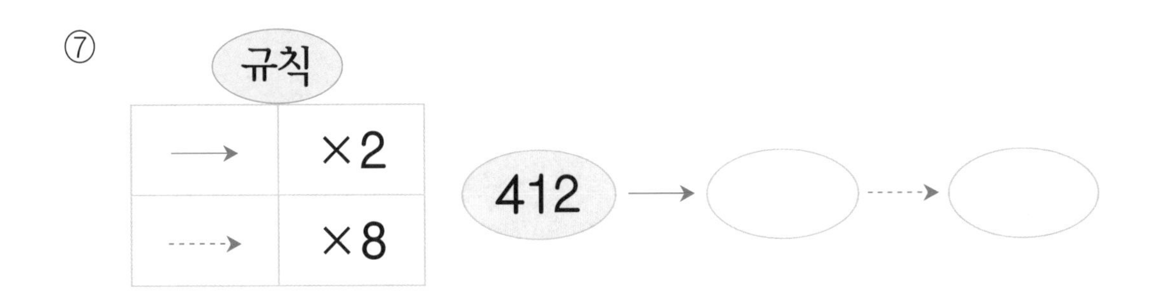

5일차 (세 자리 수)×(한 자리 수) 종합

❖ 빈 곳에 알맞은 수를 써넣으세요.

①

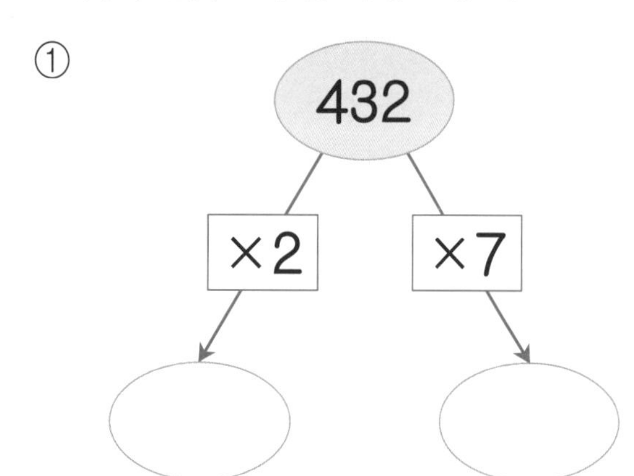

②

618

×4 ×9

❖ 선으로 연결된 두 수의 곱을 빈 곳에 써넣으세요.

③

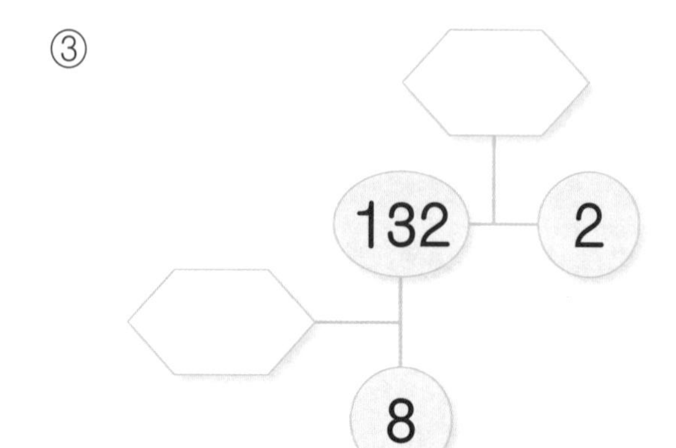

④

547 6

4

❖ 빈 곳에 알맞은 수를 써넣으세요.

⑤

200 ×2

×4

×3

⑥

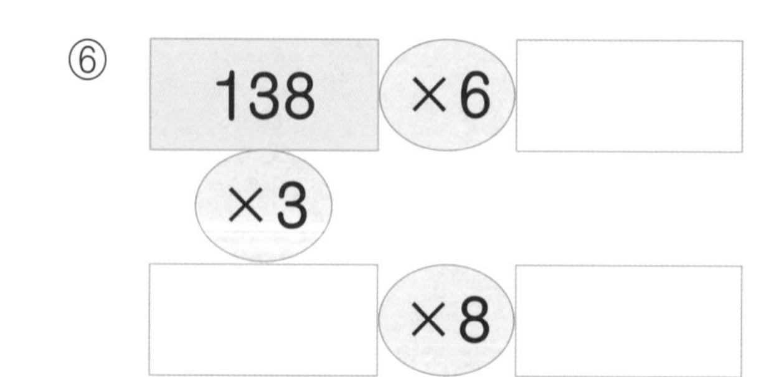

⑦

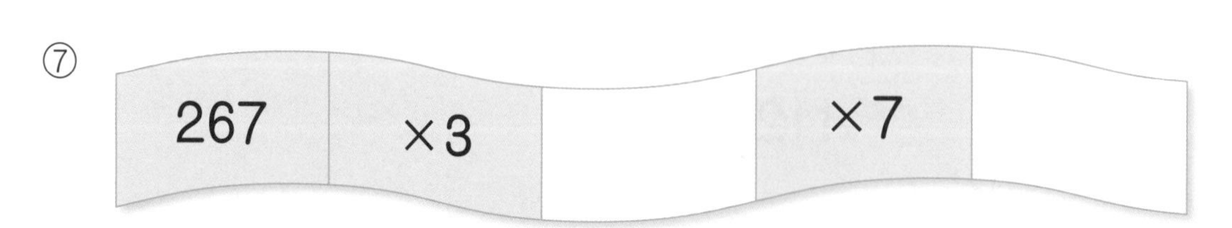

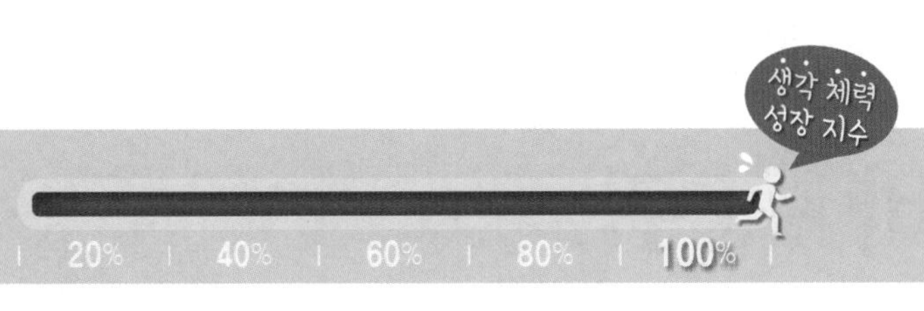

평가	잘함	보통	노력
오답 수	0~1	2~3	4~

⑧ (×) (×)

200	4	6	
314	2	9	
186	3	7	

⑨

×	5
800	
40	
2	
842	

➡ $842 \times 5 =$ □

$$\begin{array}{r} 842 \\ \times \quad 5 \\ \hline \square \end{array}$$

❖ 규칙에 따라 빈 곳에 알맞은 수를 써넣으세요.

⑩

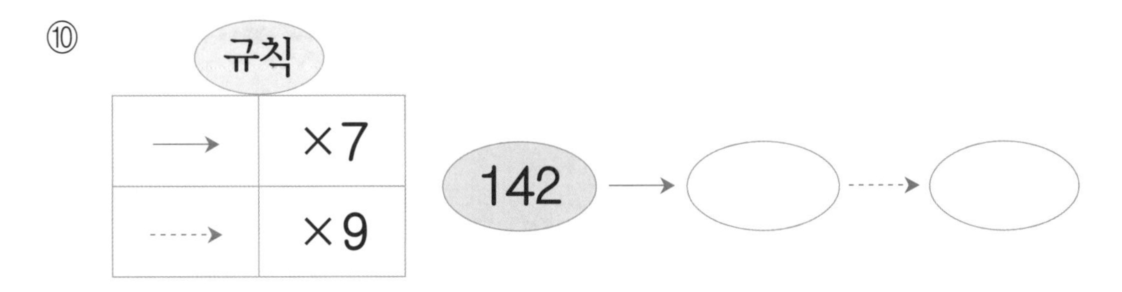

수고하셨어요.

여기까지 '16가지 유형 420문제'로 사고계산력을 완성했어요.
이제 '두바퀴'를 통해 한 주 동안 자란 나의 문제해결력을 확인해 보세요.

2주 두뇌를 바꾸는 퀴즈

❖ 그림과 같은 규칙으로 계산할 때, 빈 곳에 알맞은 수를 구하세요.

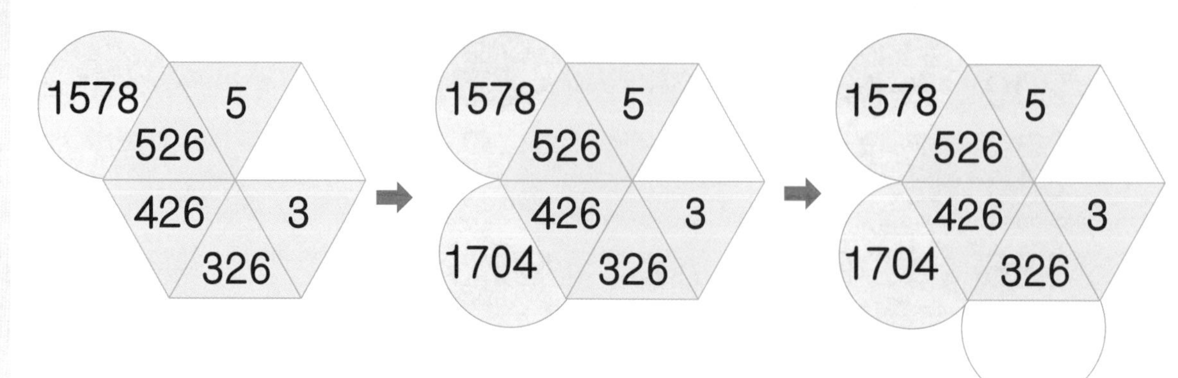

규칙은 세 자리 수는 326, 426, 526으로 [　　] 씩 커지고,

한 자리 수는 3, [　], 5로 [　] 씩 커져요.

반 원 안의 수는 마주 보는 수끼리의 곱이므로

빈 곳의 수는 [　] 와 326×5= [　　] 이에요.

❖ 위와 같은 규칙으로 오른쪽 빈 곳에 알맞은 수를 써넣으세요.

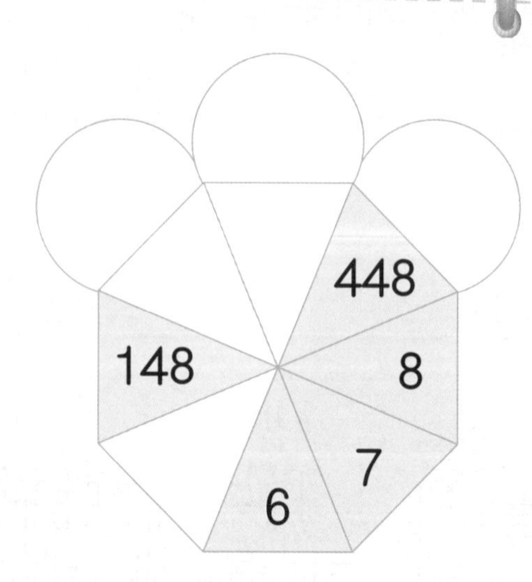

3주 (세 자리 수)×(두 자리 수)

이·번·주·학·습·목·표

(세 자리 수)×(두 자리 수)의
계산 원리를 알고 구할 수 있습니다.

'**8가지 유형 172문제**'와 '**두바퀴**'로
사고계산력을 완성할 수 있습니다.

	학습 내용	학습 계획
1일차	(세 자리 수)×(두 자리 수) 알기	2가지 유형 86문제 월 일
2일차	(세 자리 수)×(두 자리 수) 기본	2가지 유형 24문제 월 일
3일차	(세 자리 수)×(두 자리 수) 발전	2가지 유형 35문제 월 일
4일차	(세 자리 수)×(두 자리 수) 추론	2가지 유형 10문제 월 일
5일차	(세 자리 수)×(두 자리 수) 종합	17문제 월 일

두뇌를 바꾸는 퀴즈

(세 자리 수)×(두 자리 수) 알기 연습

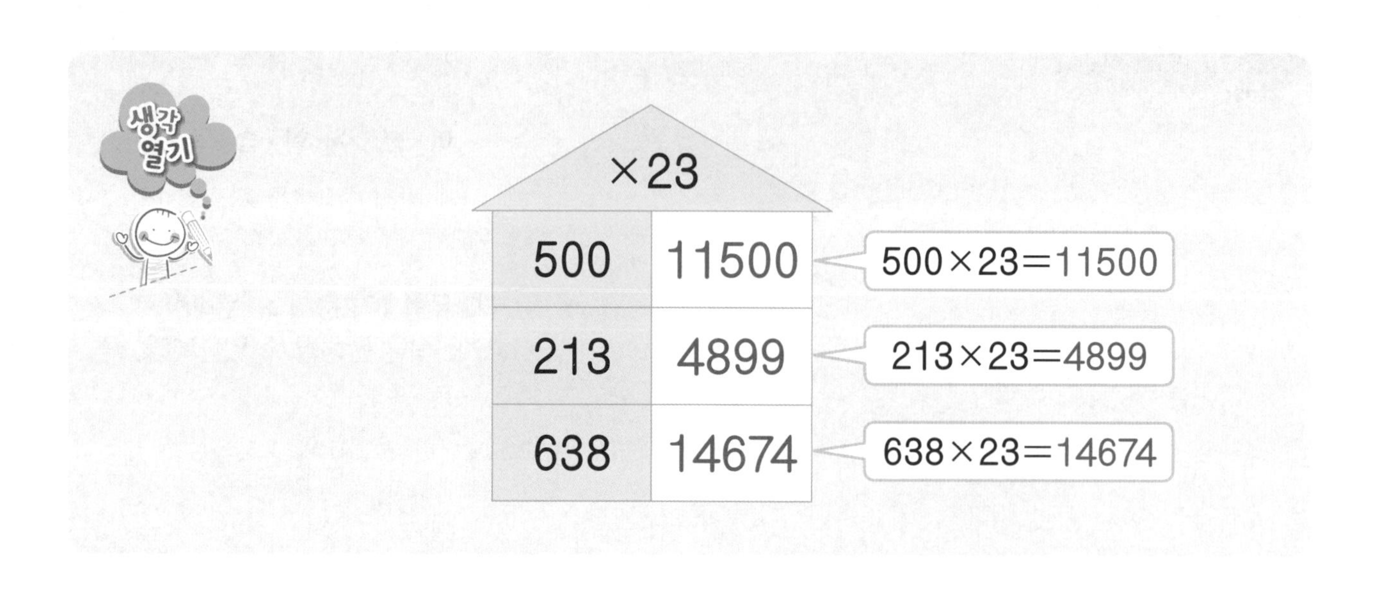

❖ 빈 곳에 알맞은 수를 써넣으세요.

①

×30	
100	
730	
527	

②

×42	
650	
762	
298	

③

×11	
900	
379	
484	

④

×94	
101	
813	
546	

⑤

×19	
182	
819	
428	

⑥

×85	
433	
241	
654	

⑦

×58	
998	
756	
885	

⑧

×67	
524	
975	
391	

⑨

×26	
265	
514	
936	

⑩

×73	
767	
349	
672	

곱하는 수의 일의 자리부터 차례로 계산해요.

(세 자리 수)×(두 자리 수) 알기 반복

×	700	320	123	546
20	14000	6400	2460	10920
43	30100	13760	5289	23478

43×700=700×43=30100

43×123=123×43=5289

❖ 빈 곳에 알맞은 수를 써넣으세요.

①

×	400	180	312	759
50				
32				

②

×	200	650	816	937
18				
75				

③

×	530	725	428	296
35				
62				

④

×	146	496	717	635
21				
96				

⑤

×	811	326	525	906
84				
49				

⑥

×	342	708	189	864
46				
58				

⑦

×	847	286	233	732
67				
73				

(세 자리 수)×(몇십 몇)은 (세 자리 수)×(몇)과 (세 자리 수)×(몇십)으로 나누어 각각 계산한 다음 두 곱을 더해줘요.

(세 자리 수)×(두 자리 수) 기본 연습

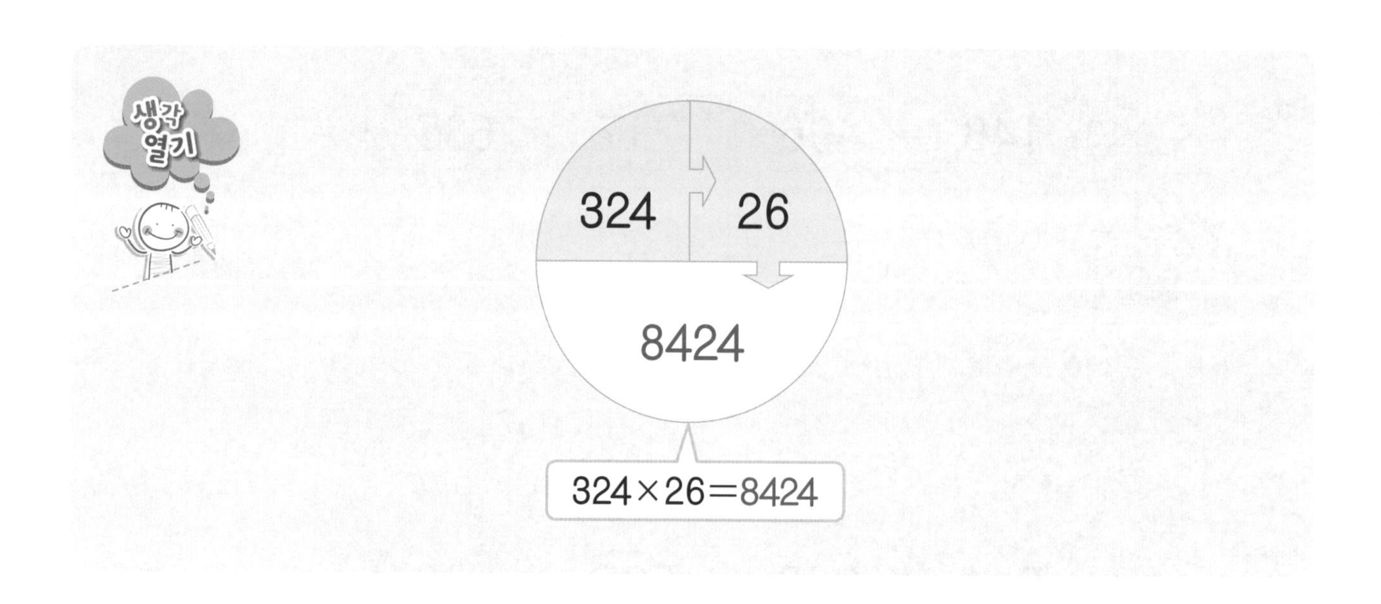

❖ 빈 곳에 두 수의 곱을 써넣으세요.

①

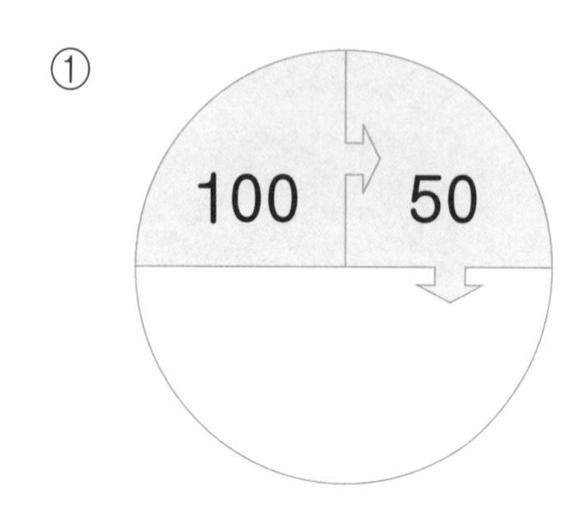

③

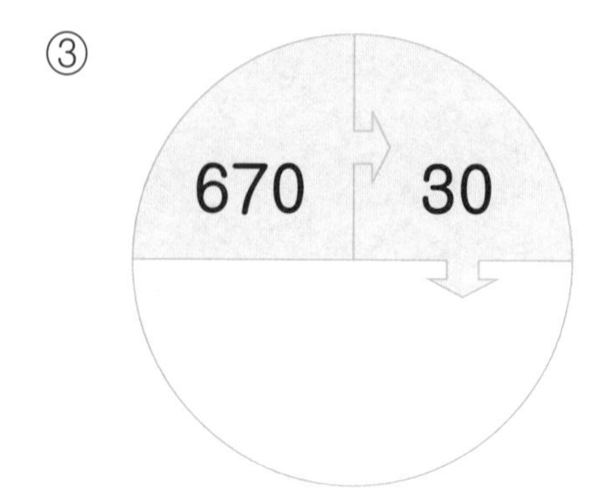

②

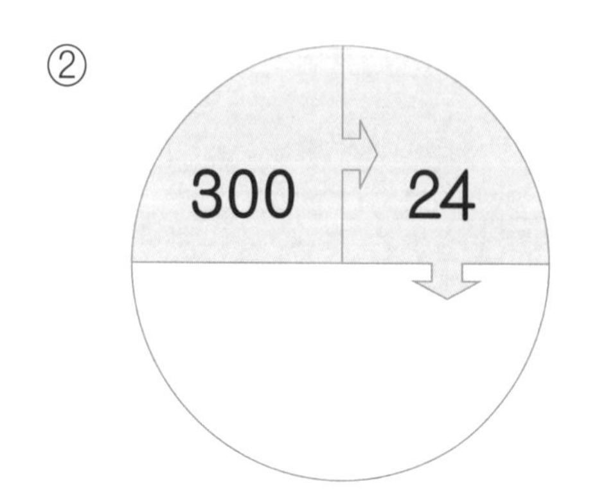

④

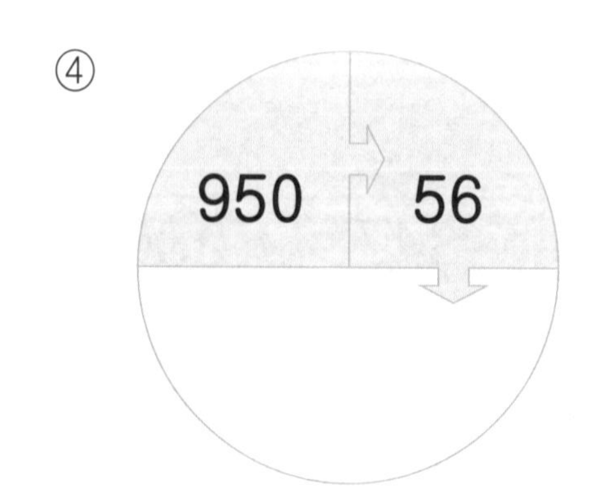

⑤

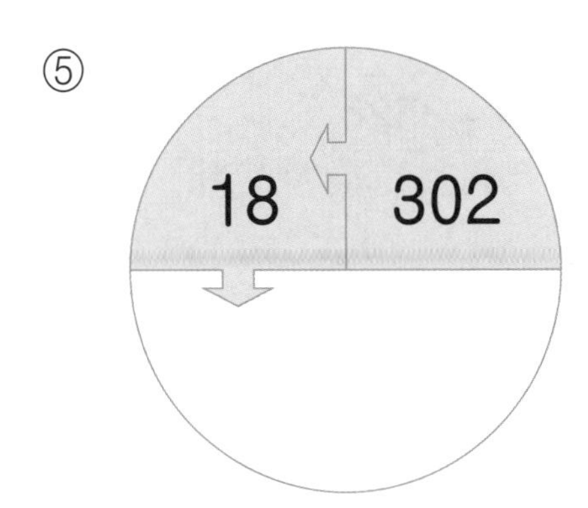

⑧

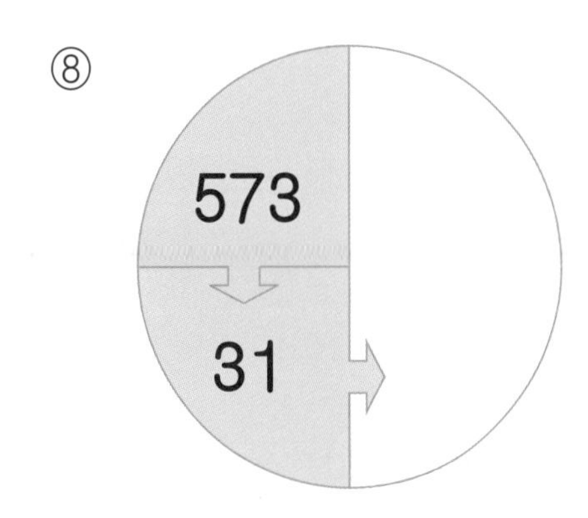

⑥

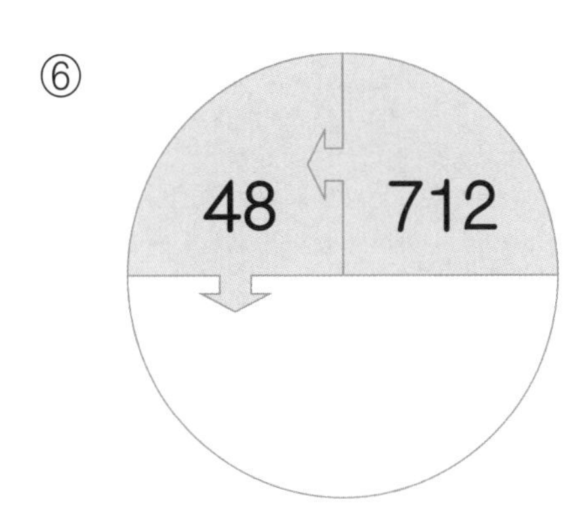

⑨

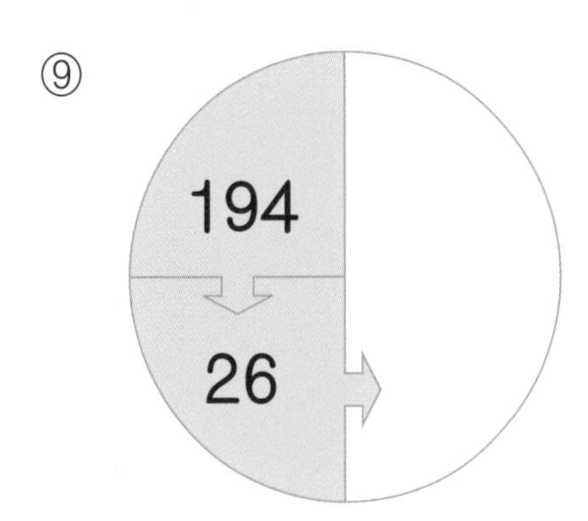

⑦

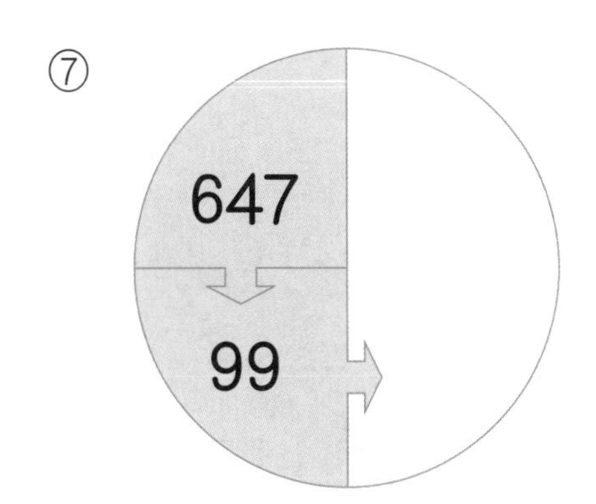

⑩

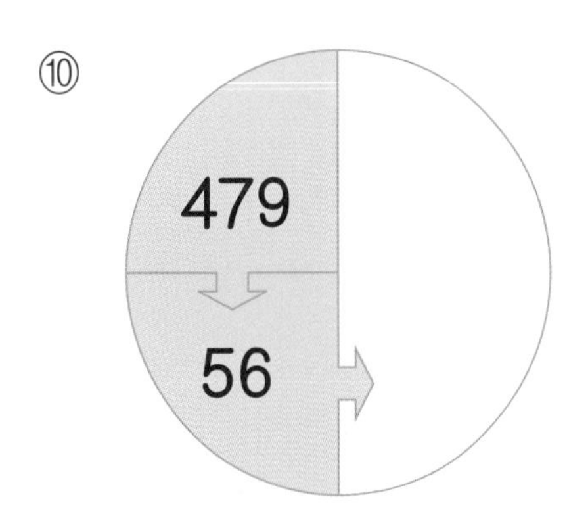

곱해지는 수의 일의 자리 숫자부터 차례로 계산해요.

(세 자리 수)×(두 자리 수) 기본 반복

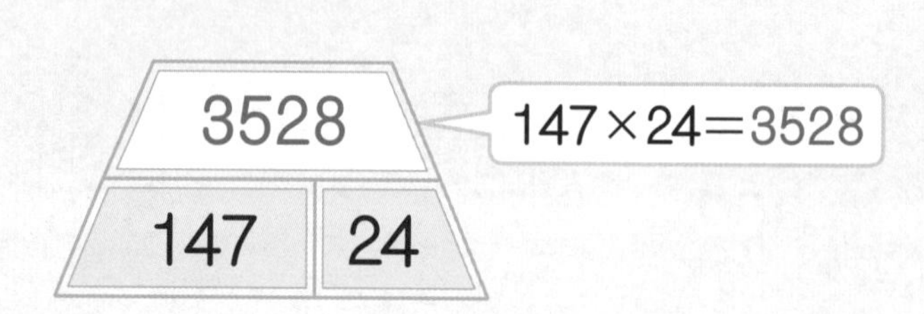

❖ 빈 곳에 두 수의 곱을 써넣으세요.

①

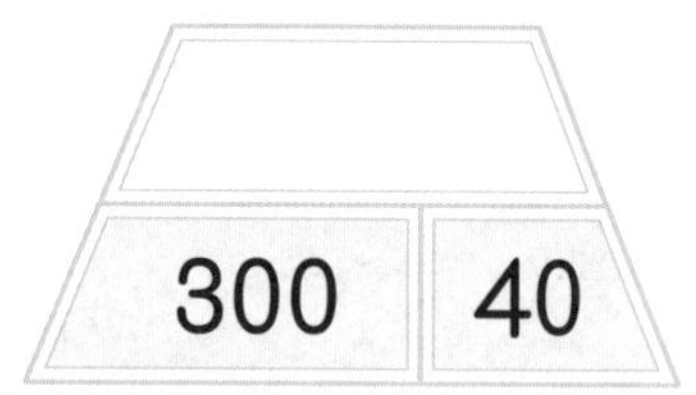

④

②

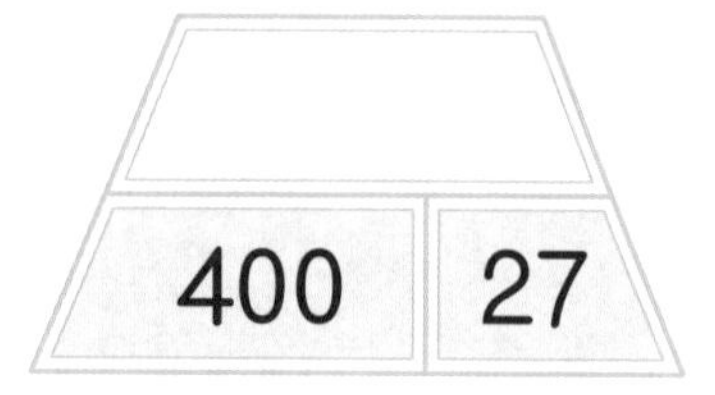

⑤

③

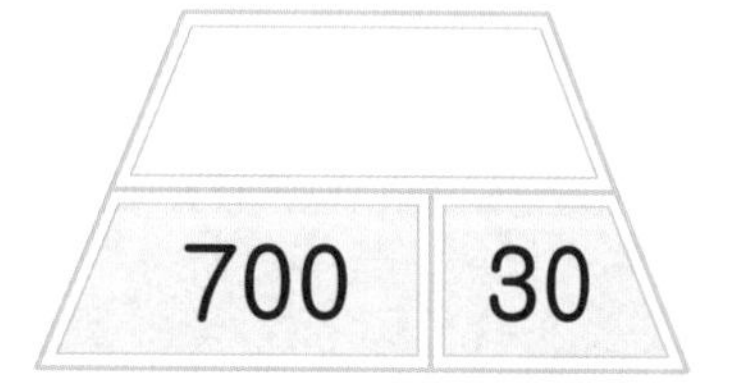

⑥

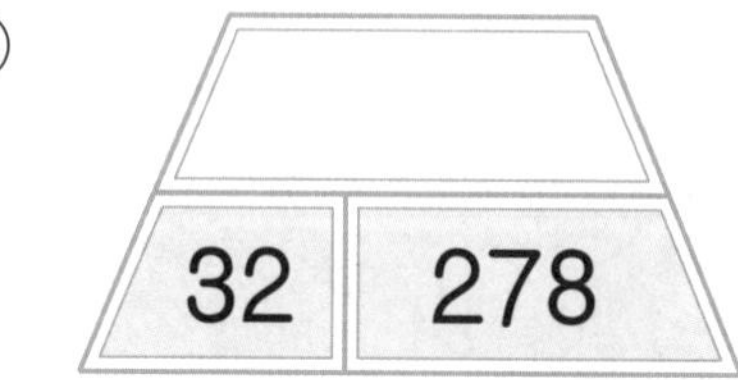

⑦

⑪
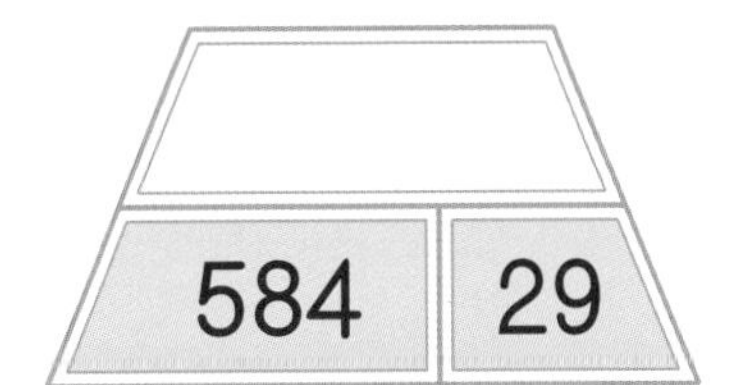

⑧

⑫

⑨

⑬

⑩

⑭

일의 자리 숫자와의 곱은 일의 자리부터 쓰고, 십의 자리 숫자와의 곱은 십의 자리부터 써요.

(세 자리 수)×(두 자리 수) 발전 연습

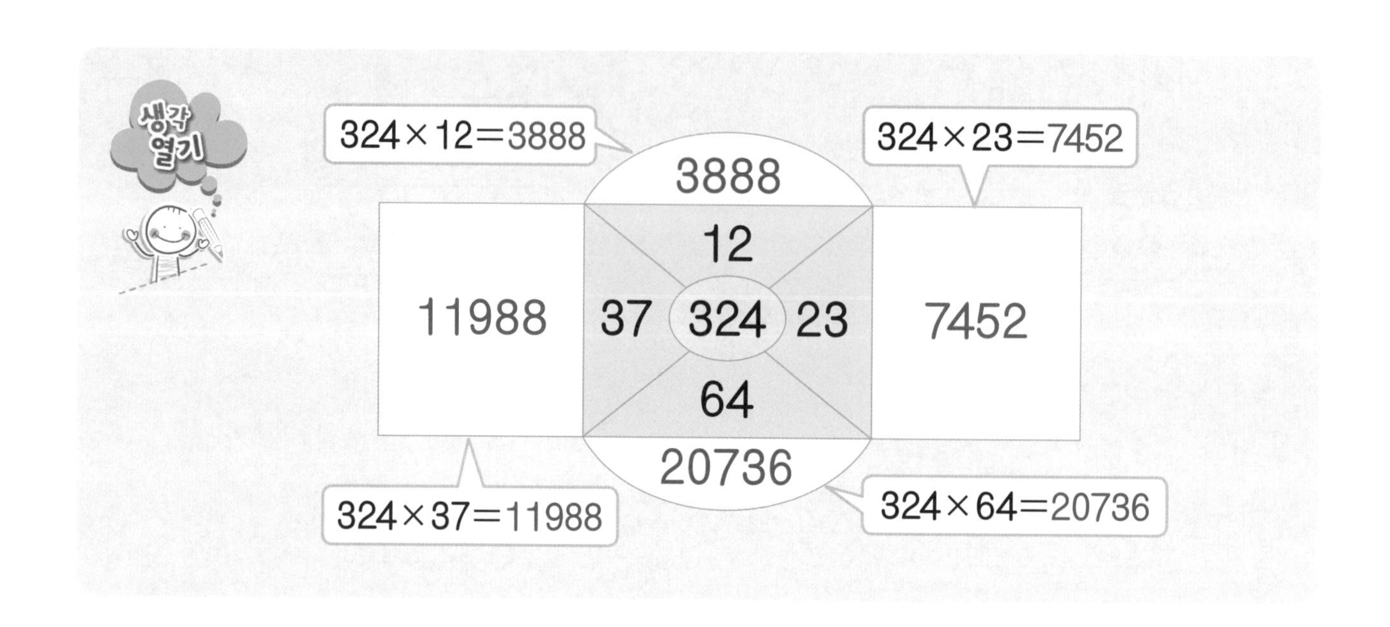

❖ 빈 곳에 두 수의 곱을 써넣으세요.

①

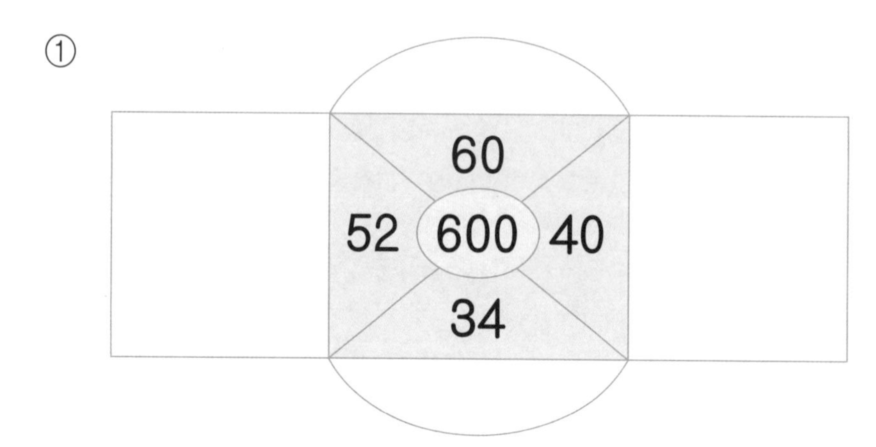

②

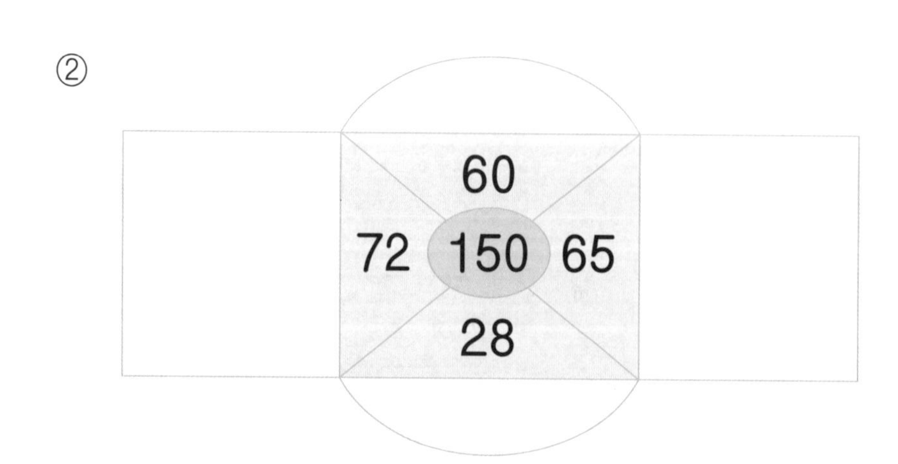

③

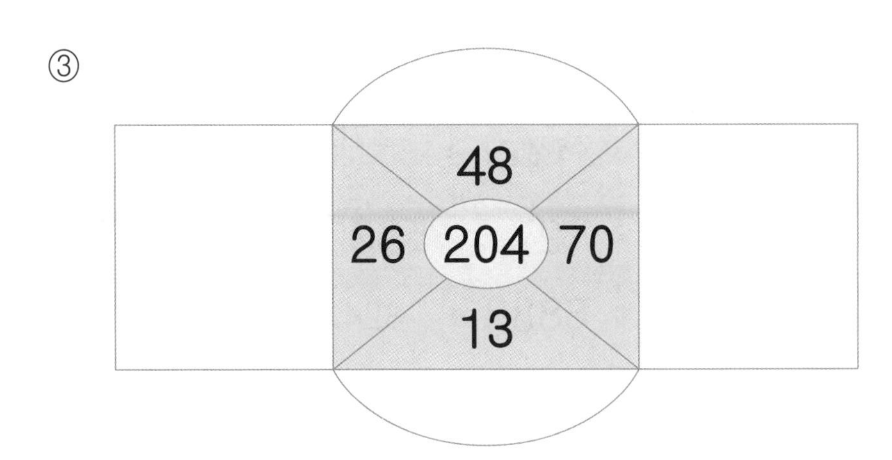

④

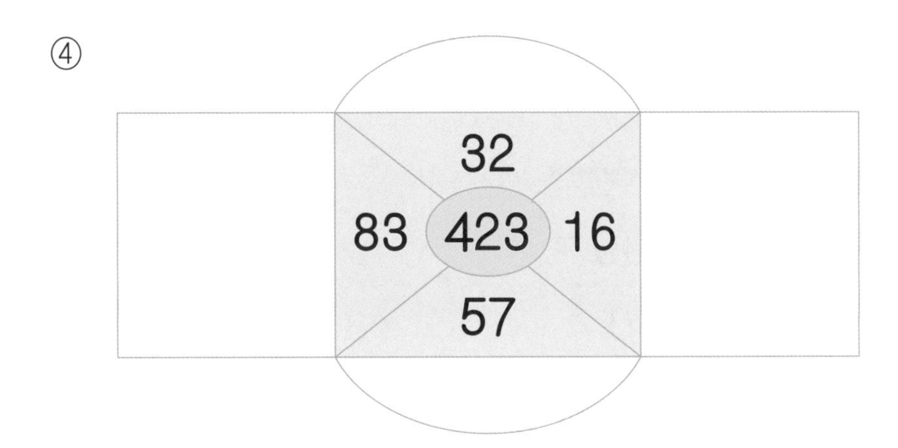

⑤

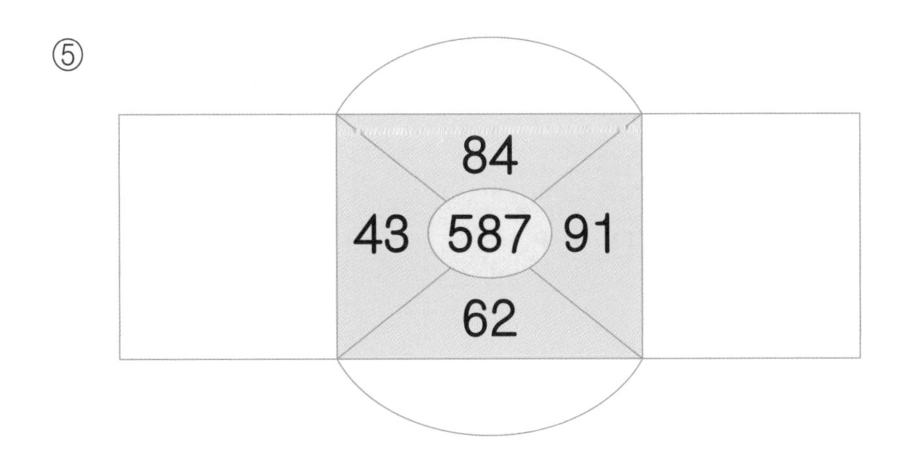

자리를 맞추어 쓰고 곱하는 수의 일의 자리의 곱과 십의 자리의 곱을 구한 후 그 값을 더해요.

(세 자리 수)×(두 자리 수) 발전 반복

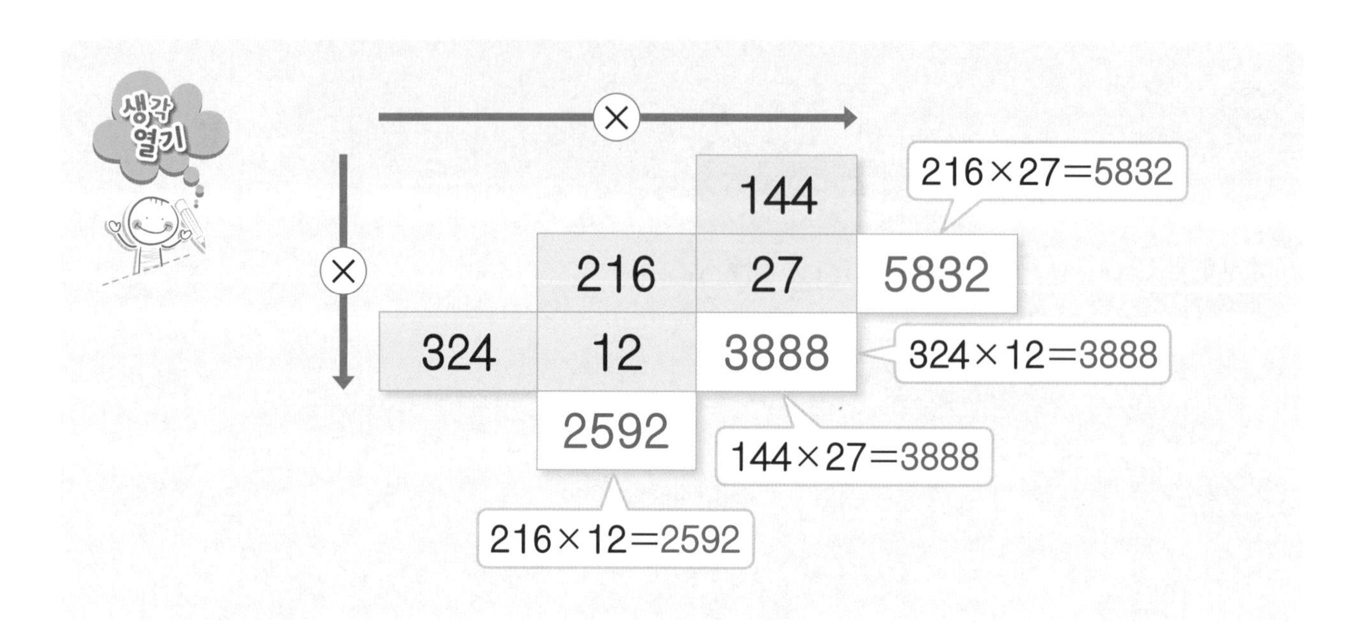

❖ 빈 곳에 알맞은 수를 써넣으세요.

①

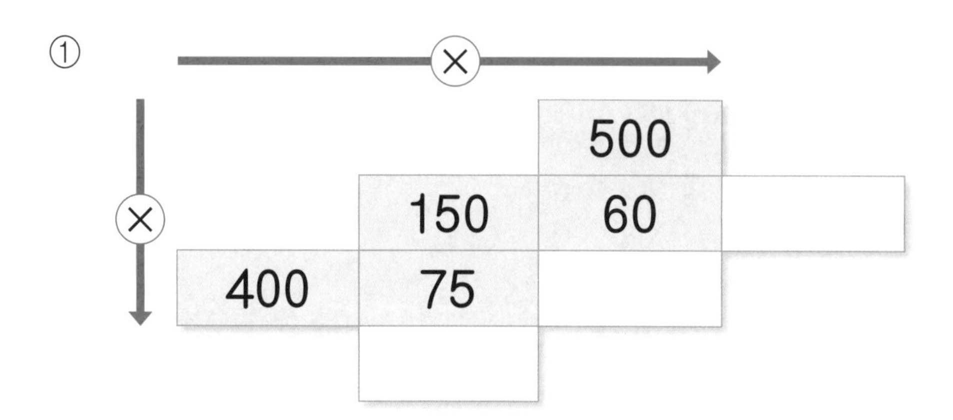

②

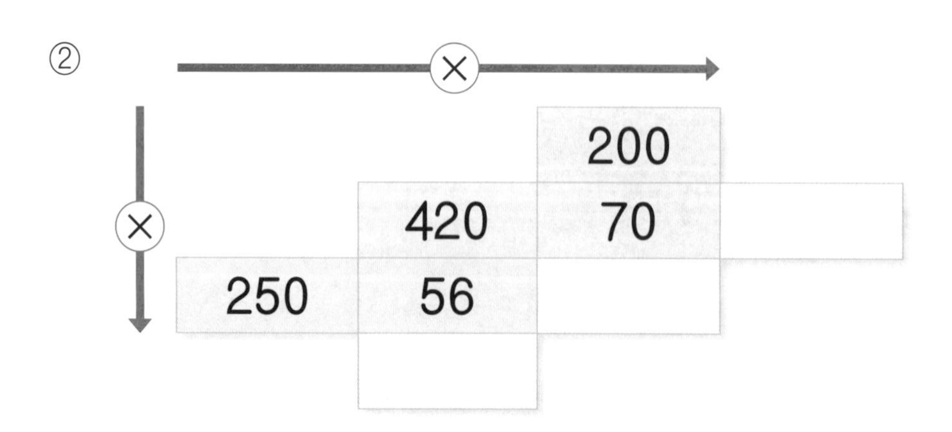

③

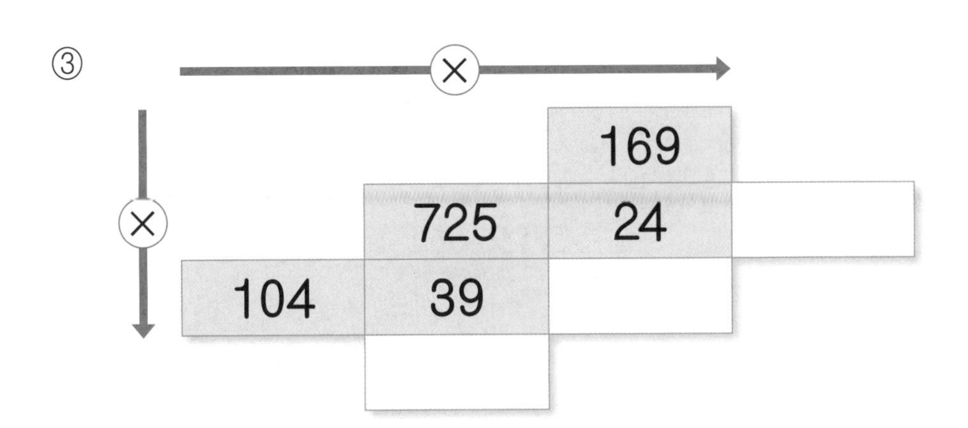

④

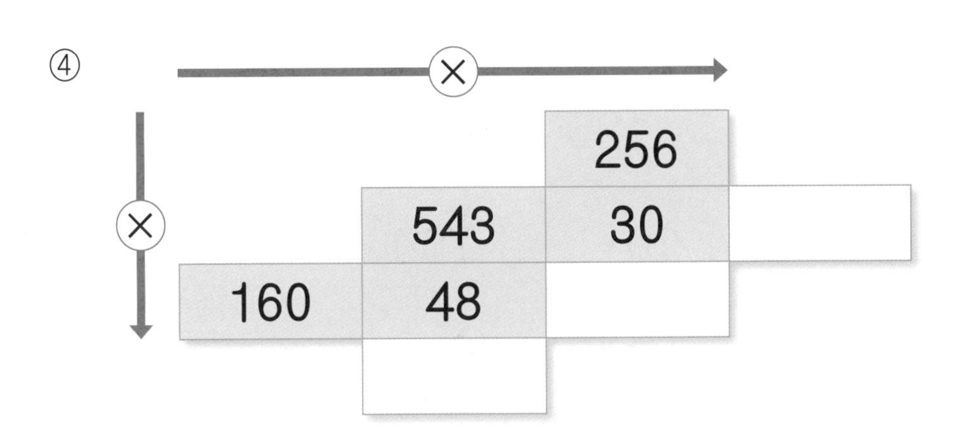

⑤

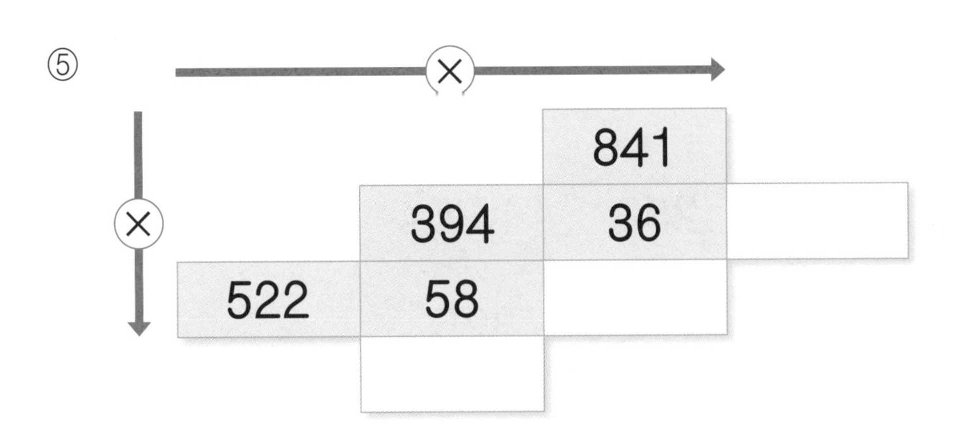

화살표 방향으로 곱셈을 해요.

(세 자리 수)×(두 자리 수) 추론 연습

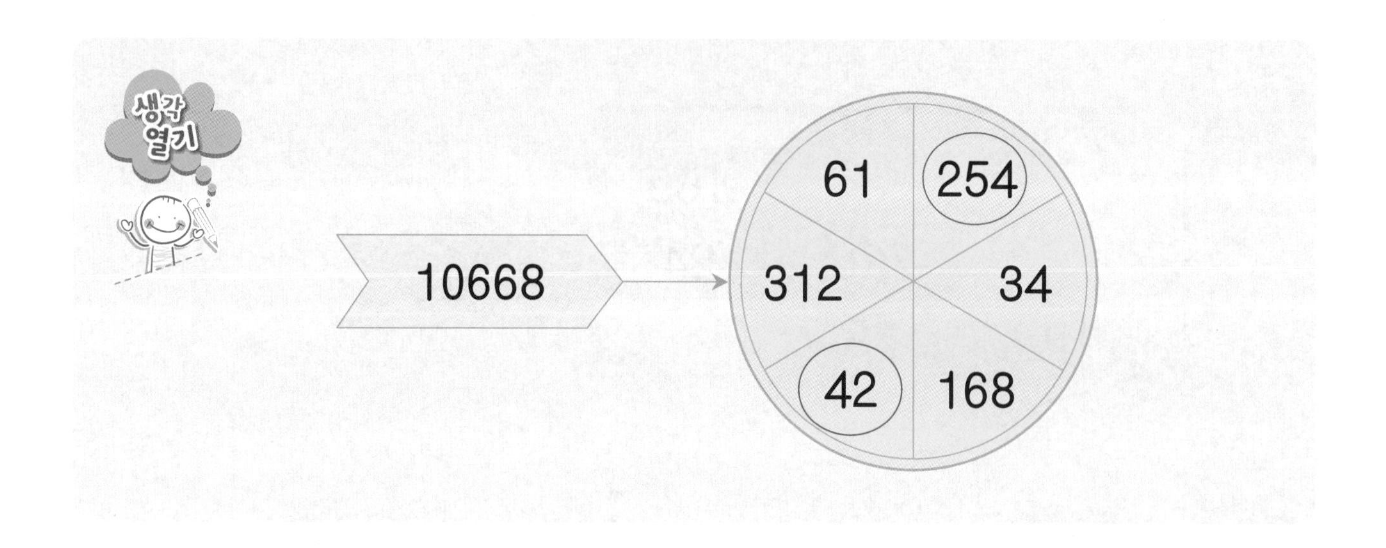

❖ 화살에 쓰여진 수가 곱이 되는 두 수를 찾아 ◯표 하세요.

①

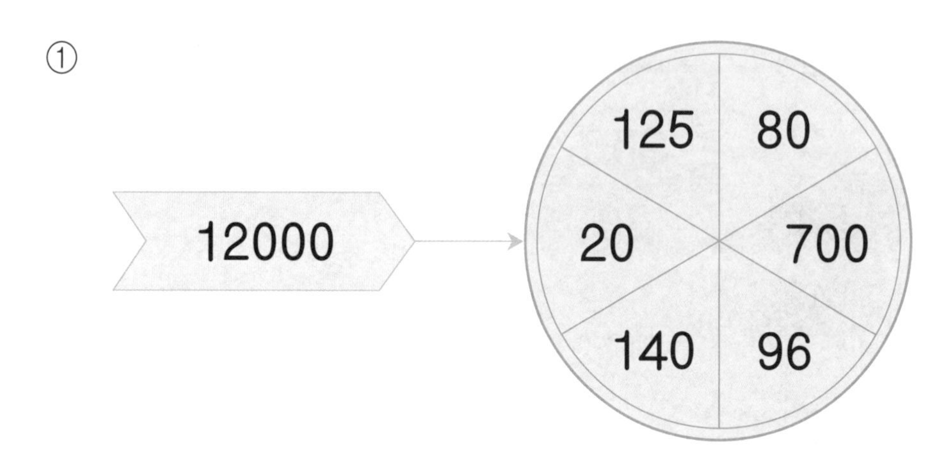

②

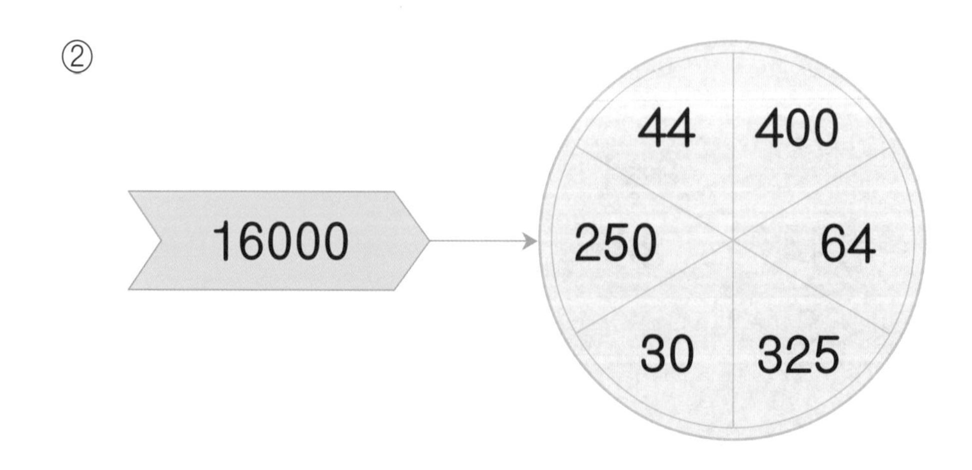

③

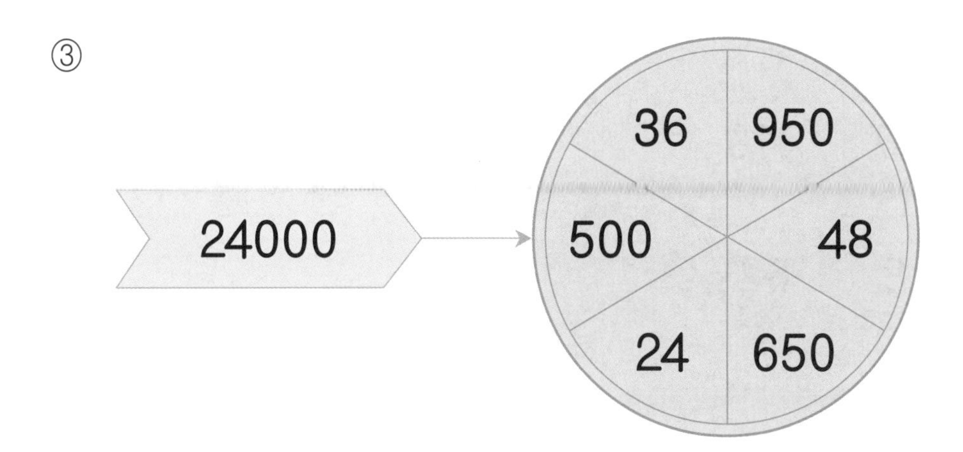

④

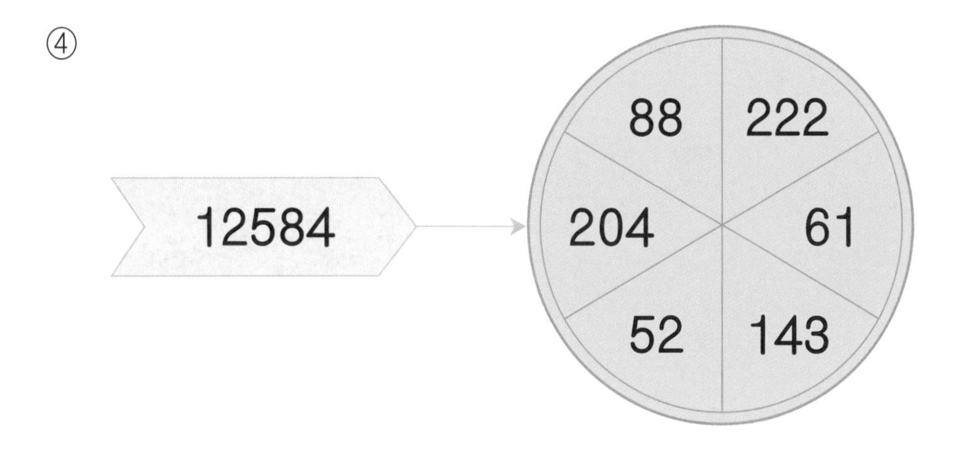

⑤

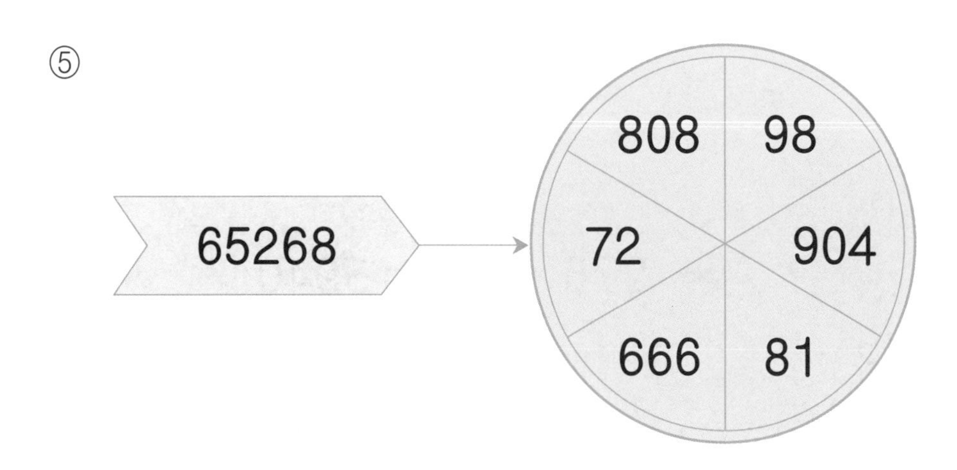

곱이 일의 자리 숫자가 될 수 있는 두 수를 찾아봐요.

(세 자리 수)×(두 자리 수) 추론 반복

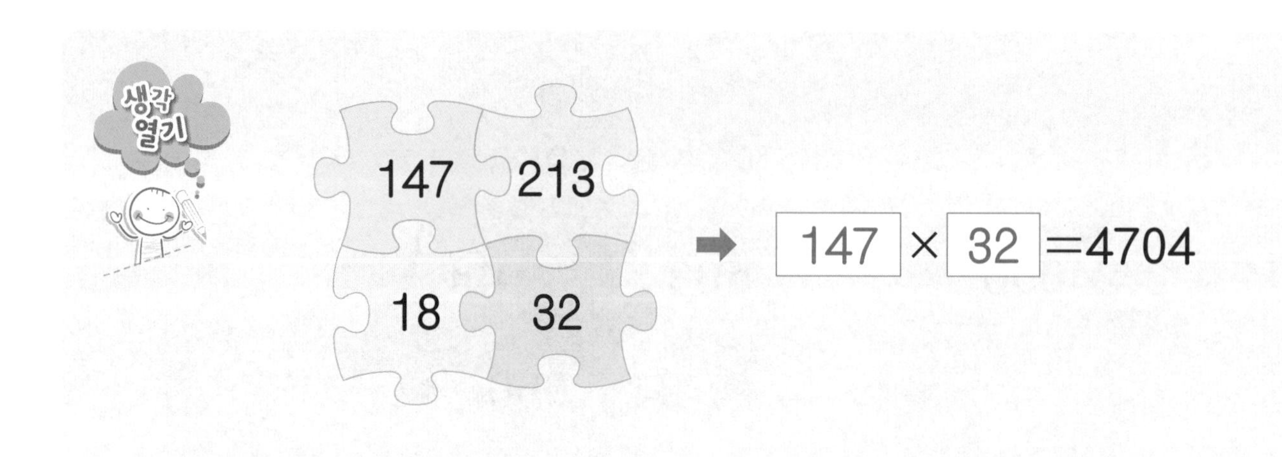

❖ 조각의 수 중에서 2개를 골라 (세자리 수)×(두 자리 수)의 곱셈식을 완성하세요.

①

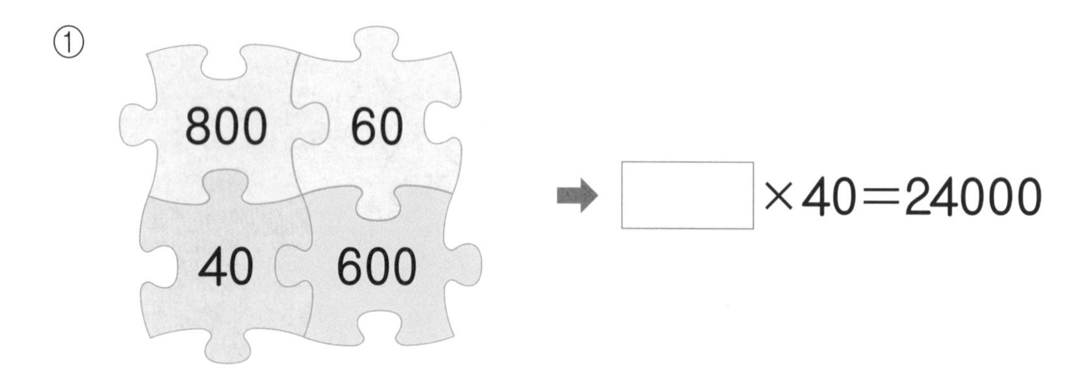

②

150 40 22 270

➡ 270×□=5940

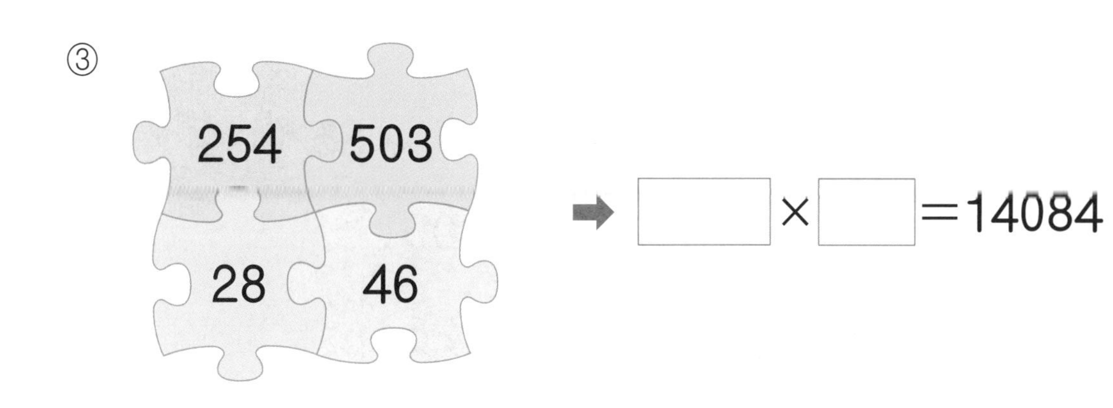

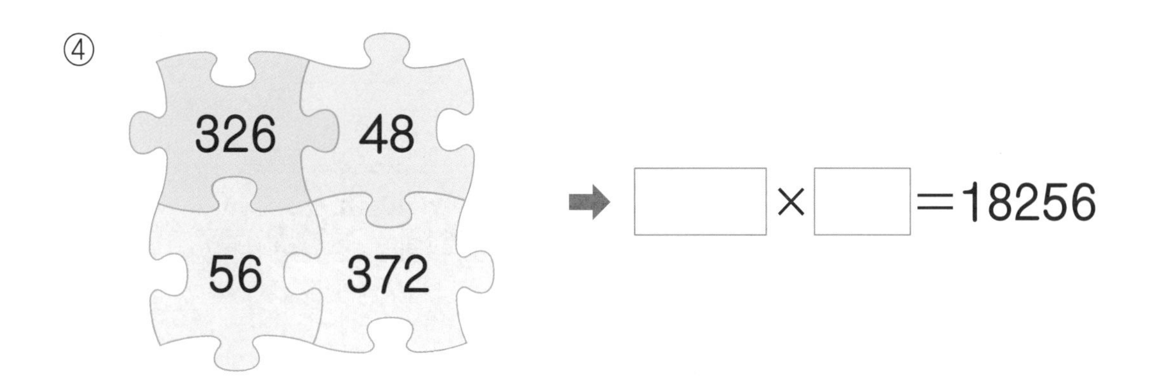

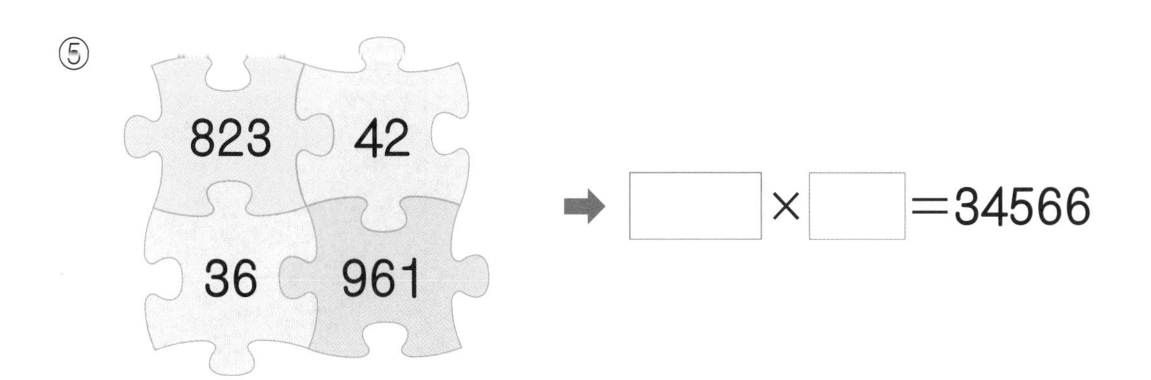

두 수씩 묶어 곱의 일의 자리 숫자가 될 수를 예상해 봐요.

(세 자리 수)×(두 자리 수) 종합

❖ 빈 곳에 알맞은 수를 써넣으세요.

①

×80	
200	
650	
938	

②

×35	
400	
125	
876	

❖ 빈 곳에 두 수의 곱을 써넣으세요.

③

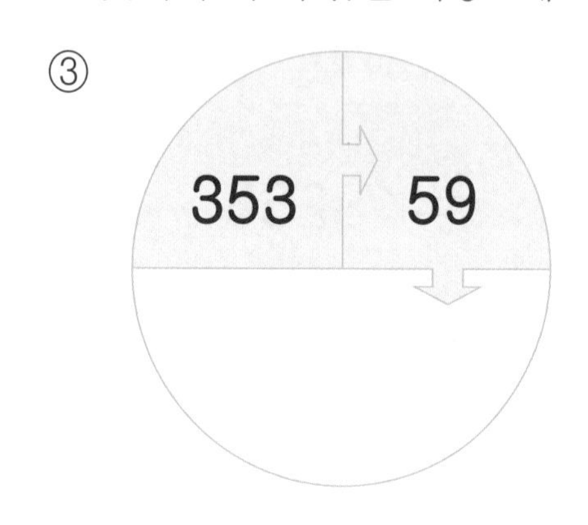

④

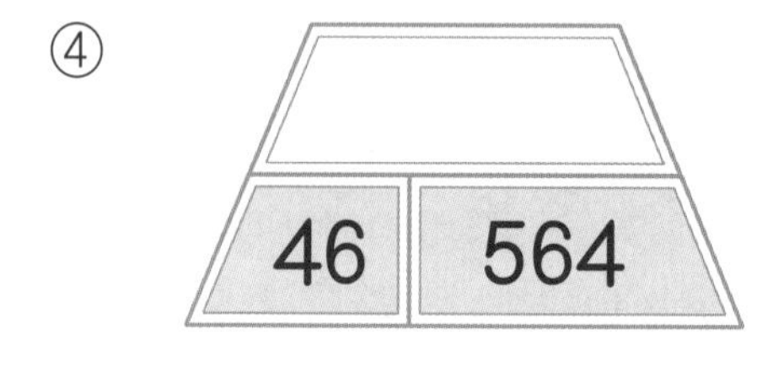

⑤

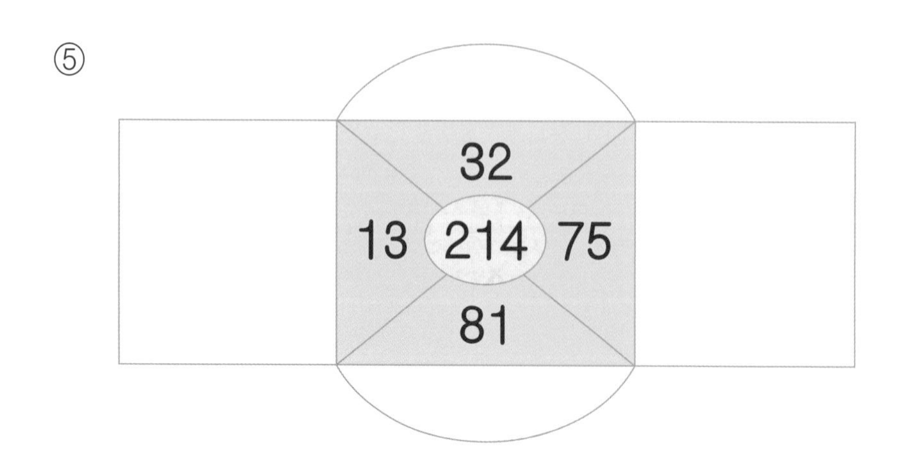

⑥

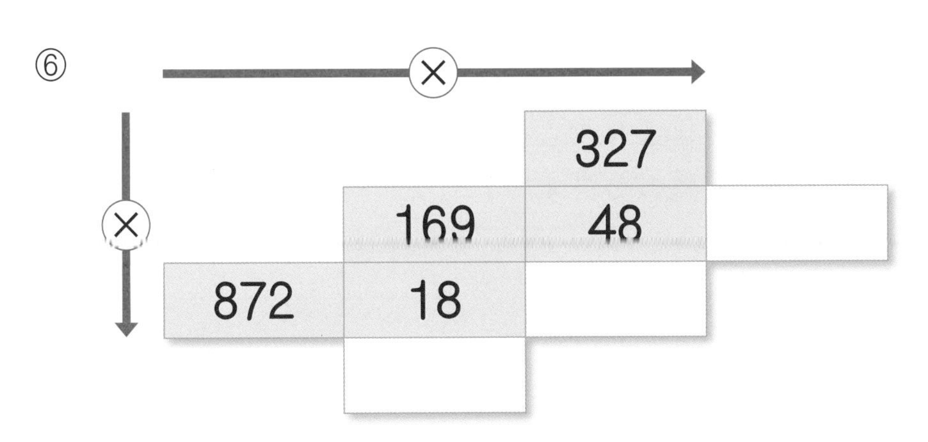

❖ 화살에 쓰여진 수가 곱이 되는 두 수를 찾아 ◯표 하세요.

⑦

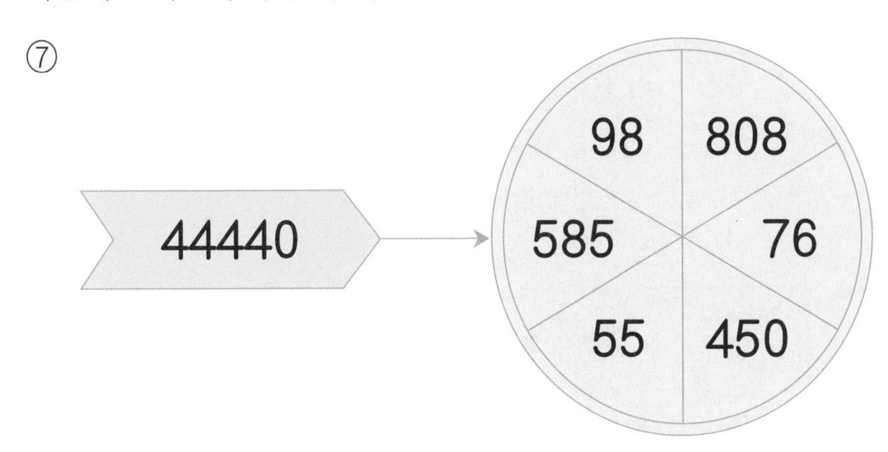

❖ 조각 중에서 2개를 골라 (세자리 수)×(두 자리 수)의 곱셈식을 완성하세요.

⑧

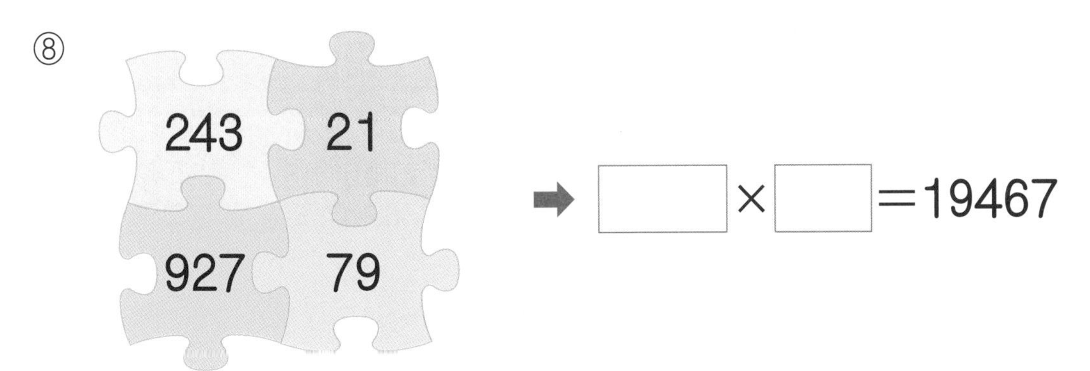

수고하셨어요.

여기까지 '24가지 유형 592문제'로 사고계산력을 완성했어요.
이제 '두바퀴'를 통해 한 주 동안 자란 나의 문제해결력을 확인해 보세요.

3주 두뇌를 바꾸는 퀴즈

그림과 같은 **규칙**으로 계산할 때,
빈 곳에 알맞은 수는 무엇일까?

	4	
125	16	2000
	4	

	3	
243	18	4374
	6	

	7	
612		
	2	

가운데 수는 위와 아래 두 수의 곱이니

$7\times2=$ ☐ 이고, 가장 오른쪽 수는 왼쪽 두 수의 곱이니까,

$612\times$ ☐ $=$ ☐ 이네.

❖ 위와 같은 규칙으로 계산할 때, 빈 곳에 알맞은 수를 써넣으세요.

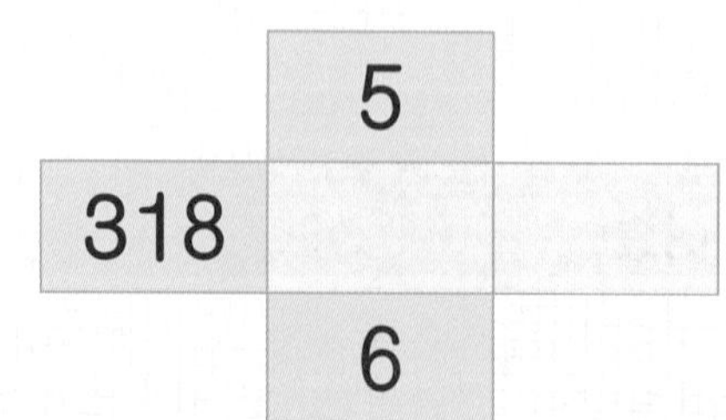

4주 (몇십)÷(몇), (몇백 몇십)÷(몇)

이·번·주·학·습·목·표

(몇십)÷(몇), (몇백 몇십)÷(몇)의 계산 원리를 알고 구할 수 있습니다.

'8가지 유형 245문제'와 **'두바퀴'**로 **사고계산력**을 완성할 수 있습니다.

	학습 내용	학습 계획
1일차	(몇십)÷(몇), (몇백 몇십)÷(몇) 알기	2가지 유형 72문제 / 월 일
2일차	(몇십)÷(몇), (몇백 몇십)÷(몇) 기본	2가지 유형 68문제 / 월 일
3일차	(몇십)÷(몇), (몇백 몇십)÷(몇) 발전	2가지 유형 50문제 / 월 일
4일차	(몇십)÷(몇), (몇백 몇십)÷(몇) 추론	2가지 유형 21문제 / 월 일
5일차	(몇십)÷(몇), (몇백 몇십)÷(몇) 종합	34문제 / 월 일

두뇌를 바꾸는 퀴즈

(몇십)÷(몇), (몇백 몇십)÷(몇) 알기 연습

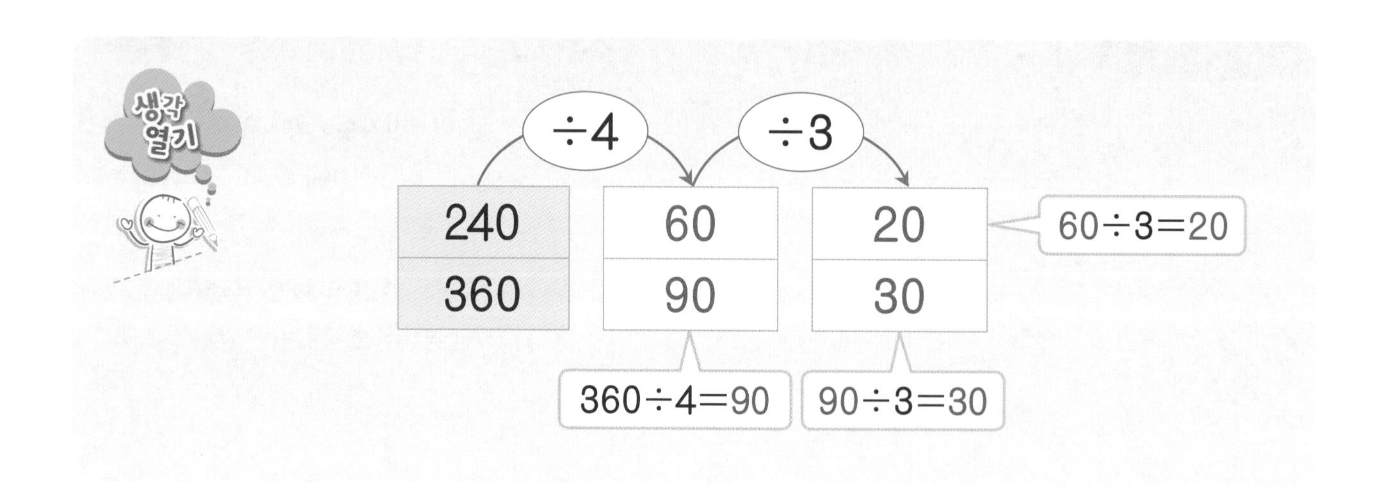

❖ 빈 곳에 알맞은 수를 써넣으세요.

①

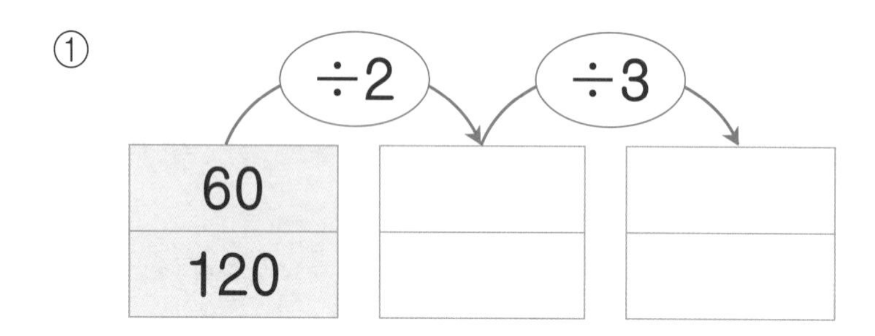

②

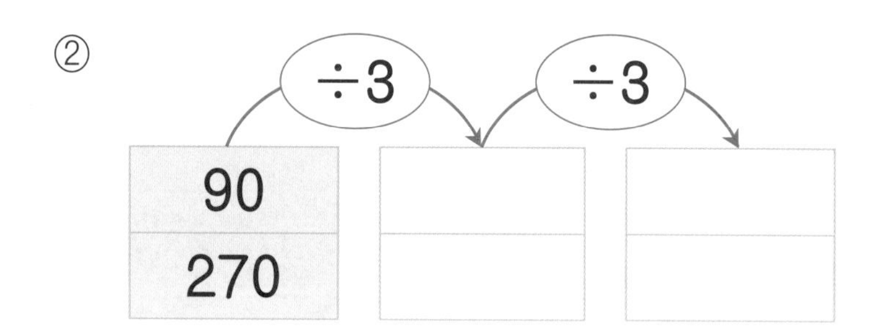

③

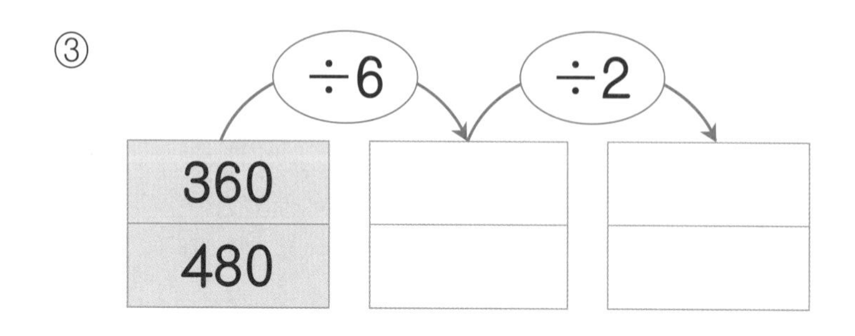

④

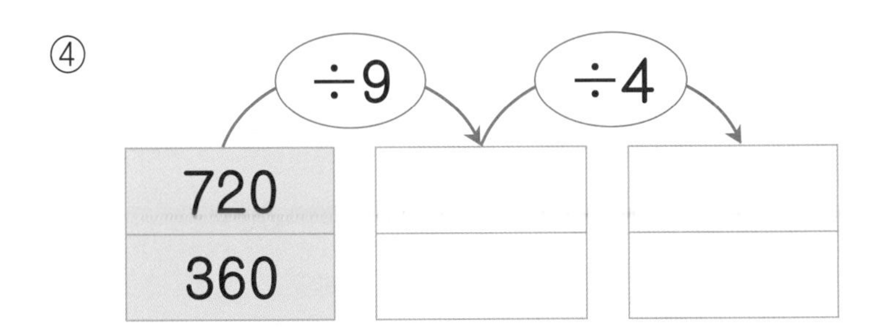

⑤

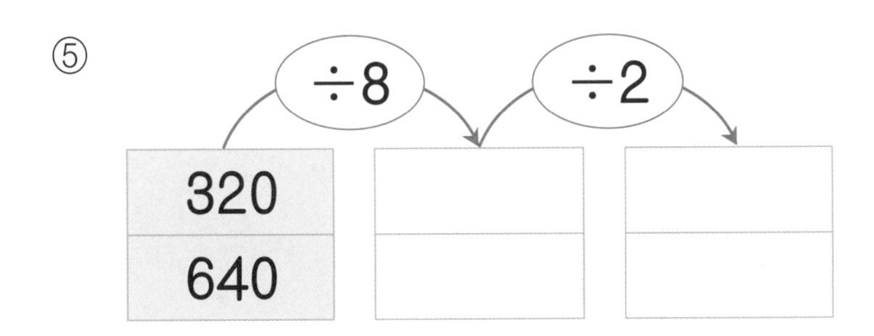

⑥

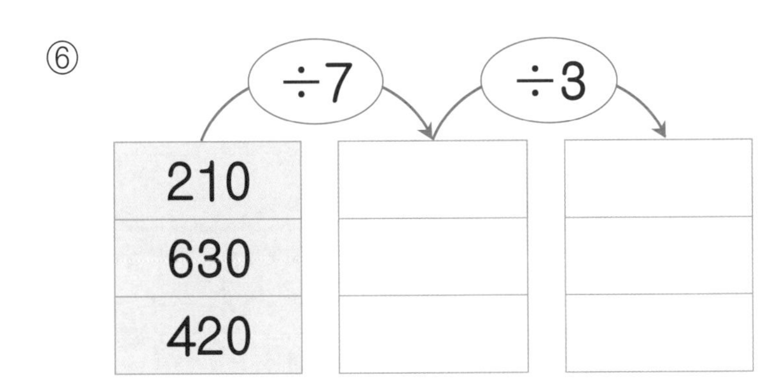

⑦

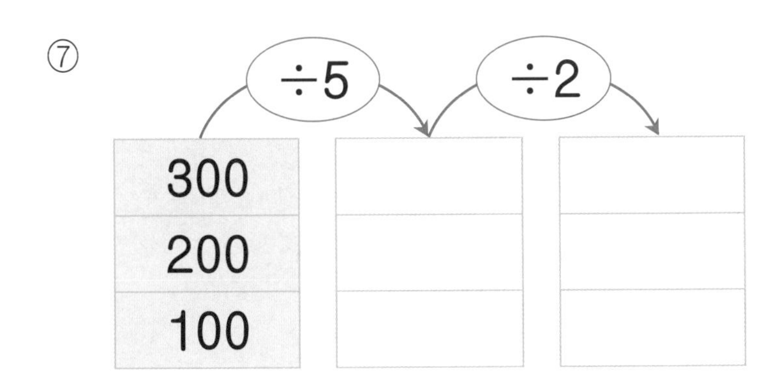

$140 \div 7 = 20$

1 일차

(몇십)÷(몇), (몇백 몇십)÷(몇) 알기 반복

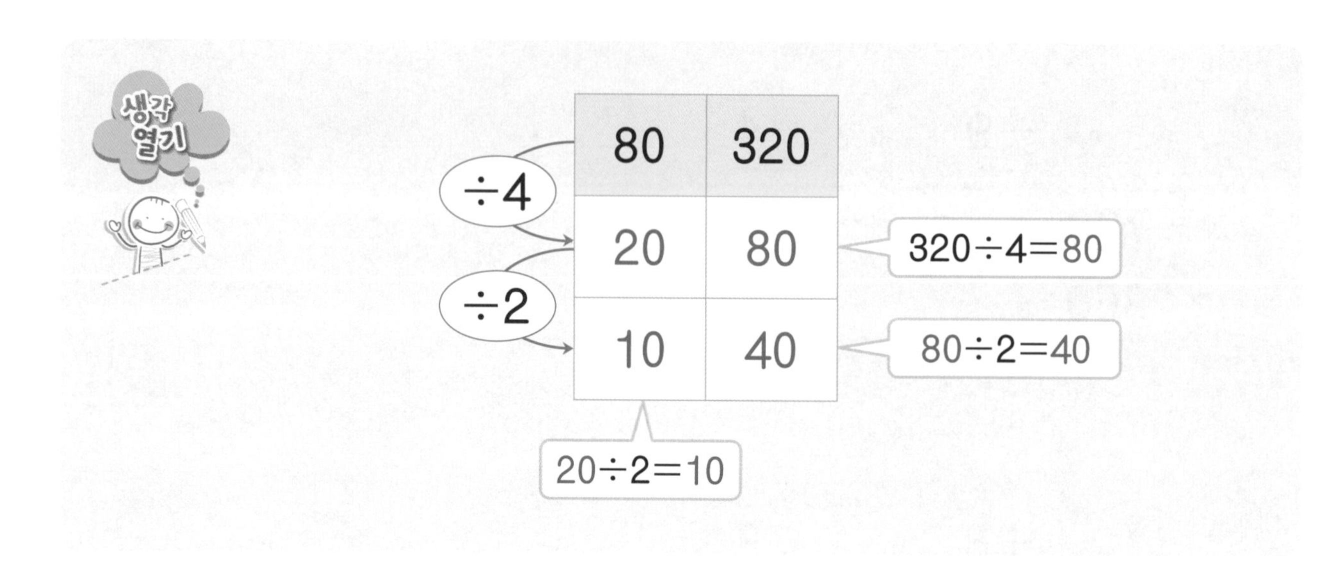

❖ 빈 곳에 알맞은 수를 써넣으세요.

①

	560	280
÷7		
÷4		

②

	360	120
÷4		
÷3		

③

	300	200
÷5		
÷2		

④

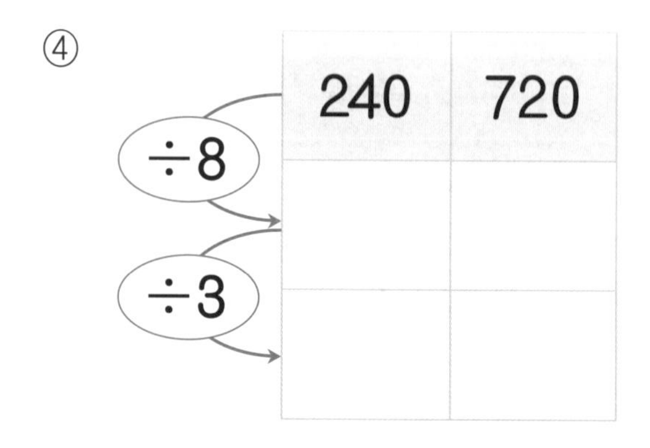

	240	720
÷8		
÷3		

⑤

	720	360
÷9		
÷2		

⑥

	160	480
÷8		
÷2		

⑦

	810	540
÷9		
÷3		

⑧

	420	630
÷7		
÷3		

⑨

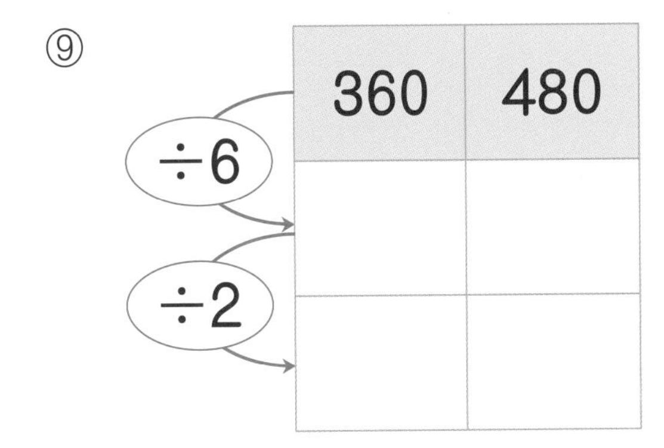

⑩

	320	640
÷8		
÷4		

10배
6÷3=2 ➡ 60÷3=20
10배

(몇십)÷(몇), (몇백 몇십)÷(몇) 계산 연습

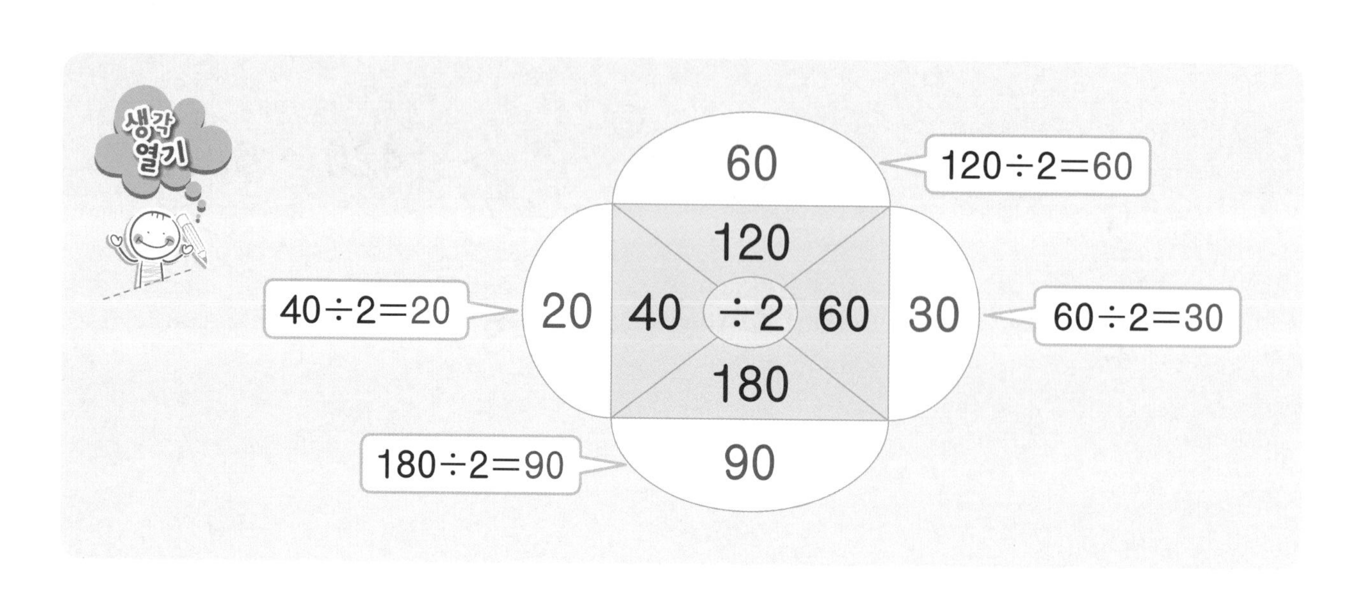

❖ 빈 곳에 알맞은 수를 써넣으세요.

①

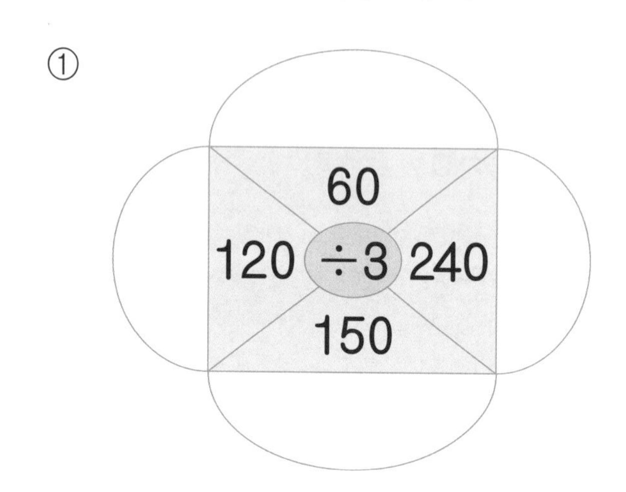

③

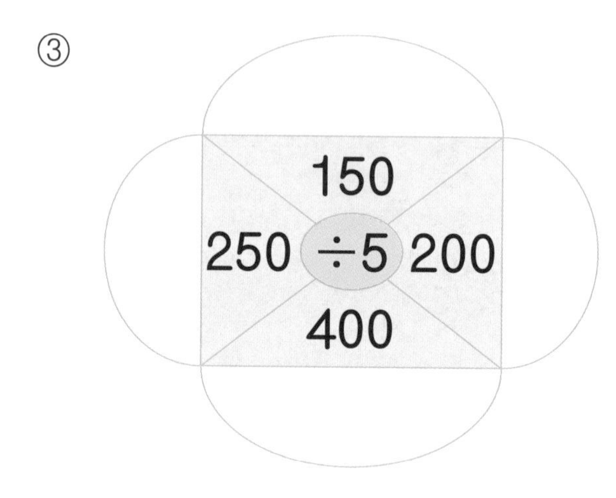

②

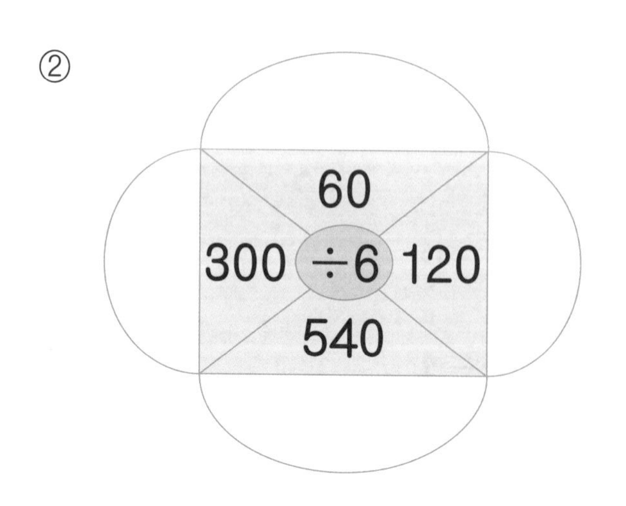

④

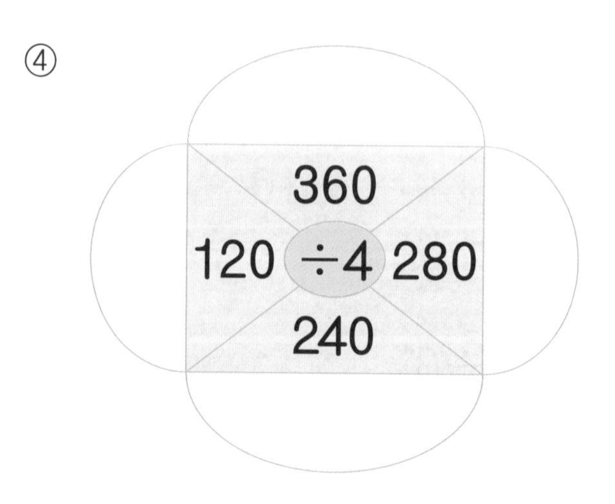

⑤

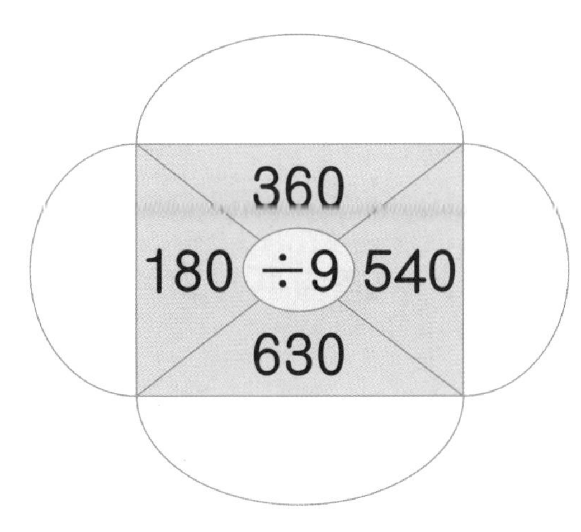

⑥

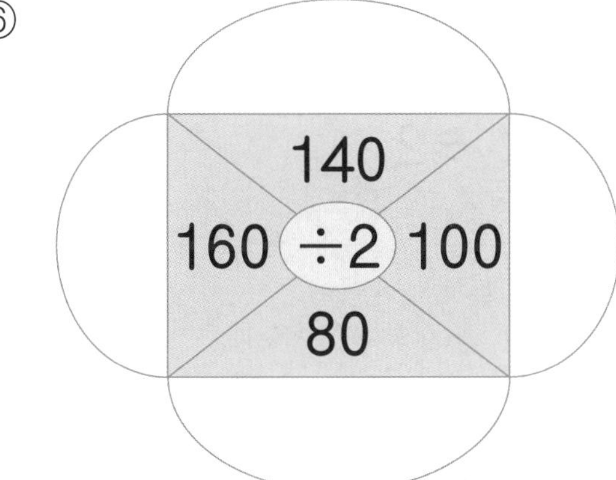

⑦

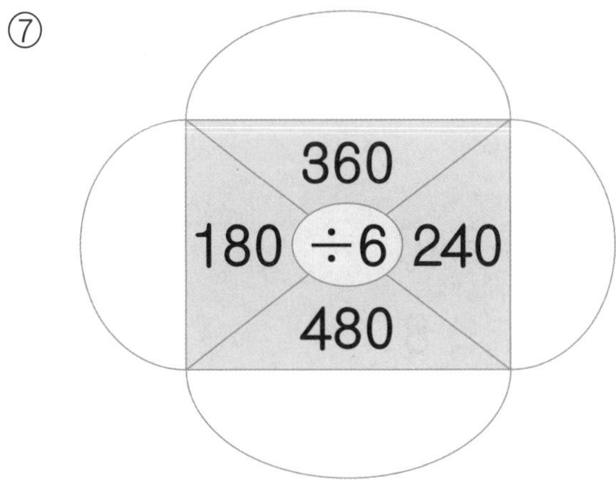

⑧

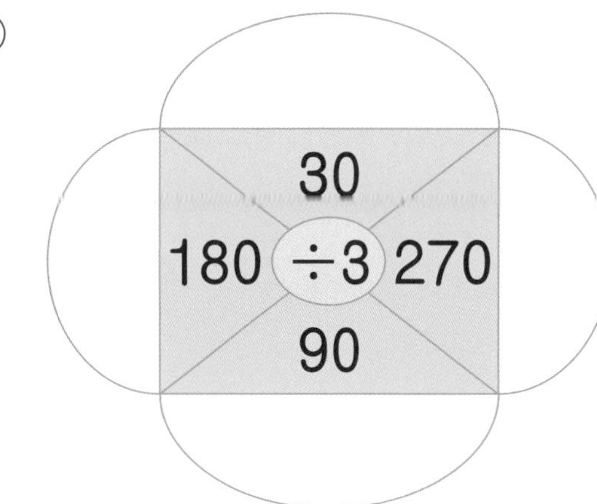

⑨

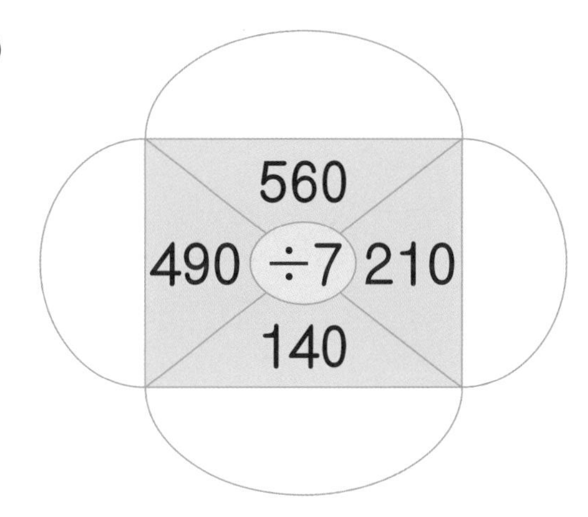

⑩

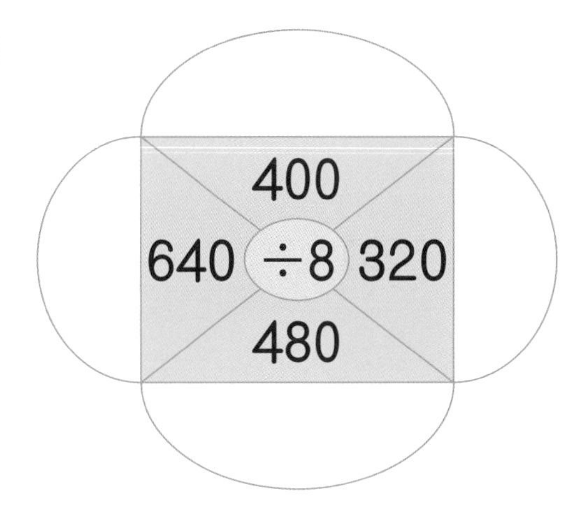

나누는 수

■÷▲=● ← 몫

나누어지는 수

(몇십)÷(몇), (몇백 몇십)÷(몇) 기본 반복

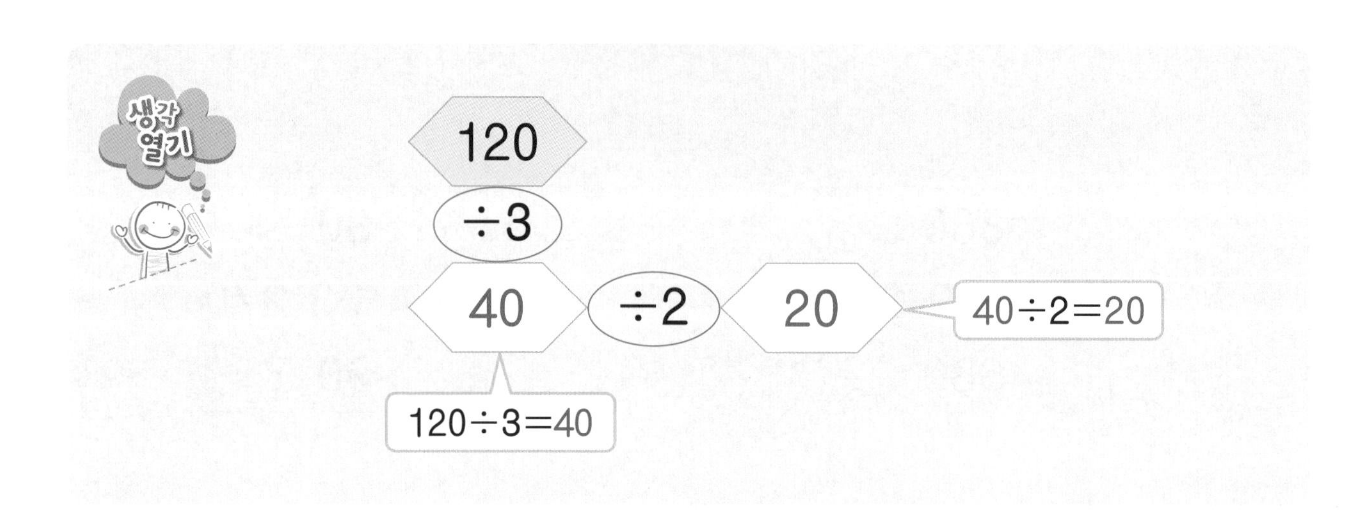

❖ 빈 곳에 알맞은 수를 써넣으세요.

① 60 → ÷2 → ☐ → ÷3 → ☐

④ 120 → ÷2 → ☐ → ÷2 → ☐

② 180 → ÷3 → ☐ → ÷6 → ☐

⑤ 150 → ÷3 → ☐ → ÷5 → ☐

③ 540 → ÷9 → ☐ → ÷3 → ☐

⑥ 640 → ÷8 → ☐ → ÷4 → ☐

월 일

⑦

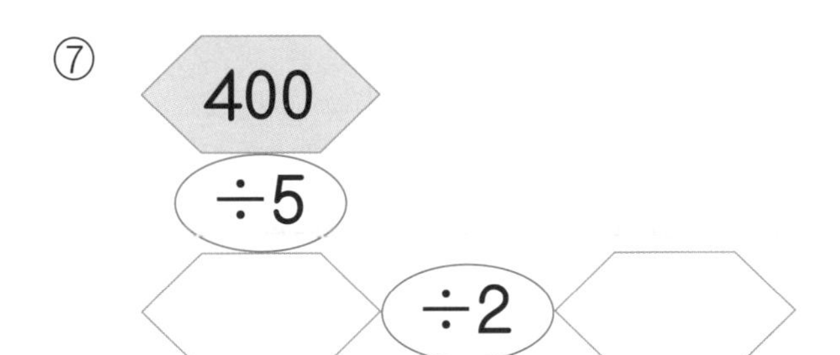

⑧

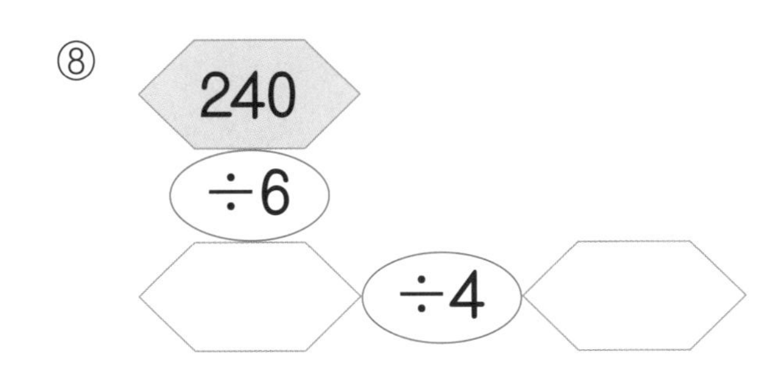

⑨

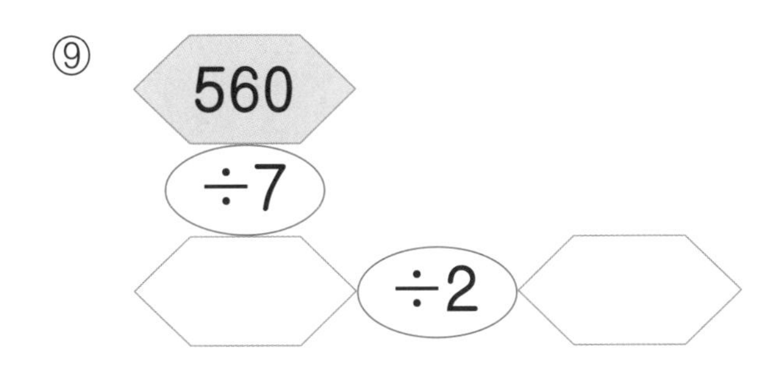

⑩

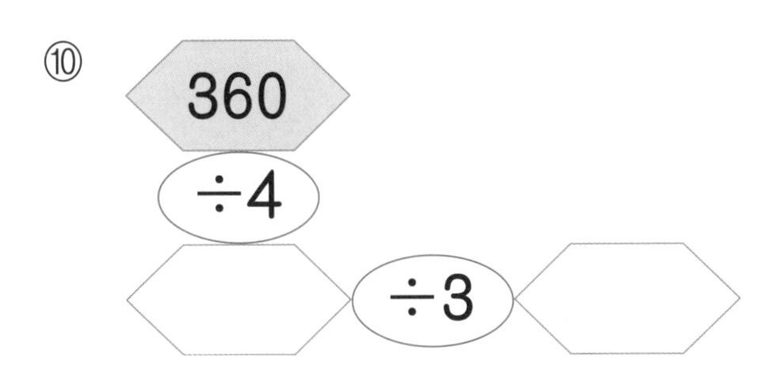

⑪

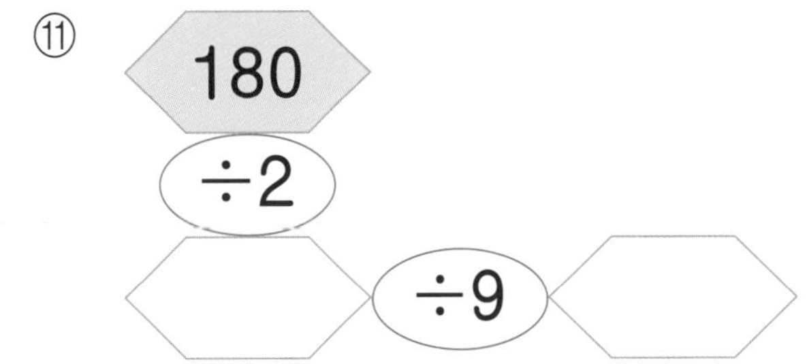

⑫

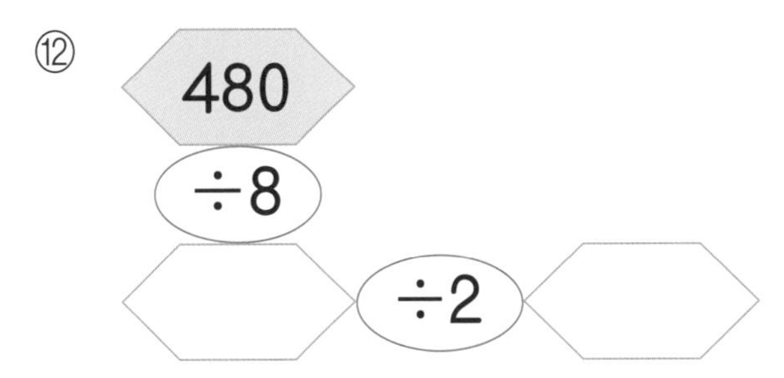

⑬

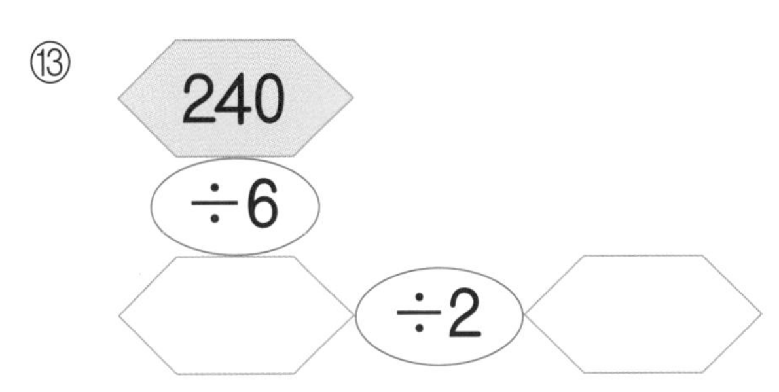

⑭

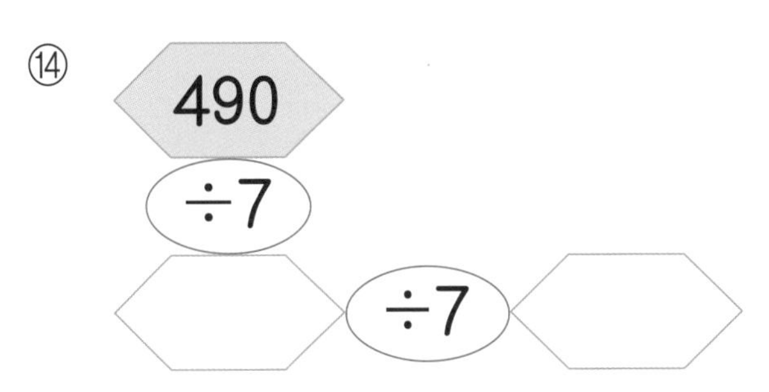

나누어지는 수의 일의 자리 숫자 0은 없는 것으로 생각하고 나눗셈을 한 다음, 몫의 일의 자리에 0을 써요.

(몇십)÷(몇), (몇백 몇십)÷(몇) 발전 연습

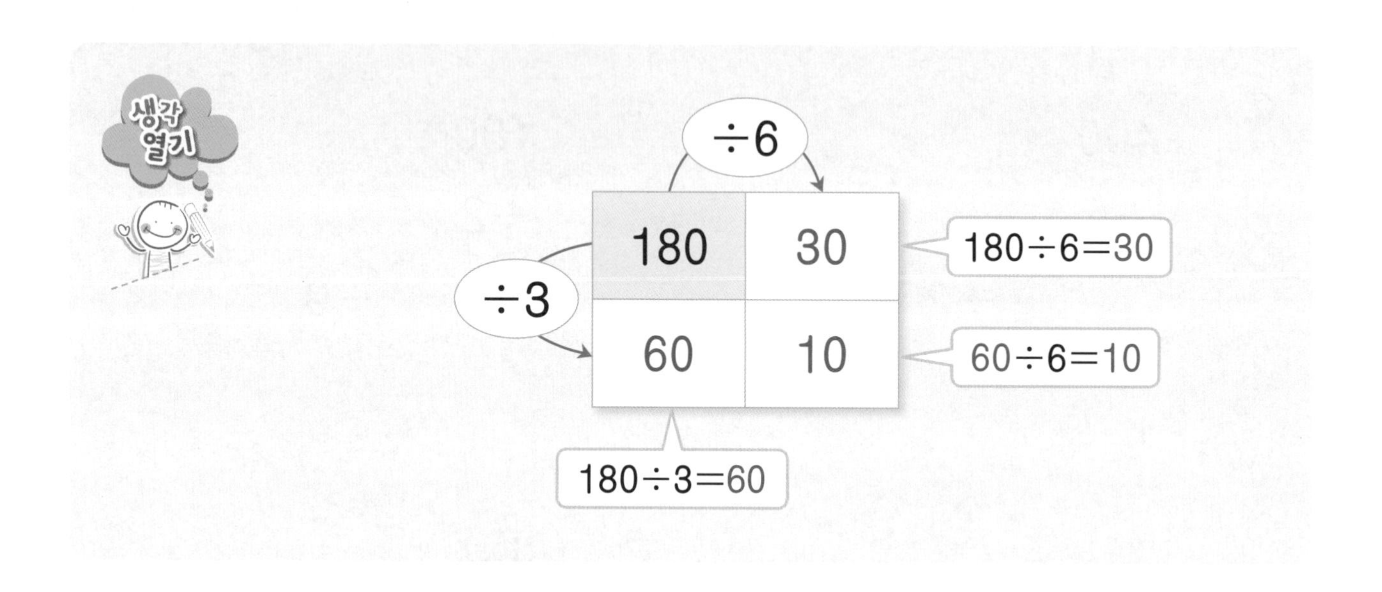

❖ 빈 곳에 알맞은 수를 써넣으세요.

①

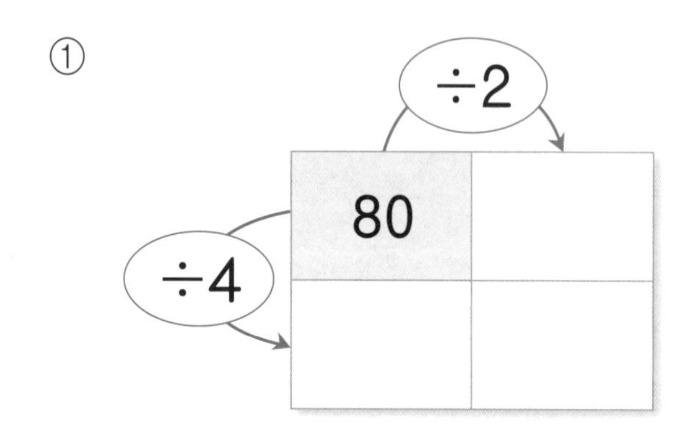

③

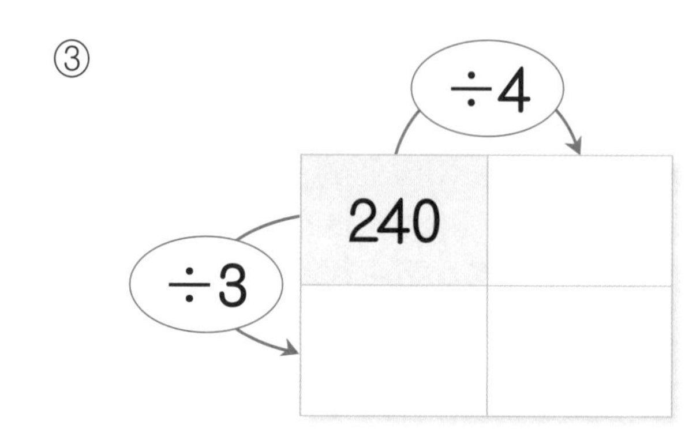

②

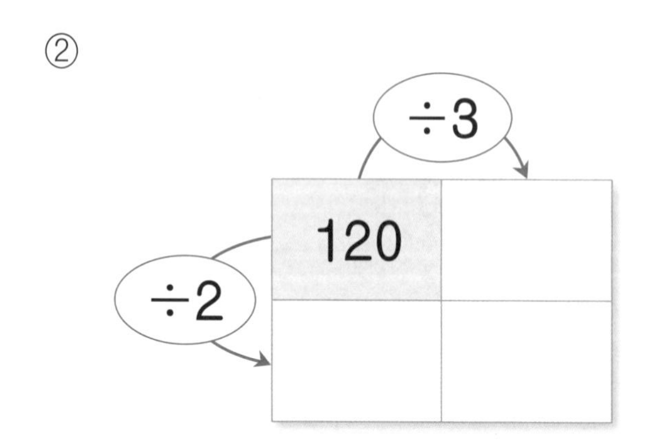

④

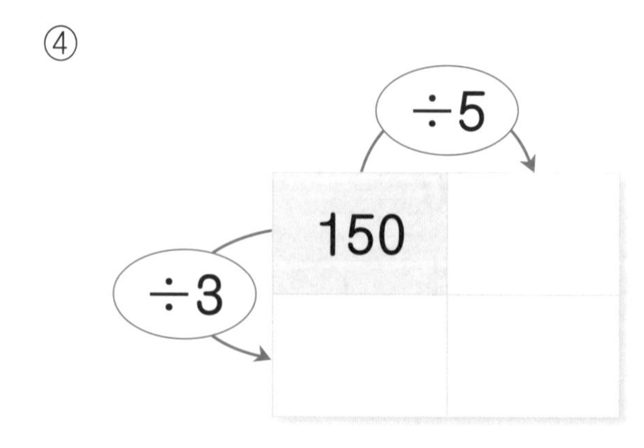

⑤

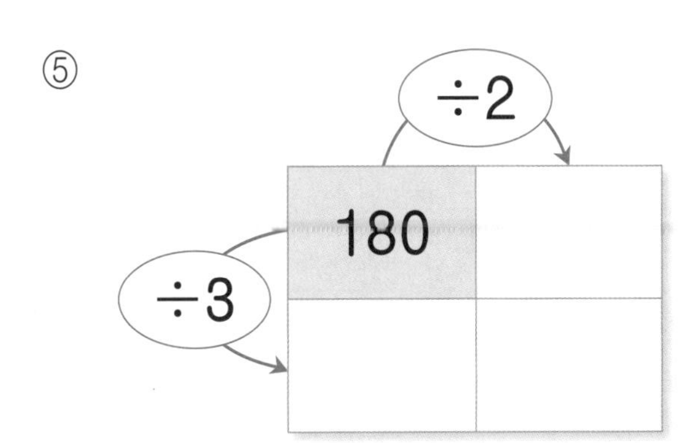

⑧

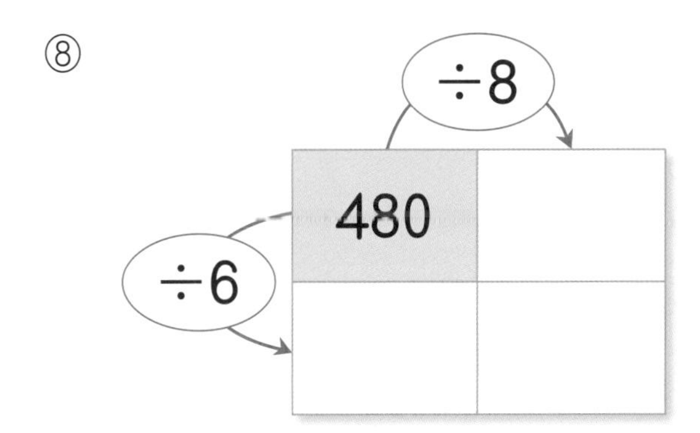

⑥

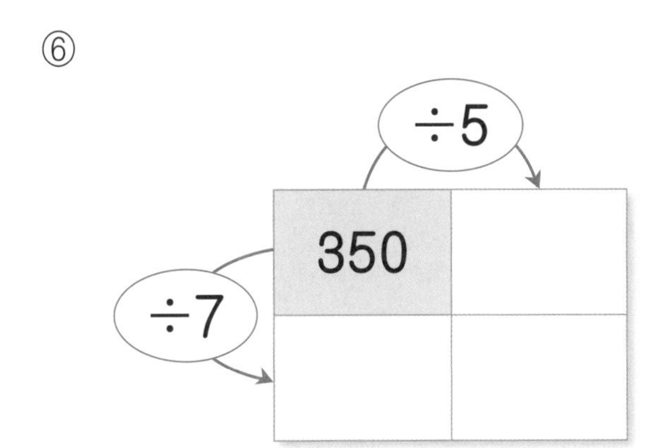

⑨

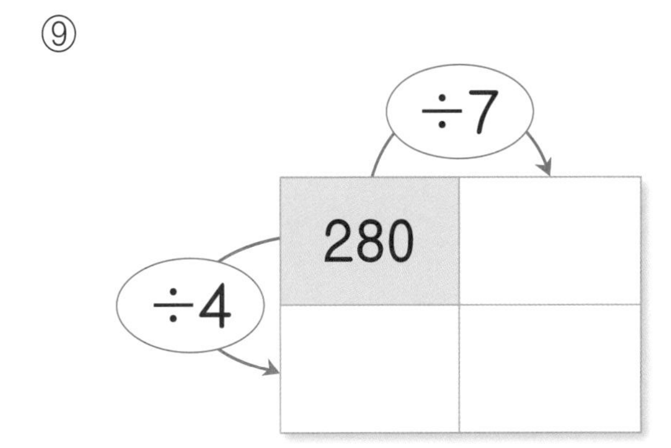

⑦

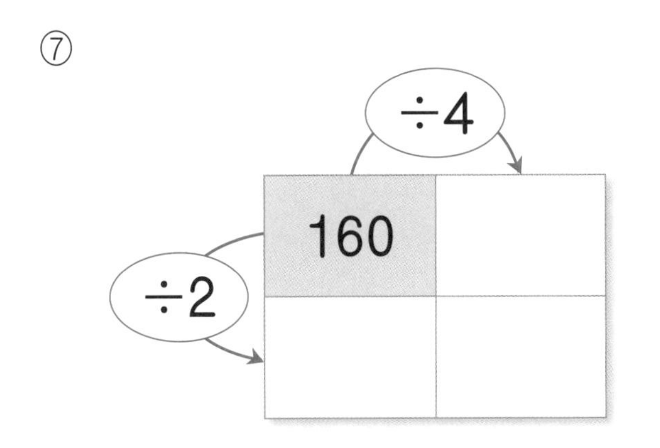

⑩

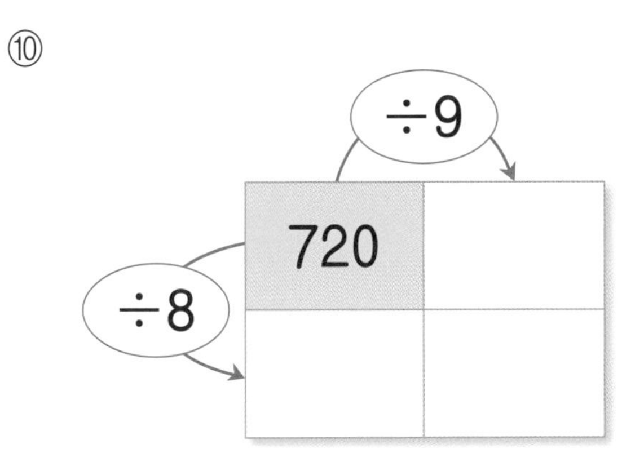

(몇십)÷(몇), (몇백 몇십)÷(몇) 발전 반복

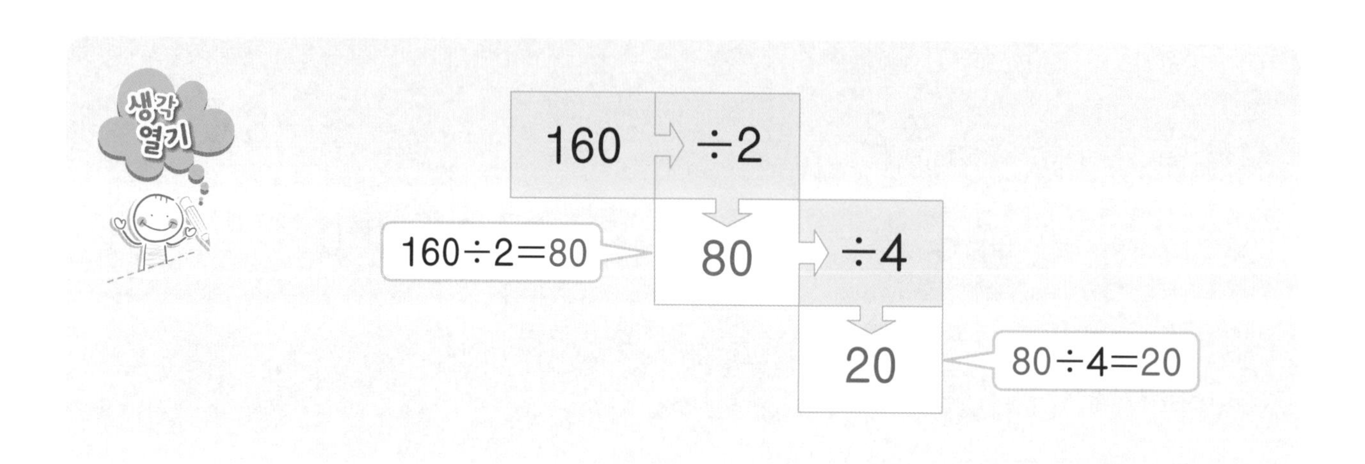

❖ 빈 곳에 알맞은 수를 써넣으세요.

①
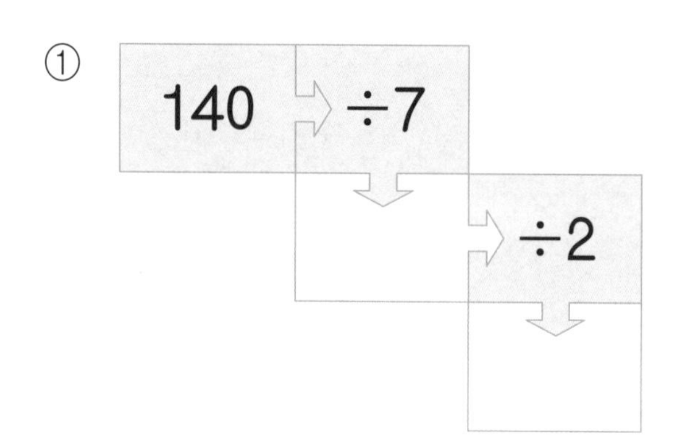

③
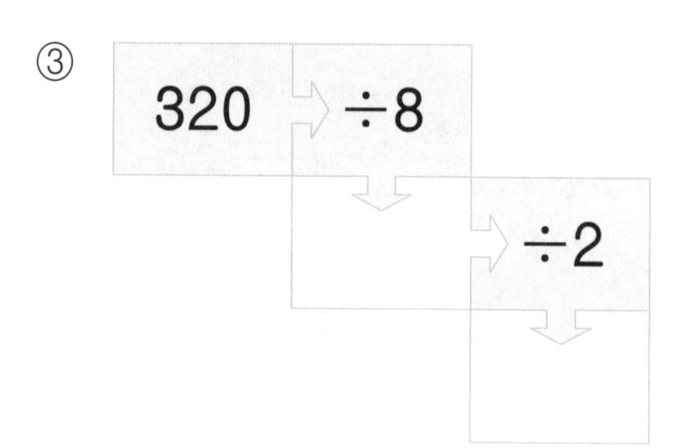

②
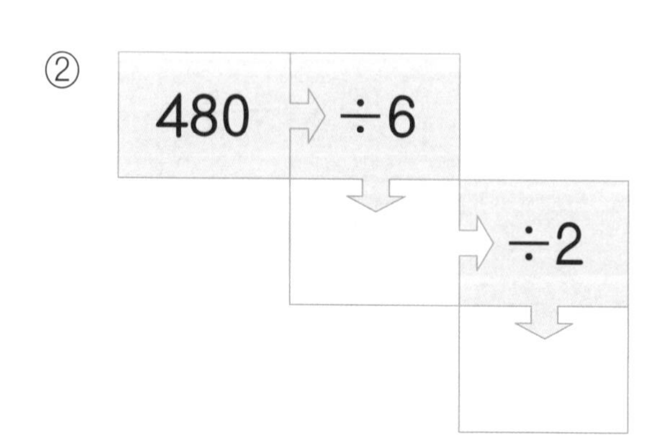

④
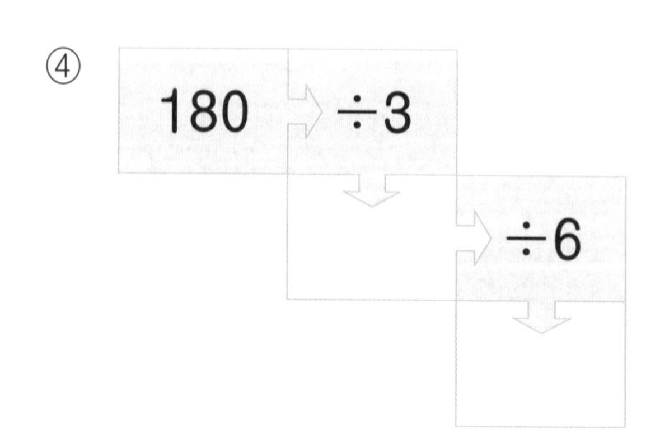

⑤
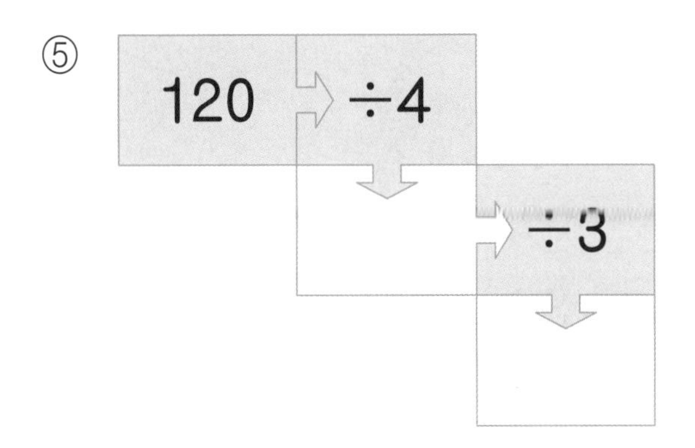

⑧
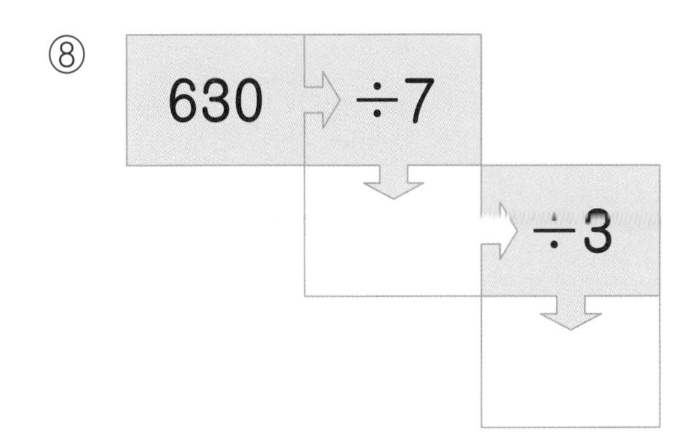

⑥
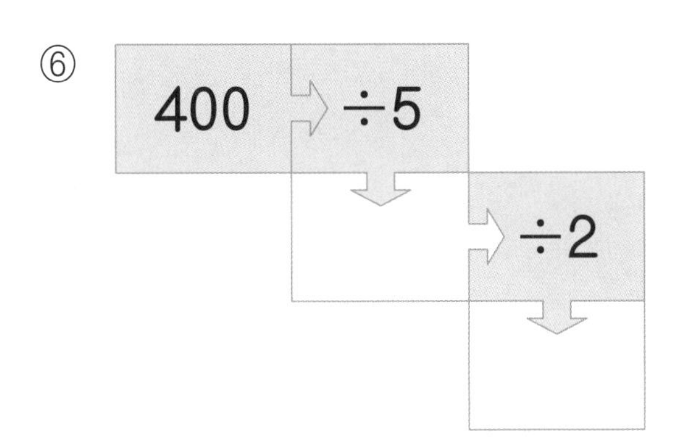

⑨
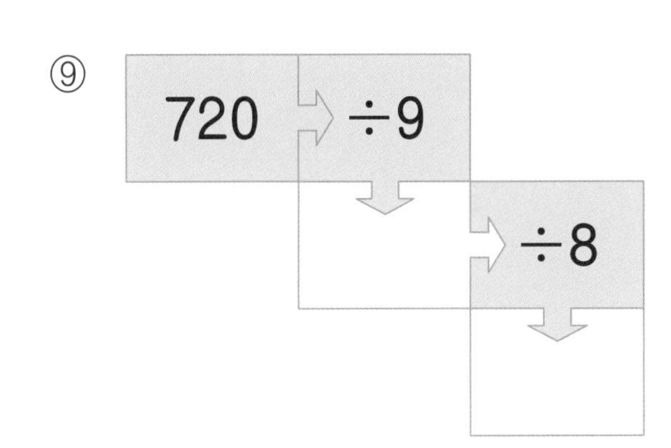

⑦
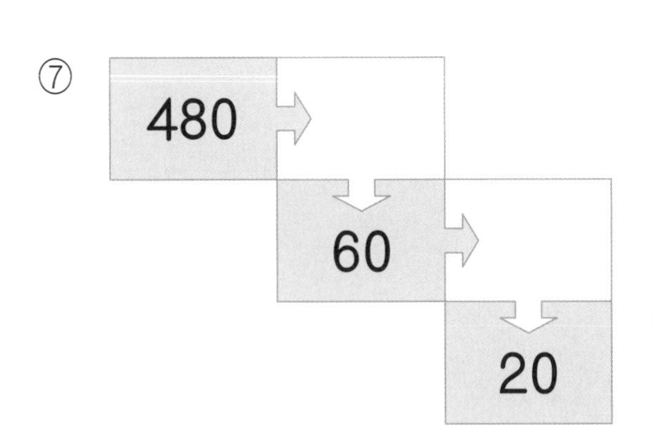

⑩
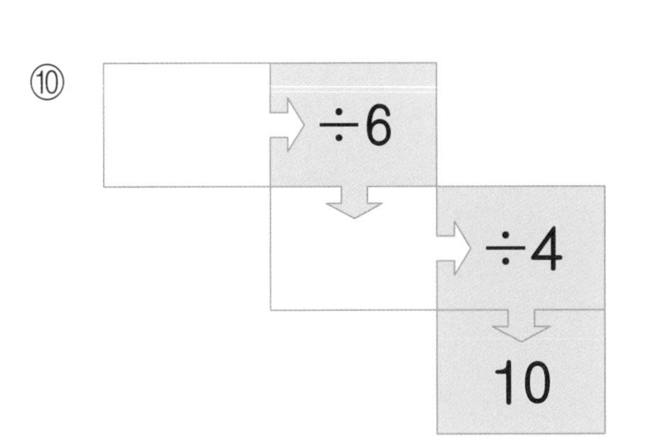

화살표 방향으로 차례로 계산해요.

(몇십)÷(몇), (몇백 몇십)÷(몇) 추론 연습

생각 열기

180 3 6 120

➡ 180 ÷ 6 = 30 (180÷6=30)

❖ 나눗셈식이 성립하도록 수카드에서 찾아 □ 안에 써넣으세요.

① 80 2 8 160

➡ □ ÷ □ = 40

② 270 180 3 9

➡ □ ÷ □ = 20

③ 630 210 9 7

➡ □ ÷ □ = 30

④ 6　240　3　480　8

➡ □÷□=60, □÷□=40

⑤ 4　320　8　420　7

➡ □÷□=80, □÷□=60

⑥ 450　9　540　6　180

➡ □÷□=60, □÷□=30

⑦ 360　6　120　4　240

➡ □÷□=60, □÷□=60

몫을 보고 나누어지는 수와 나누어지는 수를 예상해 봐요.

(몇십)÷(몇), (몇백 몇십)÷(몇) 추론 반복

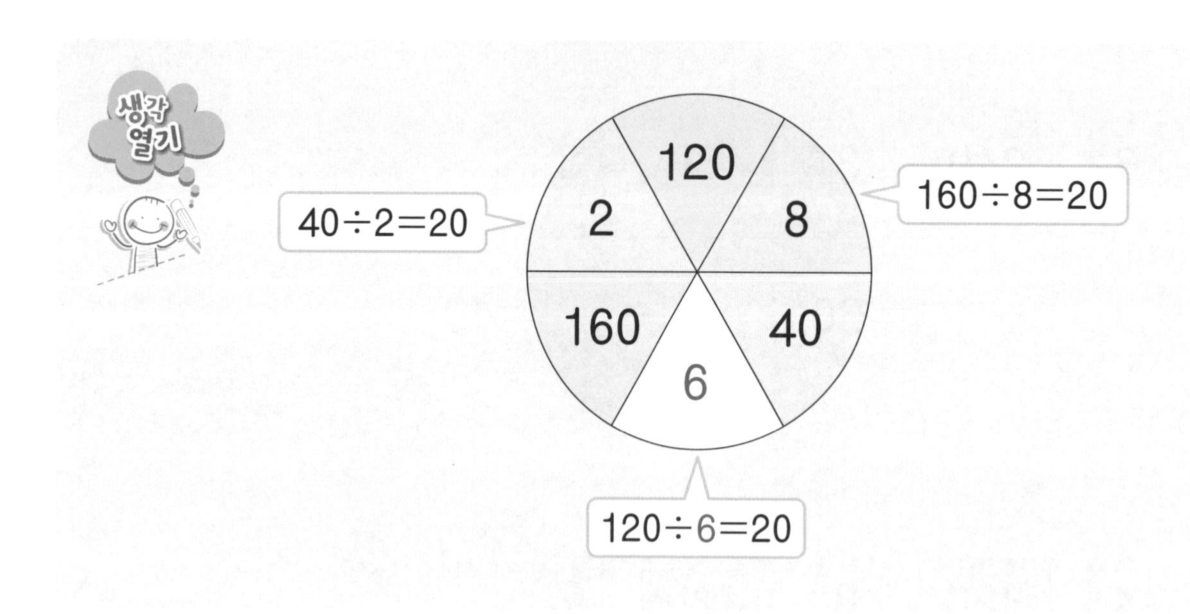

❖ 마주 보는 두 수를 나눈 몫이 모두 같도록 빈 곳에 알맞은 수를 써넣으세요.

①

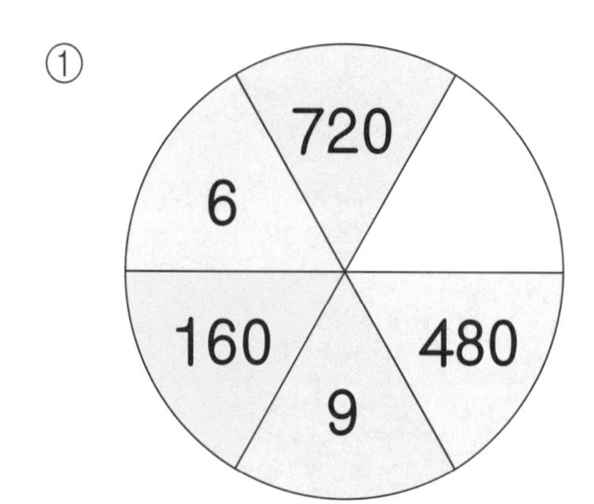

②

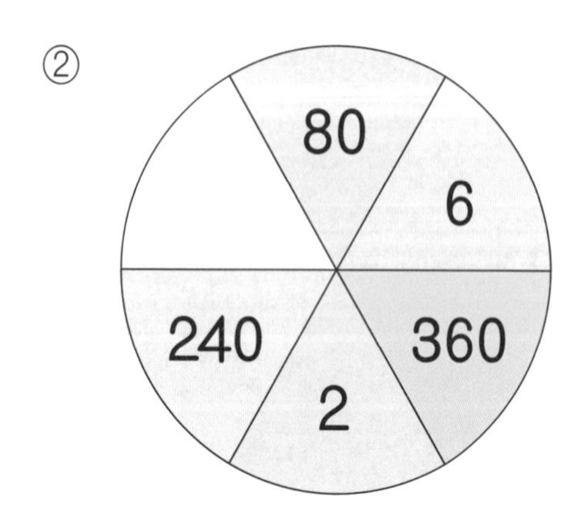

③

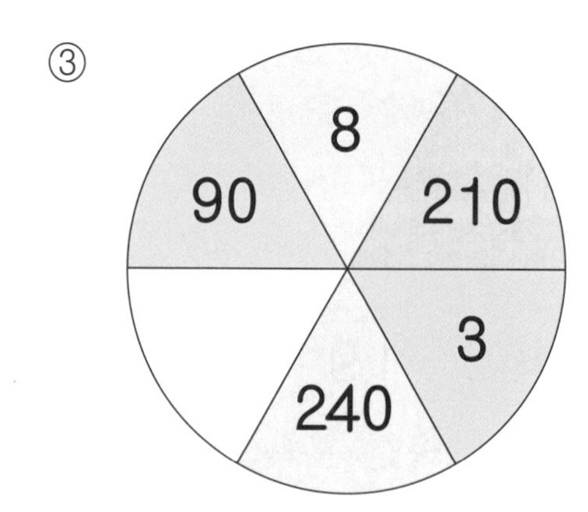

④

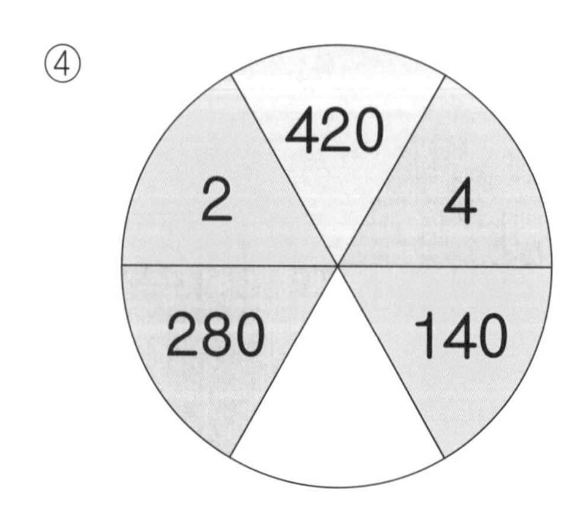

⑤

8
250
150
3
400

⑥

450
810
9
5
270

⑦

270
120
4
90

⑧

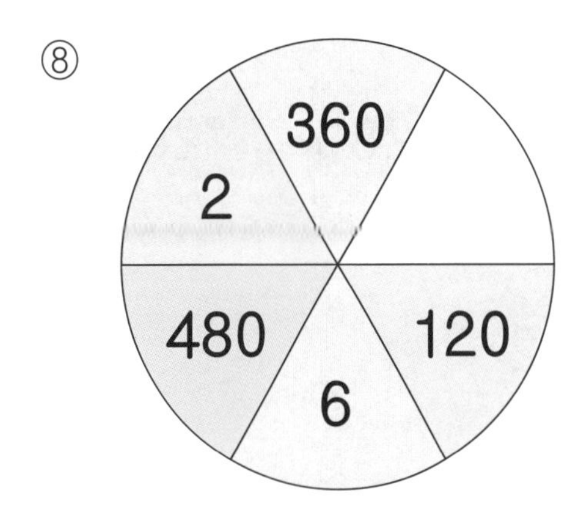

⑨

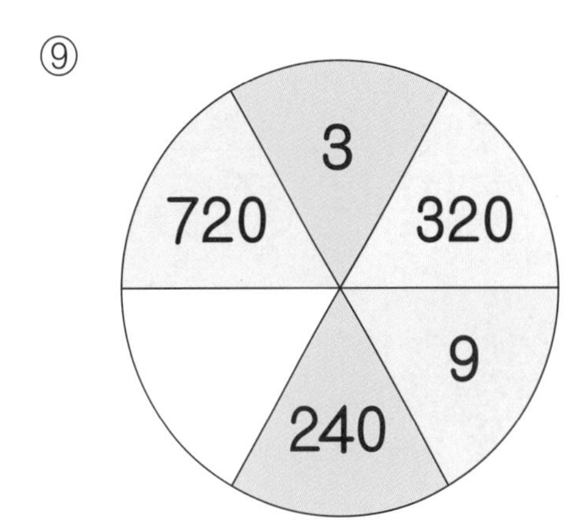

⑩

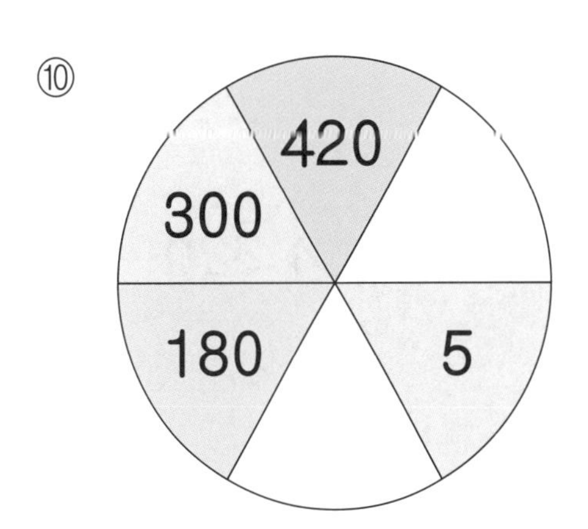

몫을 먼저 알아보고 나누는 수를 구해요.

❖ 빈 곳에 알맞은 수를 써넣으세요.

①

280	420

÷7

÷2

②

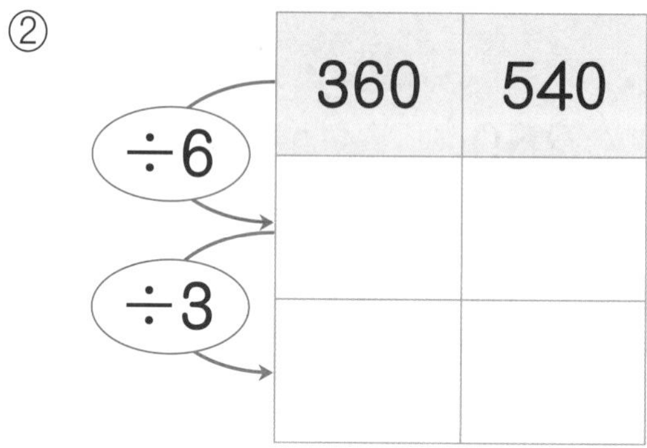

③

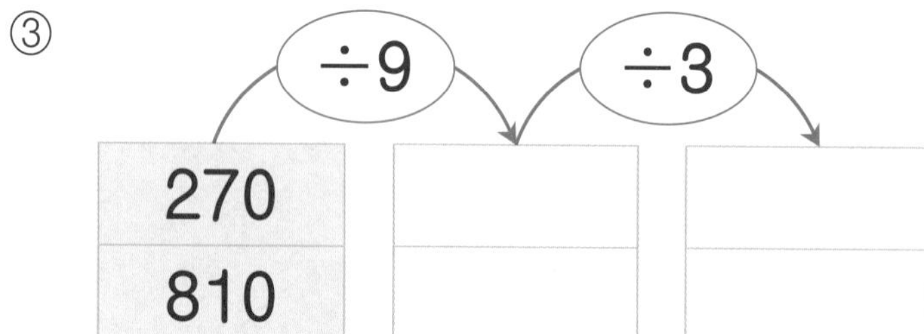

④

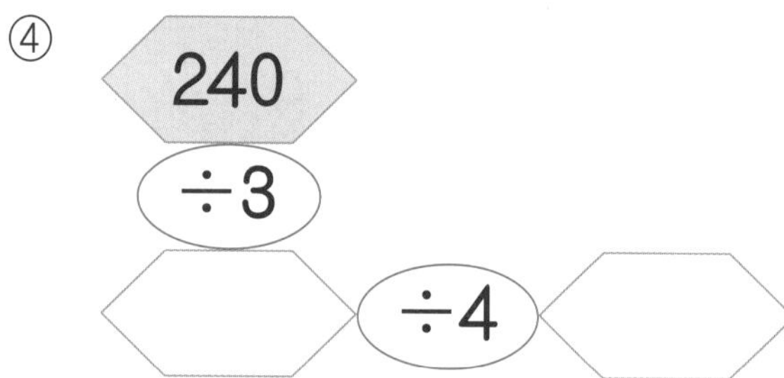

⑤

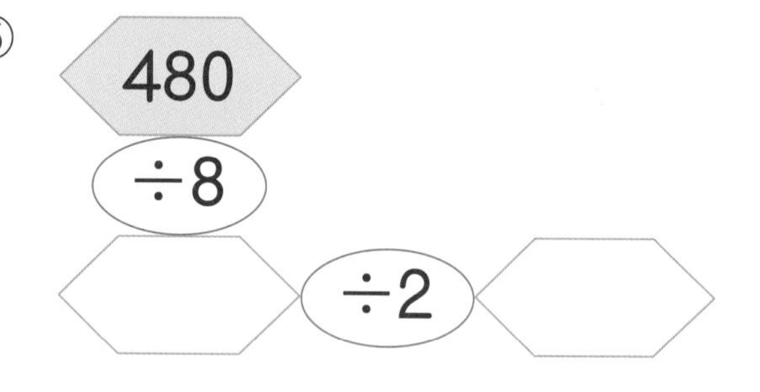

⑥

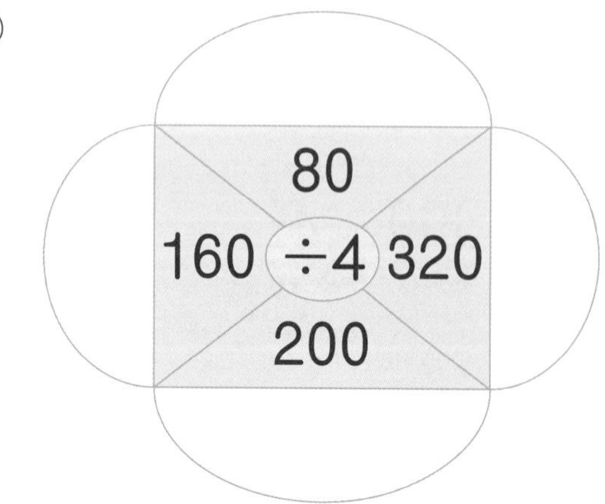

⑦

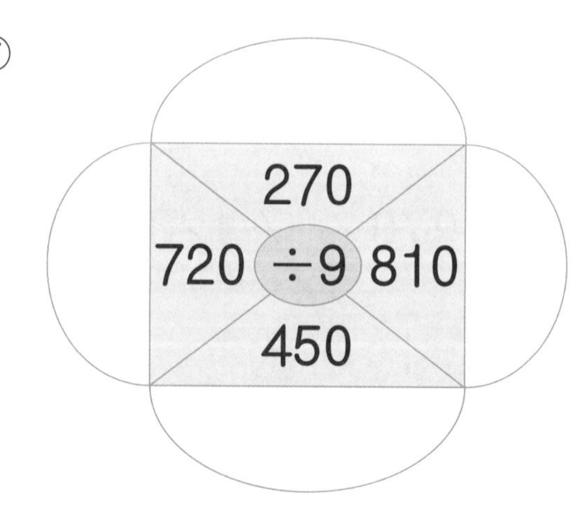

평가	잘함	보통	노력
오답 수	0~2	3~4	5~

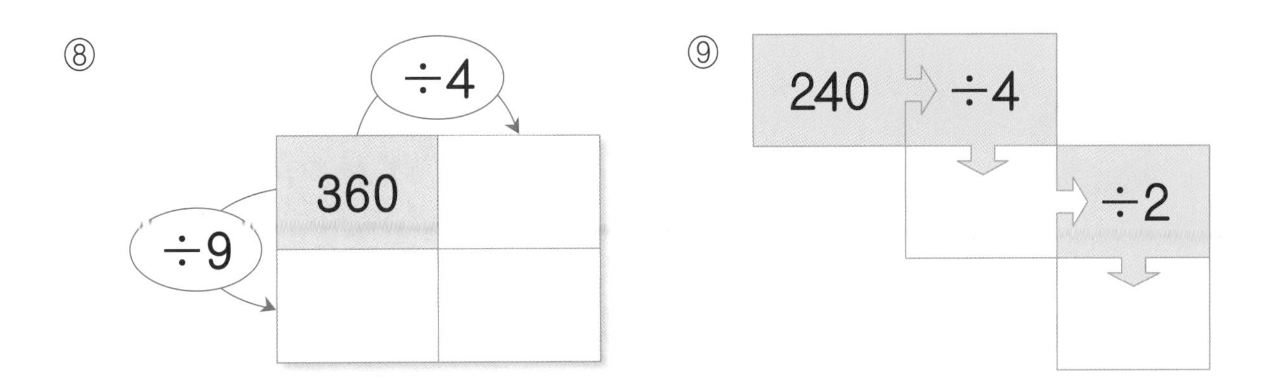

❖ 나눗셈식이 성립하도록 수카드에서 찾아 □ 안에 써넣으세요.

⑩

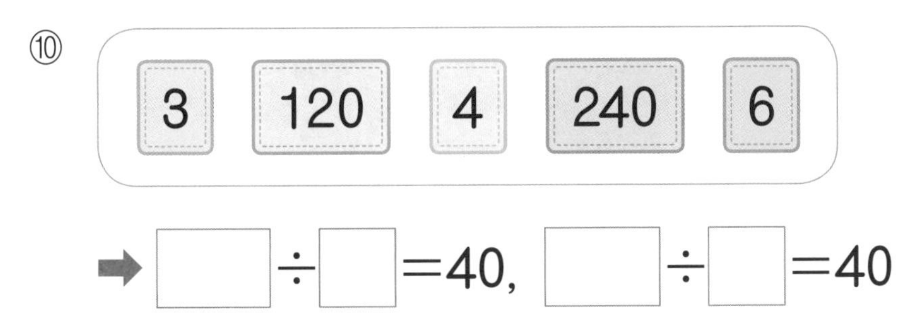

➡ □÷□=40, □÷□=40

❖ 마주 보는 두 수를 나눈 몫이 모두 같도록 빈 곳에 알맞은 수를 써넣으세요.

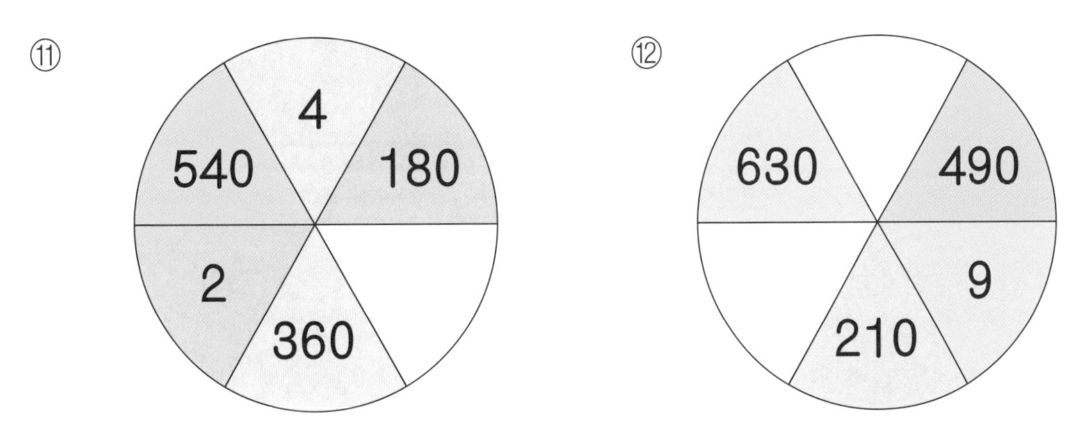

수고하셨어요.

여기까지 '32가지 유형 837문제'로 사고계산력을 완성했어요.
이제 '두바퀴'를 통해 한 주 동안 자란 나의 문제해결력을 확인해 보세요.

그림과 같은 **규칙**으로 계산할 때,
빈 곳에 알맞은 수는 무엇일까?

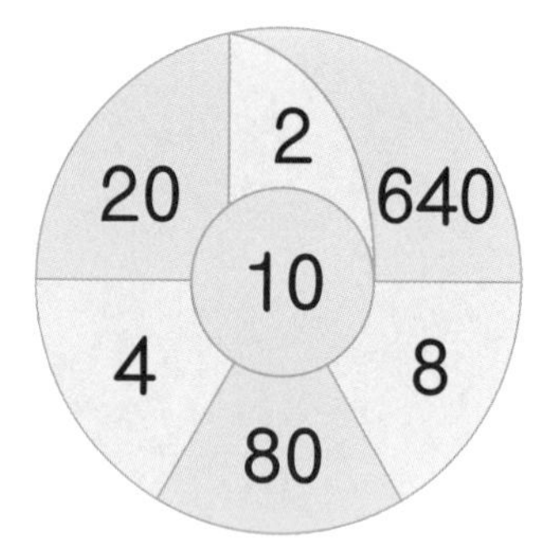

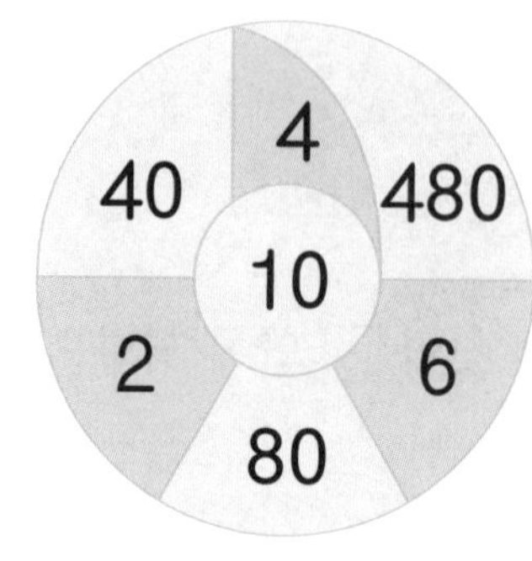

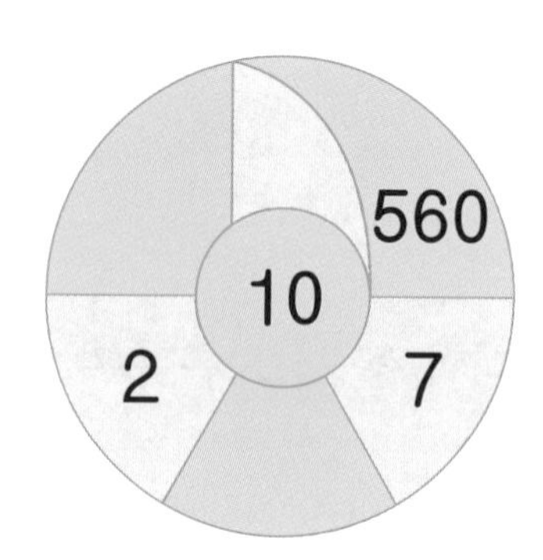

규칙은 ◯ 안의 수가 나올 때까지 계속 나누는 것이야.

$560 \div 7 =$ ☐, ☐ $\div 2 =$ ☐,

☐ $\div$ ☐ $= 10$이니 ☐ $=$ ☐ 네.

❖ 위와 같은 규칙으로 빈 곳에 알맞은 수를 써넣으세요.

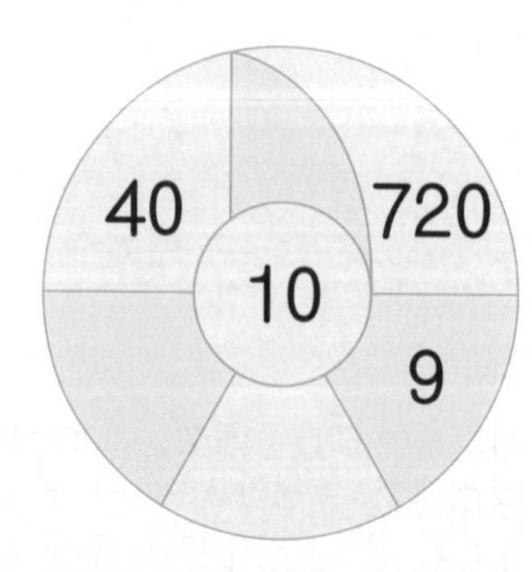

5주 (두 자리 수)÷(한 자리 수) ①

이·번·주·학·습·목·표

(두 자리 수)÷(한 자리 수)의 몫과 나머지를 구할 수 있습니다.

'**8가지 유형 200문제**'와 '**두바퀴**'로 **사고계산력**을 완성할 수 있습니다.

	학습 내용	학습 계획
1일차	(두 자리 수)÷(한 자리 수) ① 알기	2가지 유형 38문제 / 월 일
2일차	(두 자리 수)÷(한 자리 수) ① 기본	2가지 유형 60문제 / 월 일
3일차	(두 자리 수)÷(한 자리 수) ① 발전	2가지 유형 37문제 / 월 일
4일차	(두 자리 수)÷(한 자리 수) ① 추론	2가지 유형 39문제 / 월 일
5일차	(두 자리 수)÷(한 자리 수) ① 종합	26문제 / 월 일

두뇌를 바꾸는 퀴즈

1 일차 (두 자리 수)÷(한 자리 수) ① 알기 연습

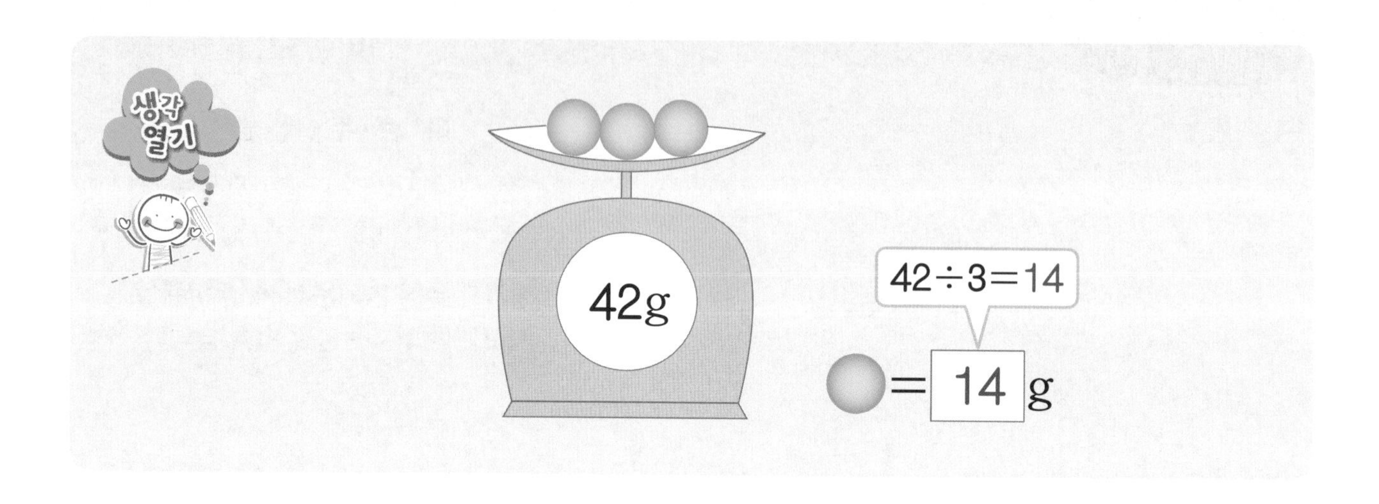

❖ 각 구슬의 무게가 같을 때, 구슬 한 개의 무게를 구하세요.

①

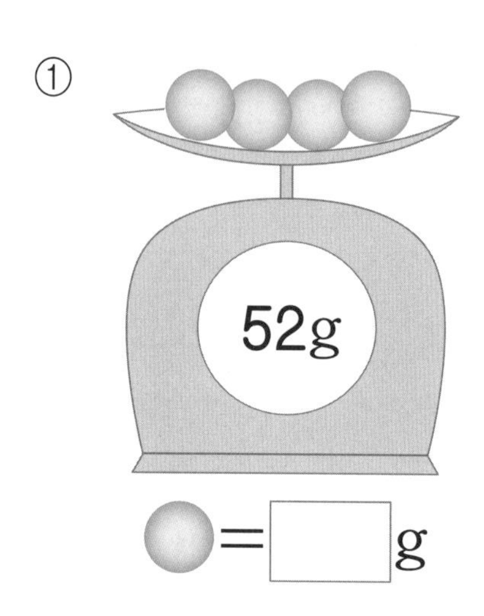

③

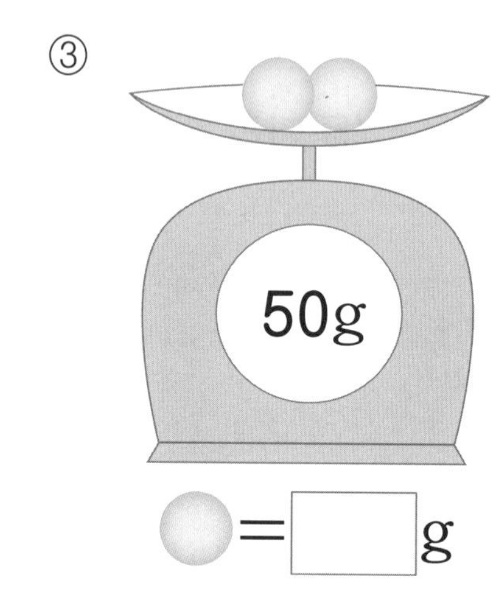

②

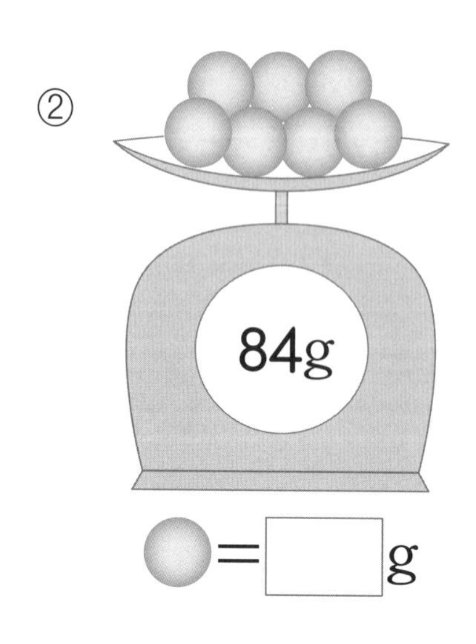

④

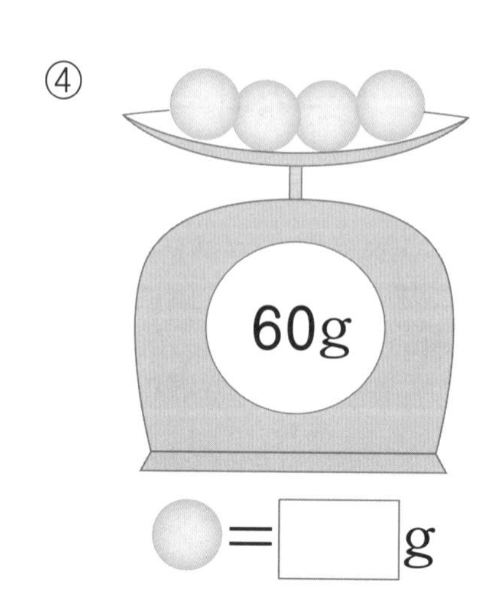

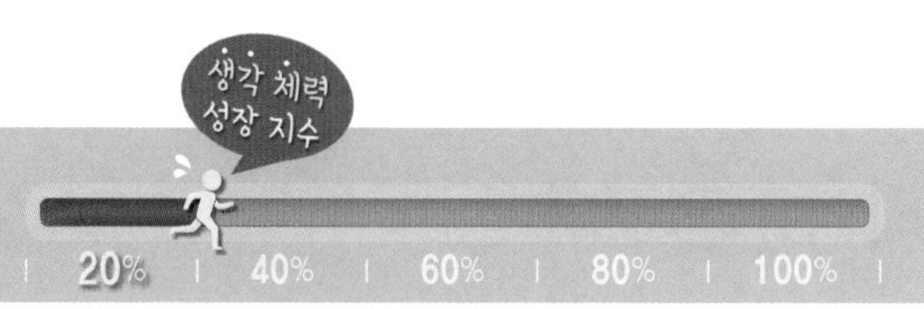

월 일

⑤ 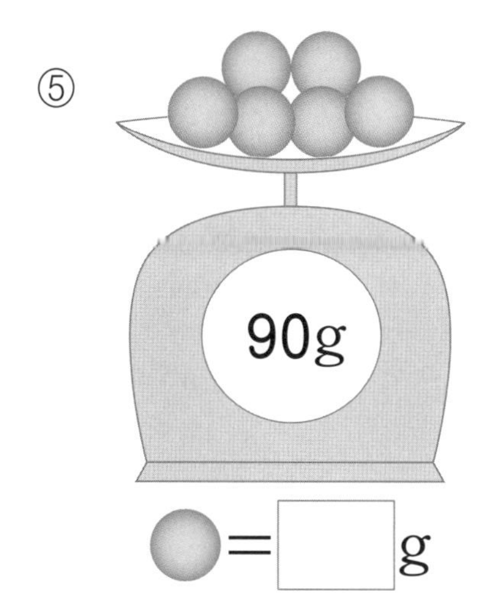

⑥ 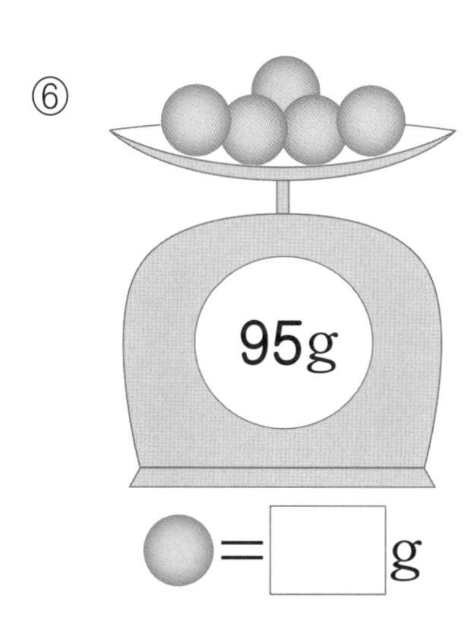

⑦ 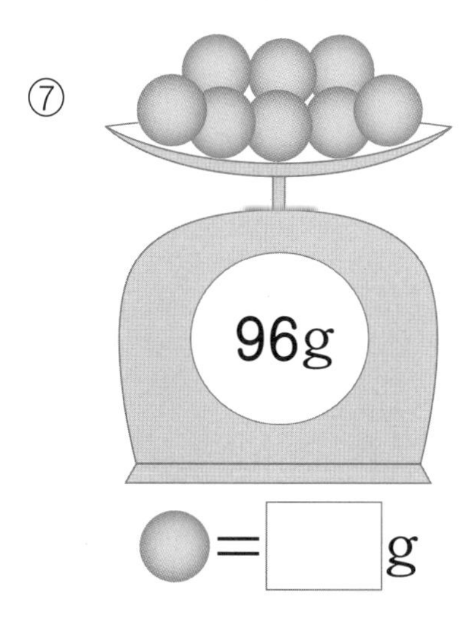

⑧ 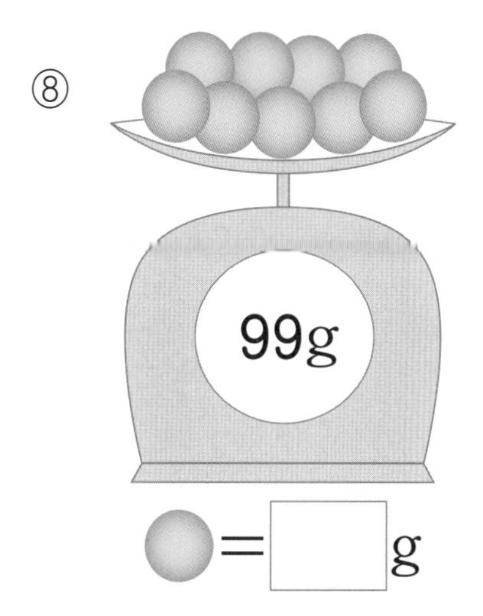

⑨ 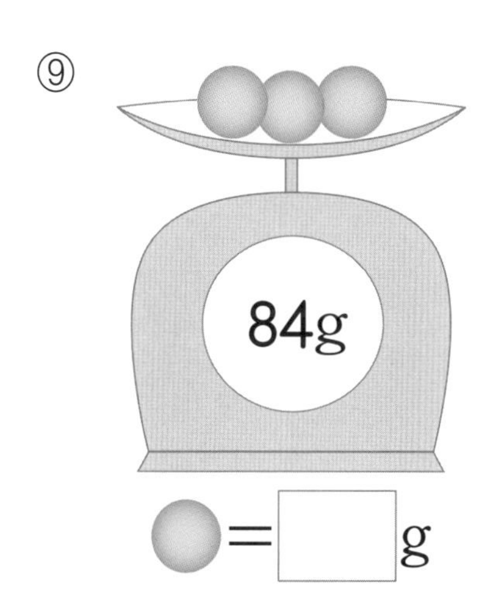

⑩ 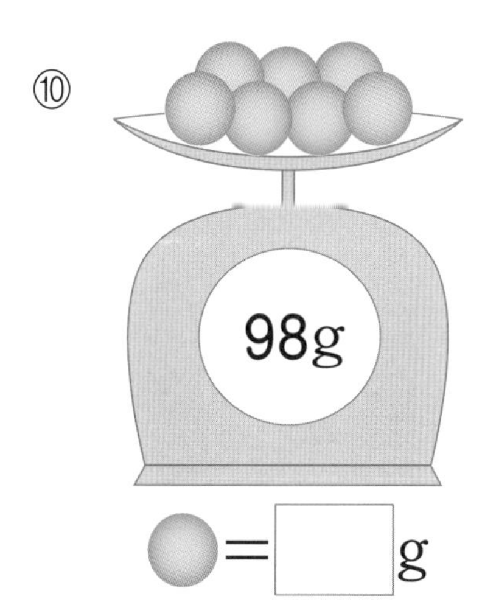

전체 구슬의 무게를 구슬의 개수로 나눠요.

(두 자리 수)÷(한 자리 수) ① 알기 반복

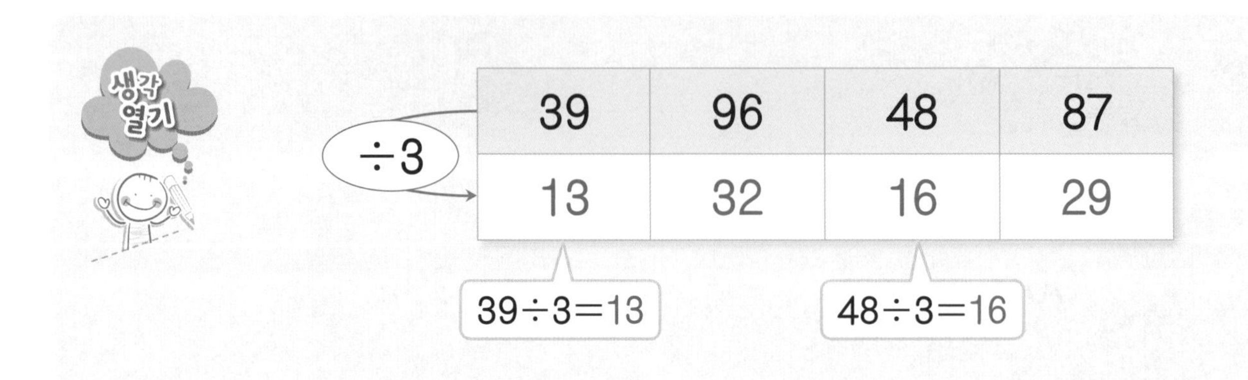

39	96	48	87
13	32	16	29

❖ 빈 곳에 알맞은 수를 써넣으세요.

① ÷7

77	91	98	84

② ÷4

48	92	76	64

③ ÷2

42	88	94	72

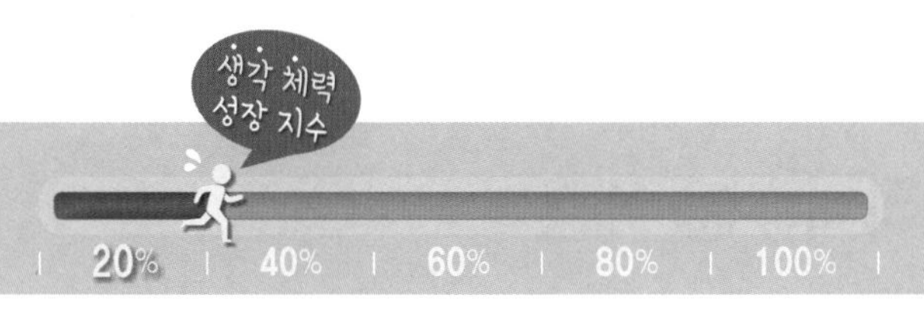

월 일

④ ÷6

66	78	84	96

⑤ ÷2

28	64	54	98

⑥ ÷3

63	99	78	45

⑦ ÷5

85	70	65	90

십의 자리를 나누고 일의 자리를 나눠요.

(두 자리 수)÷(한 자리 수) ① 기본 연습

÷ →

48	2	24
	4	12
	3	16

48÷2=24

48÷4=12

48÷3=16

❖ 빈 곳에 알맞은 수를 써넣으세요.

① ÷ →

60	3	
	4	
	5	

② ÷ →

84	2	
	3	
	4	

③ ÷ →

80	2	
	5	
	4	

④ ÷ →

66	3	
	2	
	6	

⑤ ÷

96	4	
	6	
	8	

⑧ ÷

88	2	
	4	
	8	

⑥ ÷

72	3	
	4	
	6	

⑨ ÷

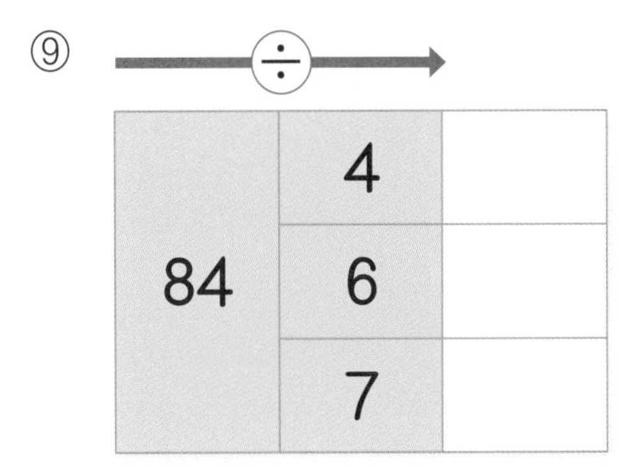

84	4	
	6	
	7	

⑦ ÷

90	2	
	5	
	6	

⑩ ÷

78	3	
	2	
	6	

■÷▲=●의 검산은 ▲×●=■이에요.

(두 자리 수)÷(한 자리 수) ① 기본 반복

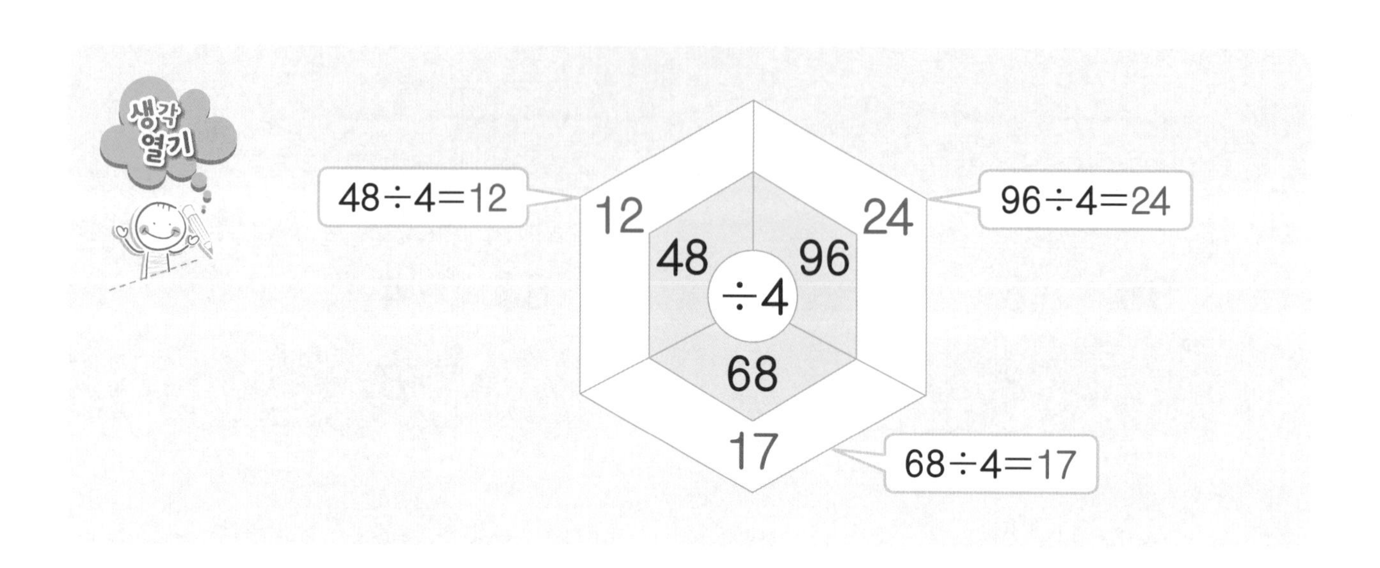

❖ 빈 곳에 알맞은 수를 써넣으세요.

①

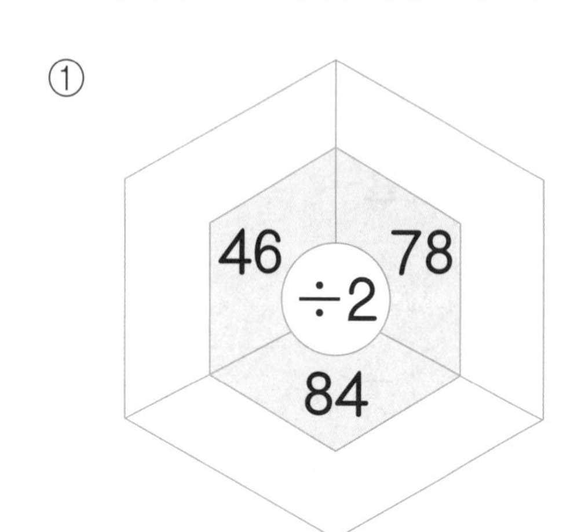

②

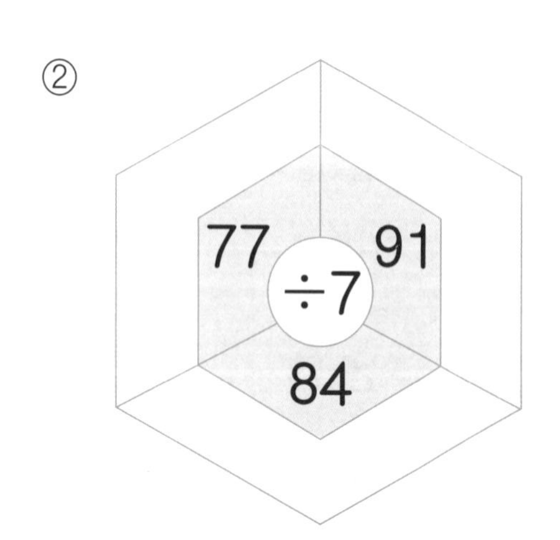

③

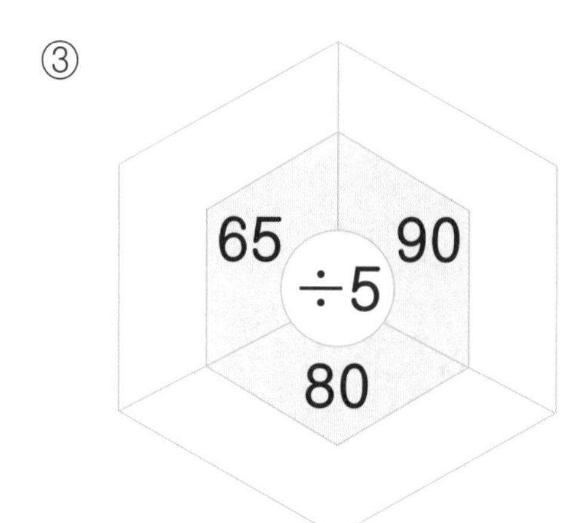

④

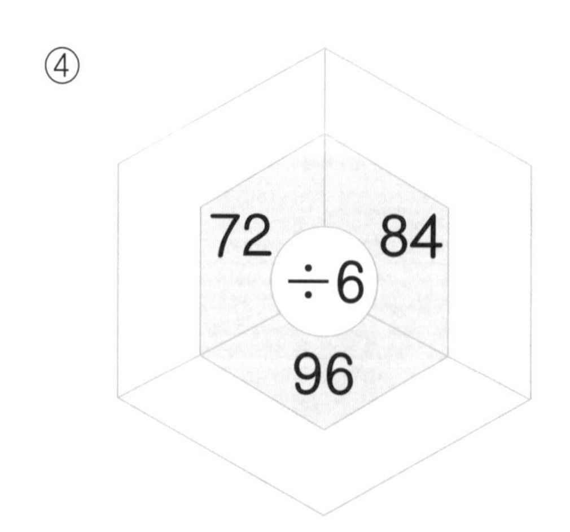

월 일

⑤

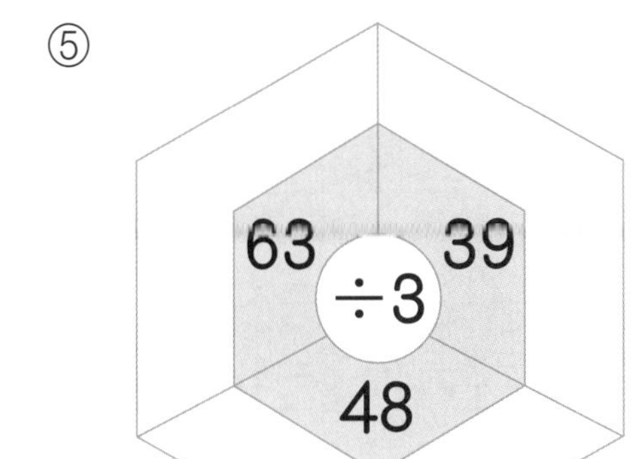

⑧

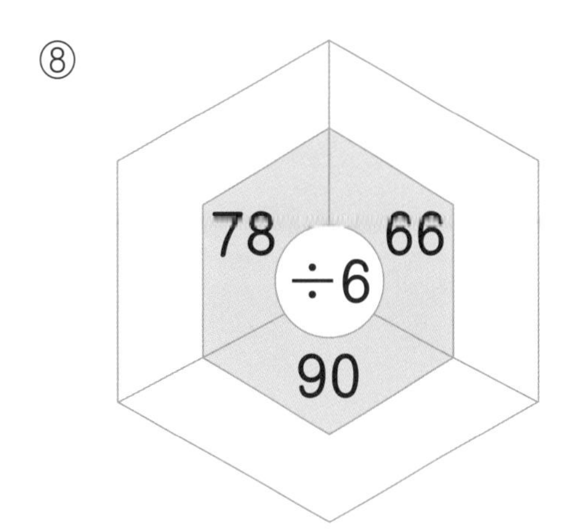

⑥

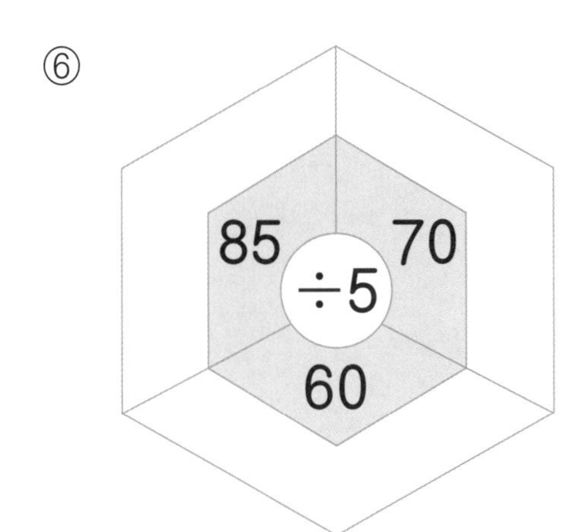

⑨

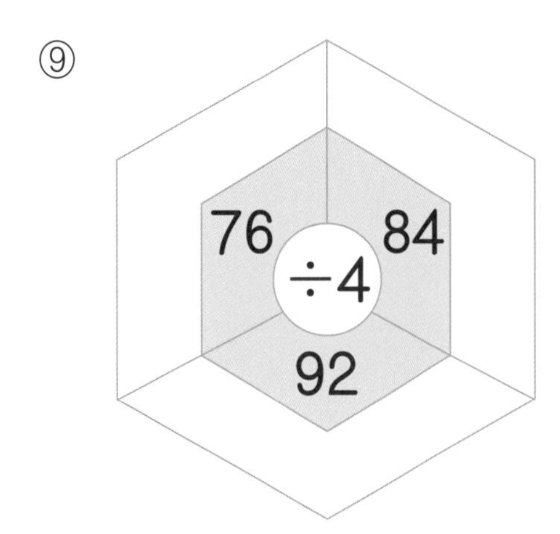

⑦

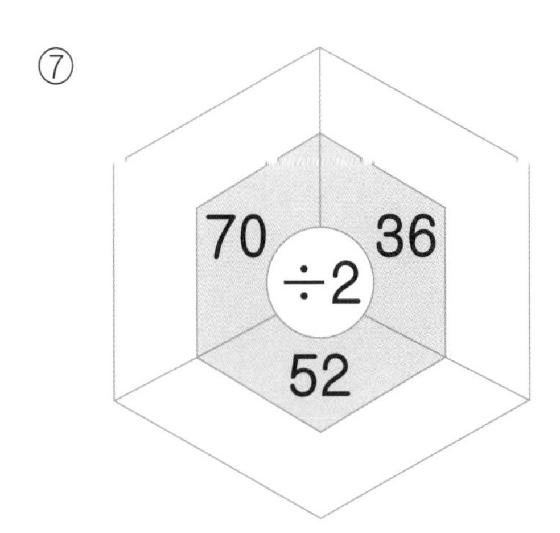

⑩

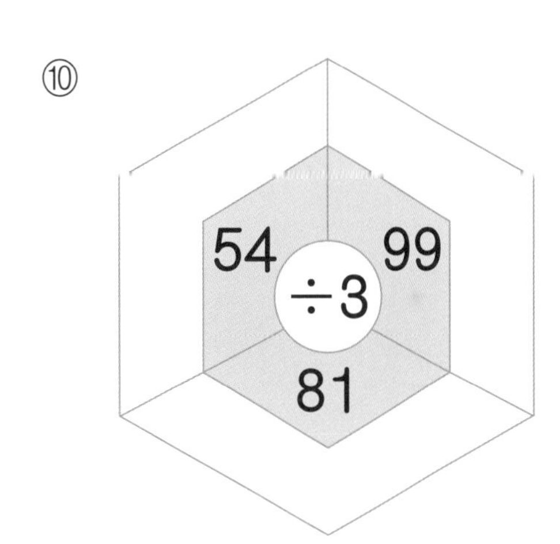

몫을 구한 후 검산을 해서 답이 맞는지 확인해요.

(두 자리 수)÷(한 자리 수) ① 발전 연습

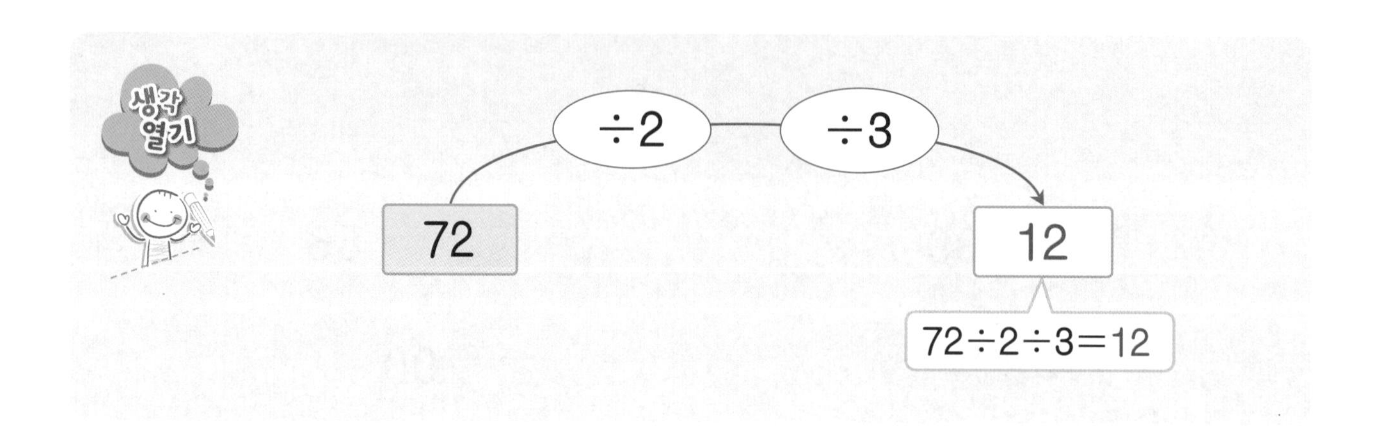

❖ 빈 곳에 알맞은 수를 써넣으세요.

①

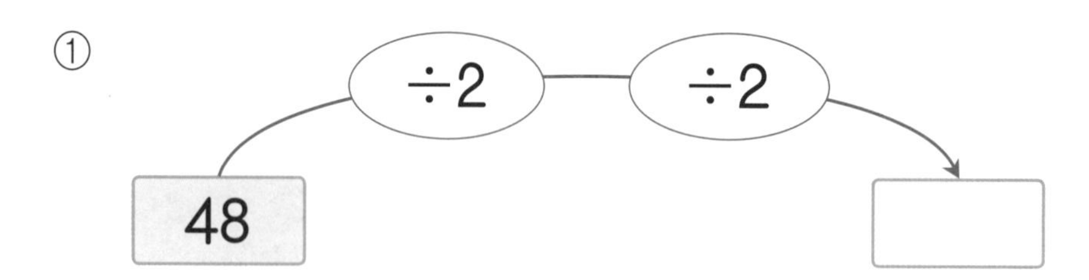

②

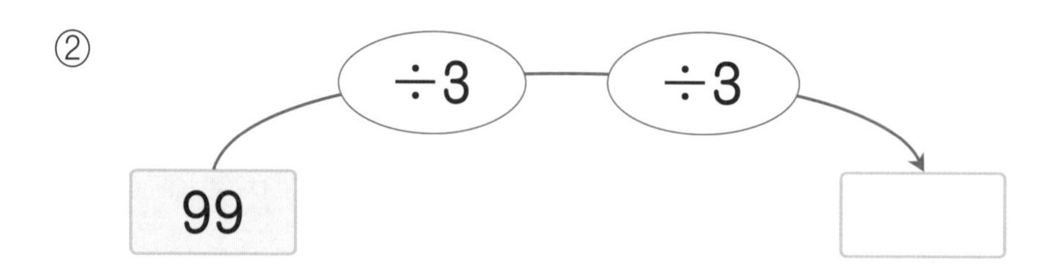

③

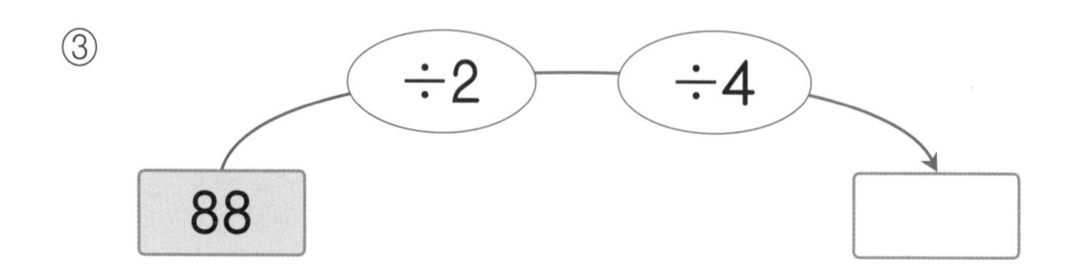

④

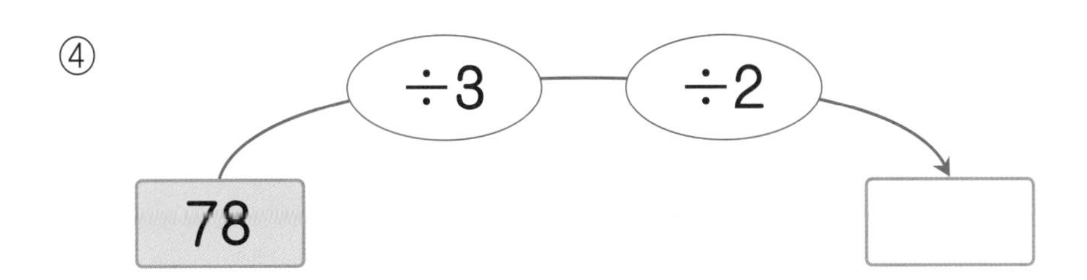

⑤

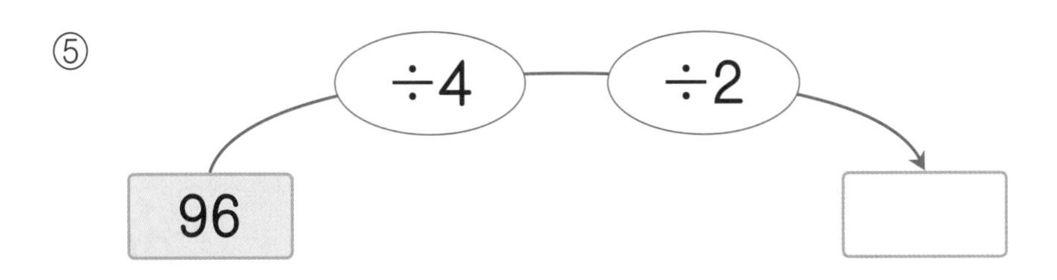

⑥

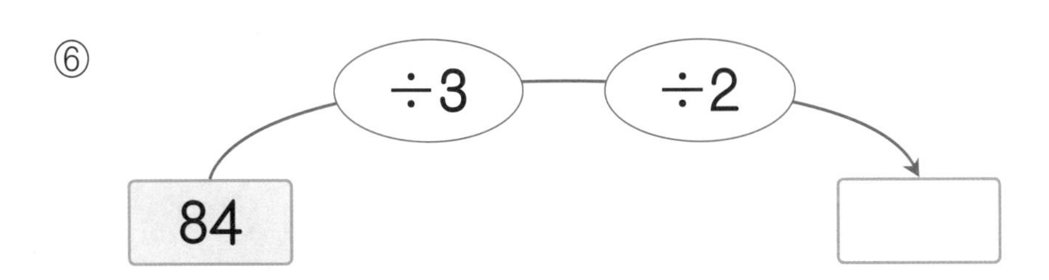

⑦

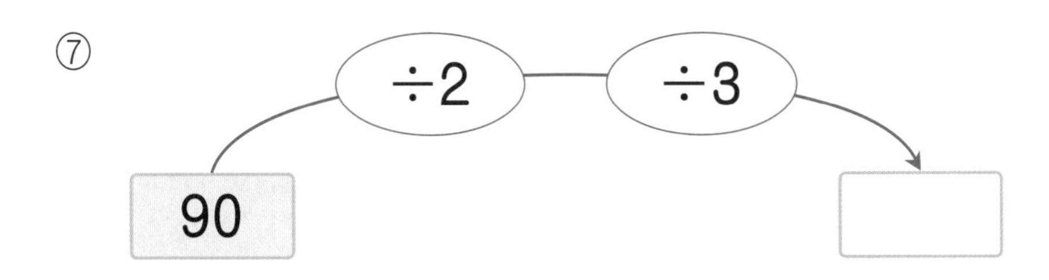

나누는 수가 나누어지는 수의 십의 자리 숫자보다 작으면 몫은 두 자리 수가 돼요.

3일차 (두 자리 수)÷(한 자리 수) ① 발전 반복

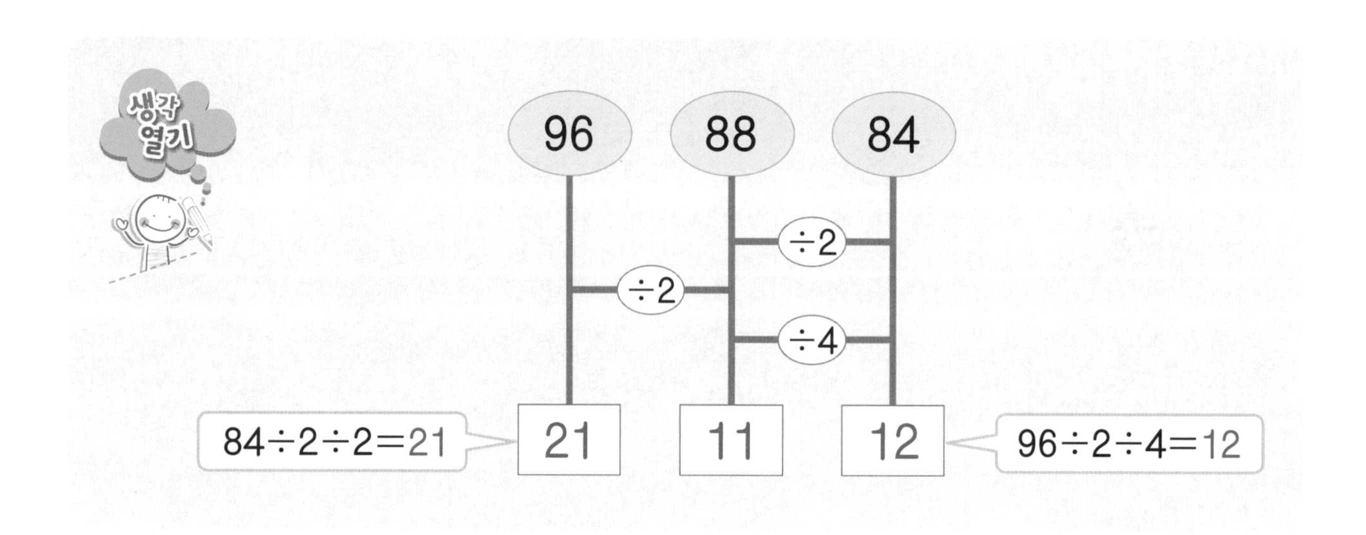

❖ 사다리 타기를 하여 빈 곳에 알맞은 수를 써넣으세요.

①

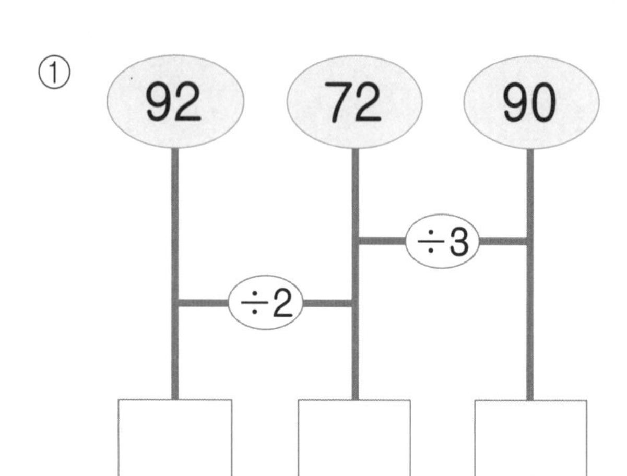

②

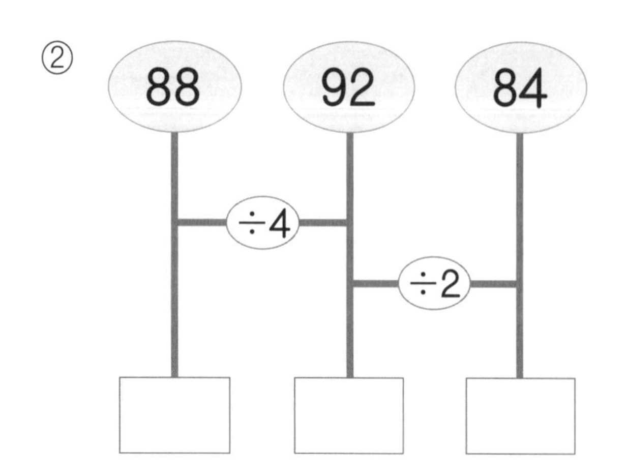

③

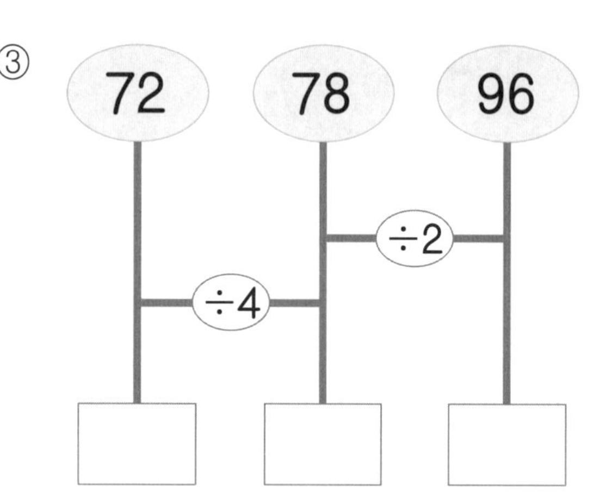

④

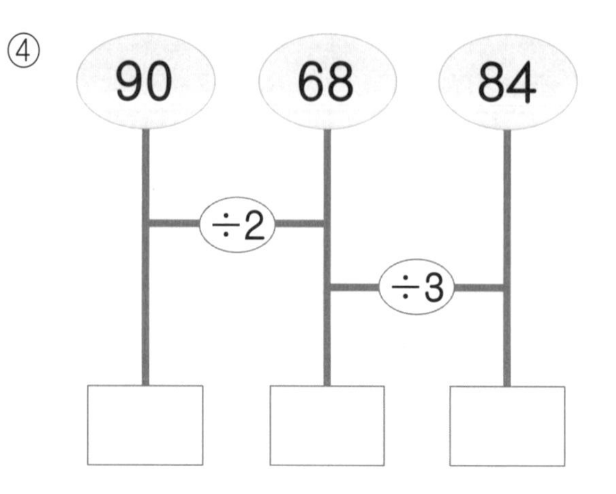

⑤
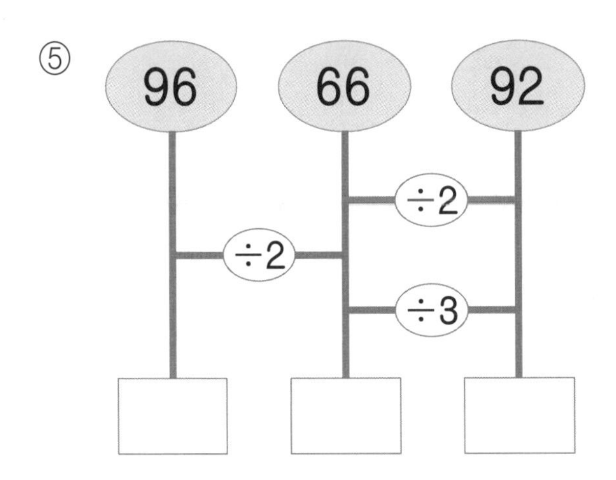

⑥
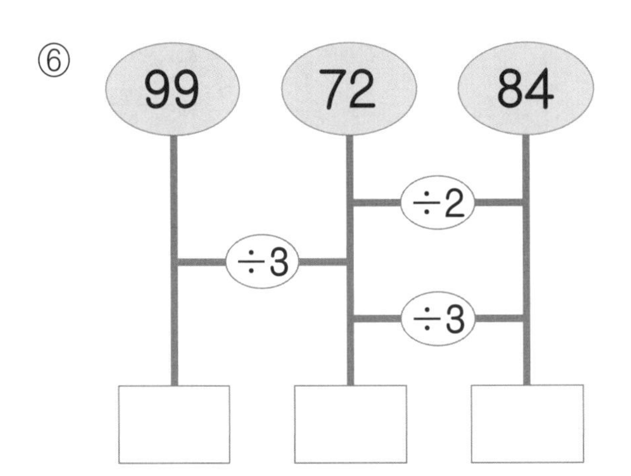

⑦
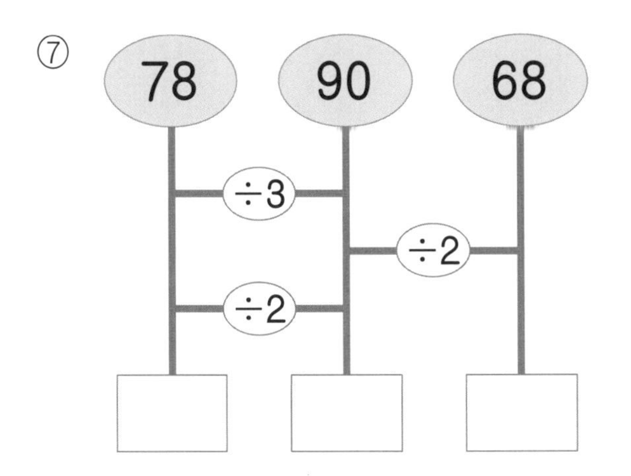

⑧
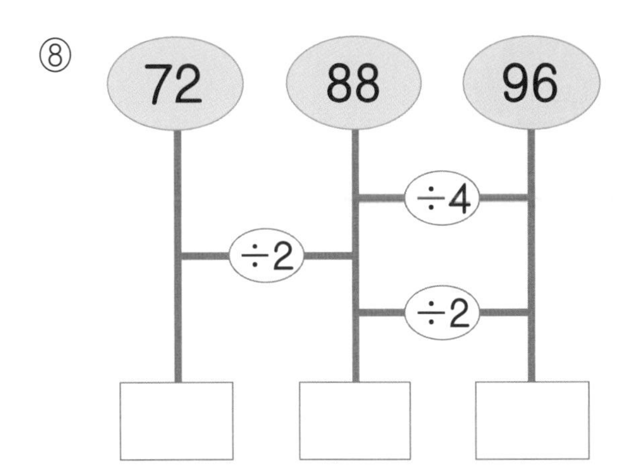

⑨
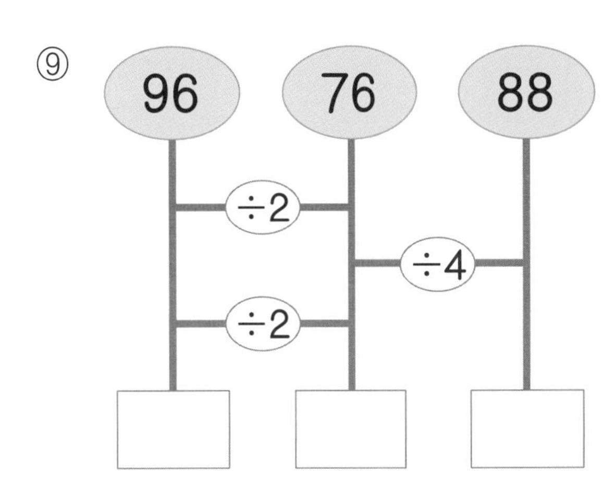

⑩
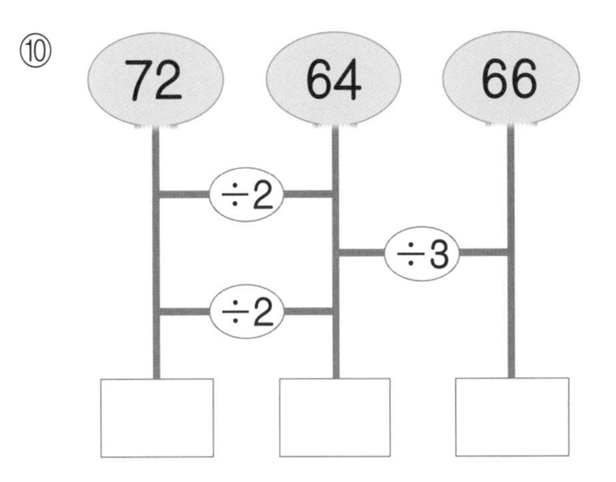

십의 자리를 나누고 남은 수는 일의 자리 수와 함께 나눠요.

4일차

(두 자리 수)÷(한 자리 수) ① 추론 연습

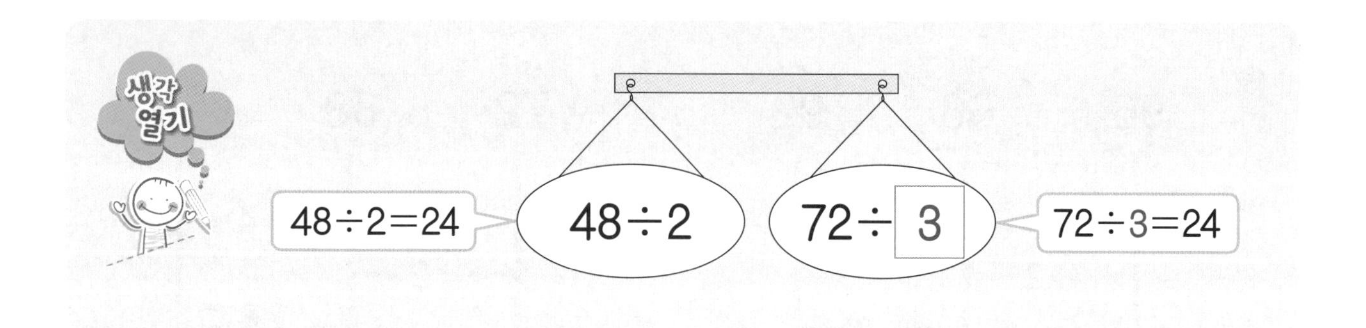

❖ 양쪽의 몫이 같도록 □ 안에 알맞은 수를 써넣으세요.

①

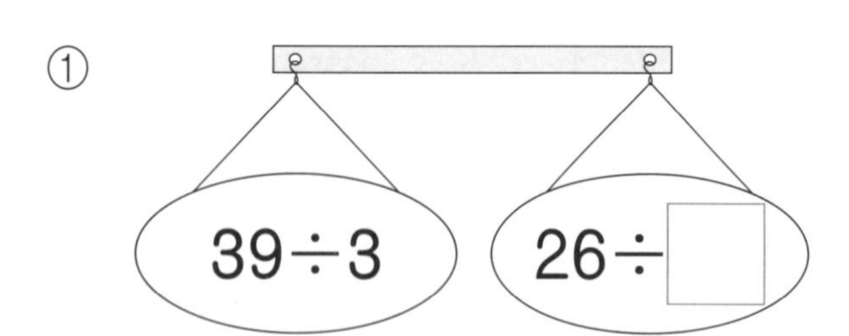

④

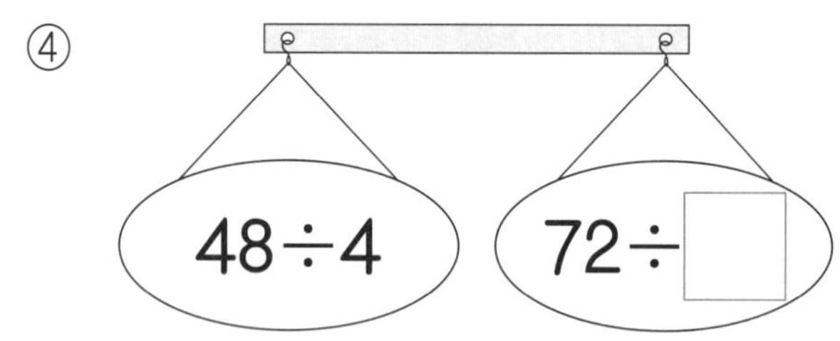

②

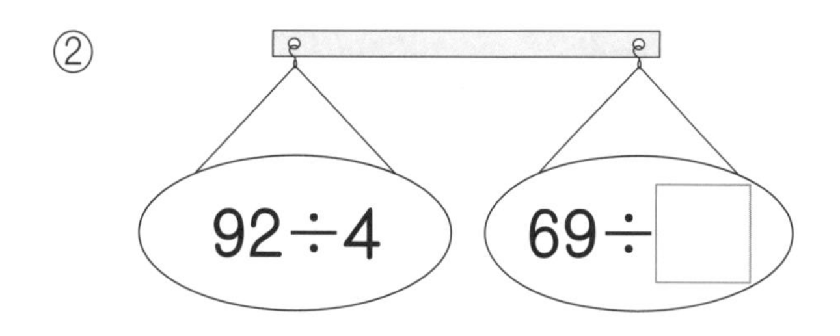

⑤

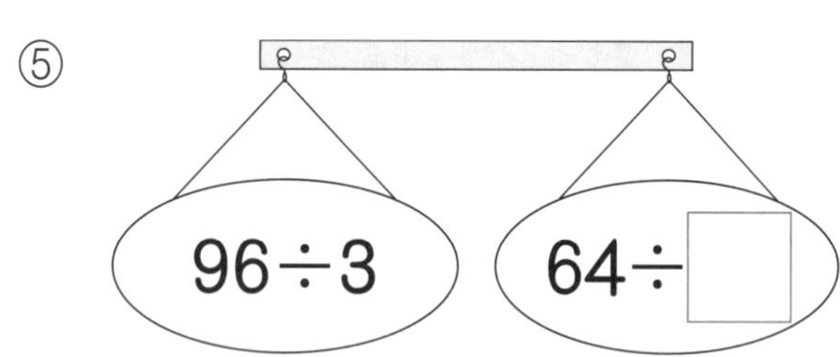

③

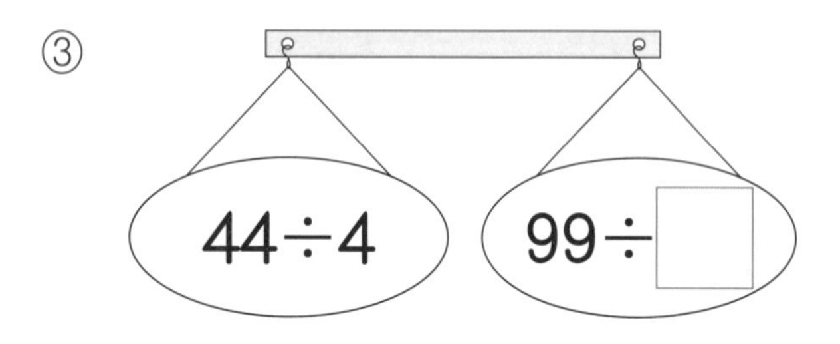

⑥

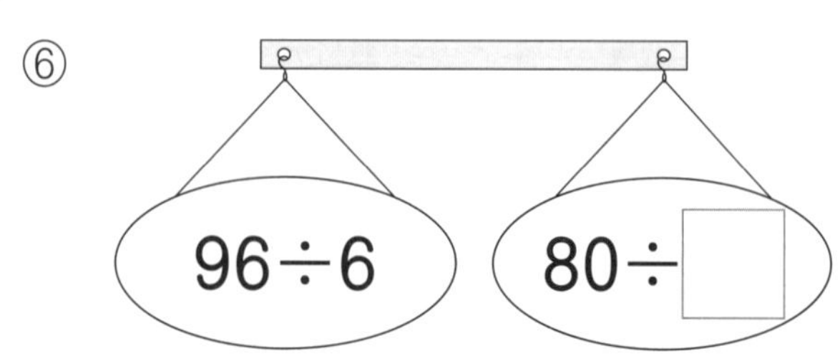

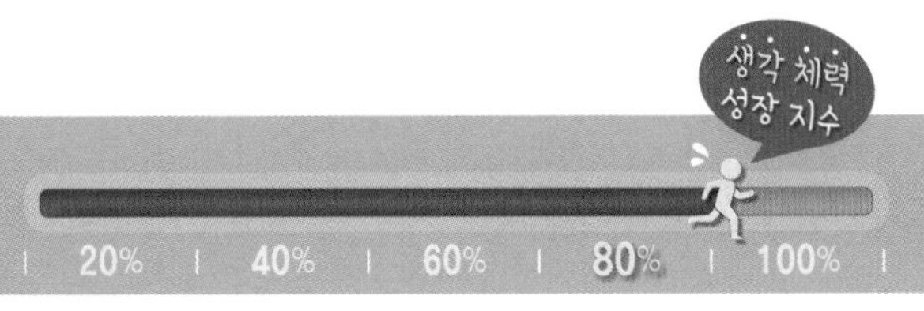

⑦

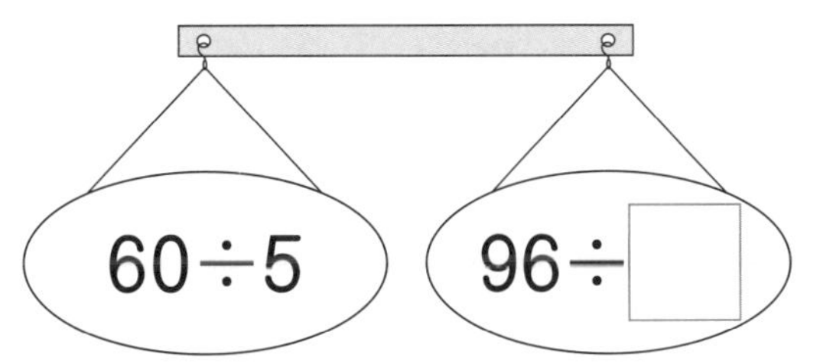

⑧

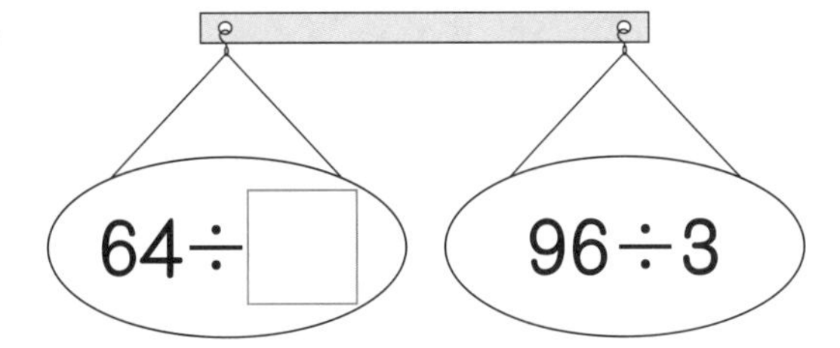

⑨

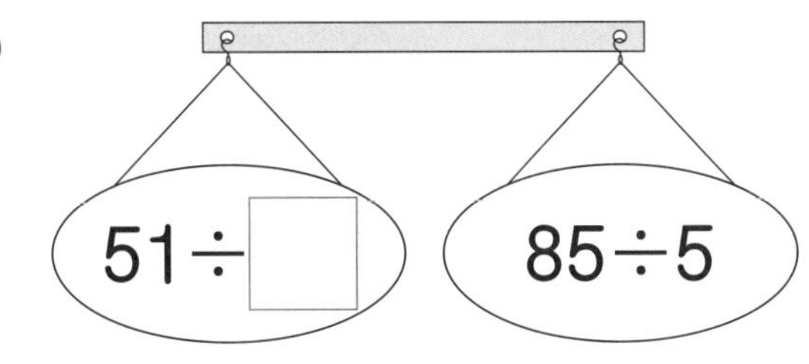

⑩

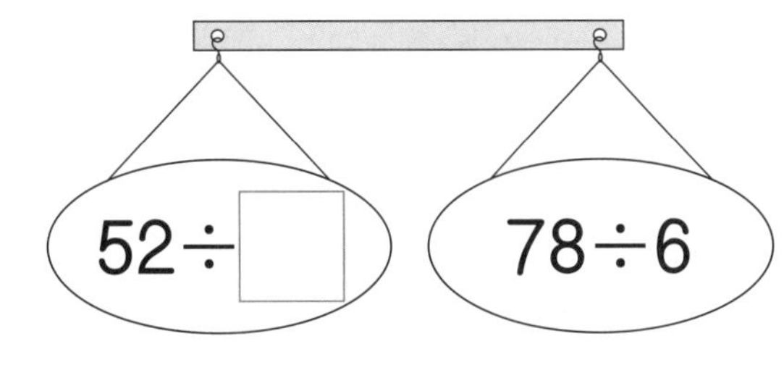

⑪

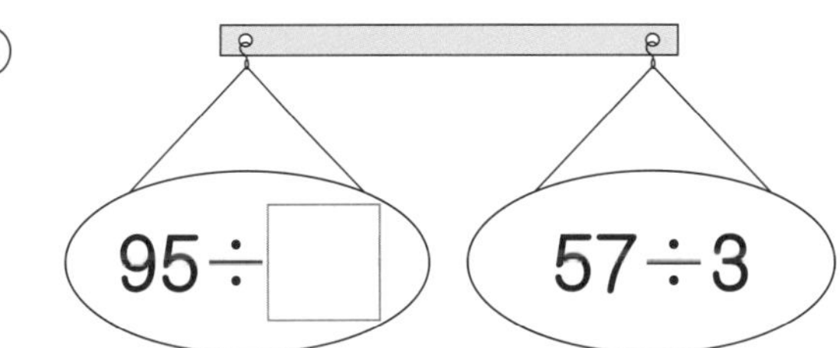

⑫

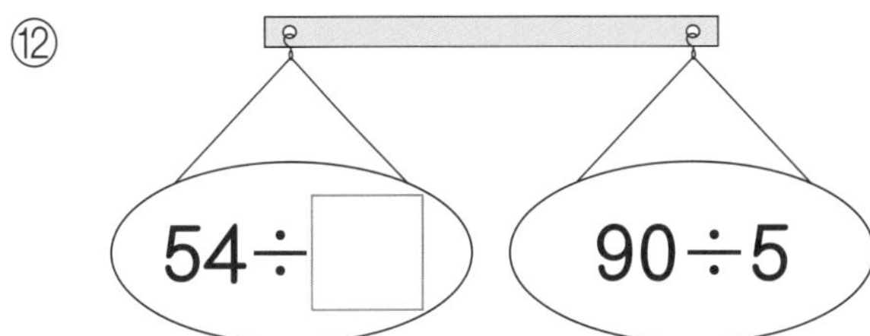

⑬

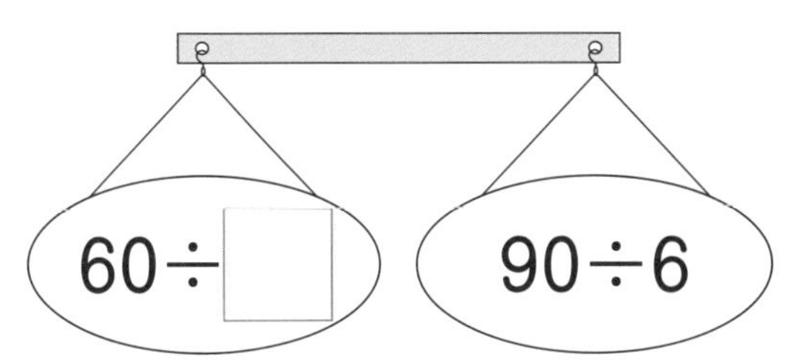

⑭

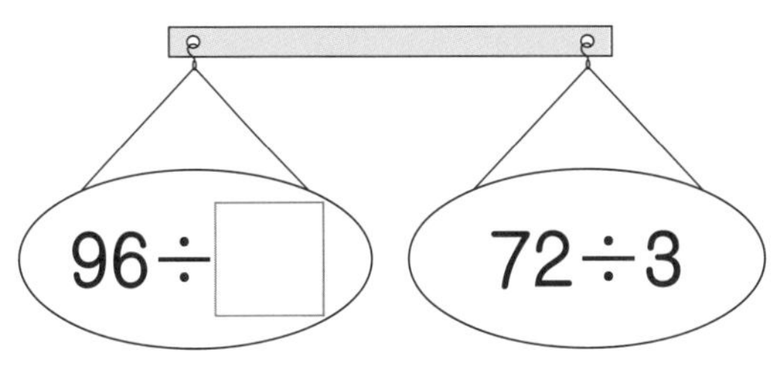

몫을 먼저 구한 후 나누는 수를 구해요.

(두 자리 수)÷(한 자리 수) ① 추론 반복

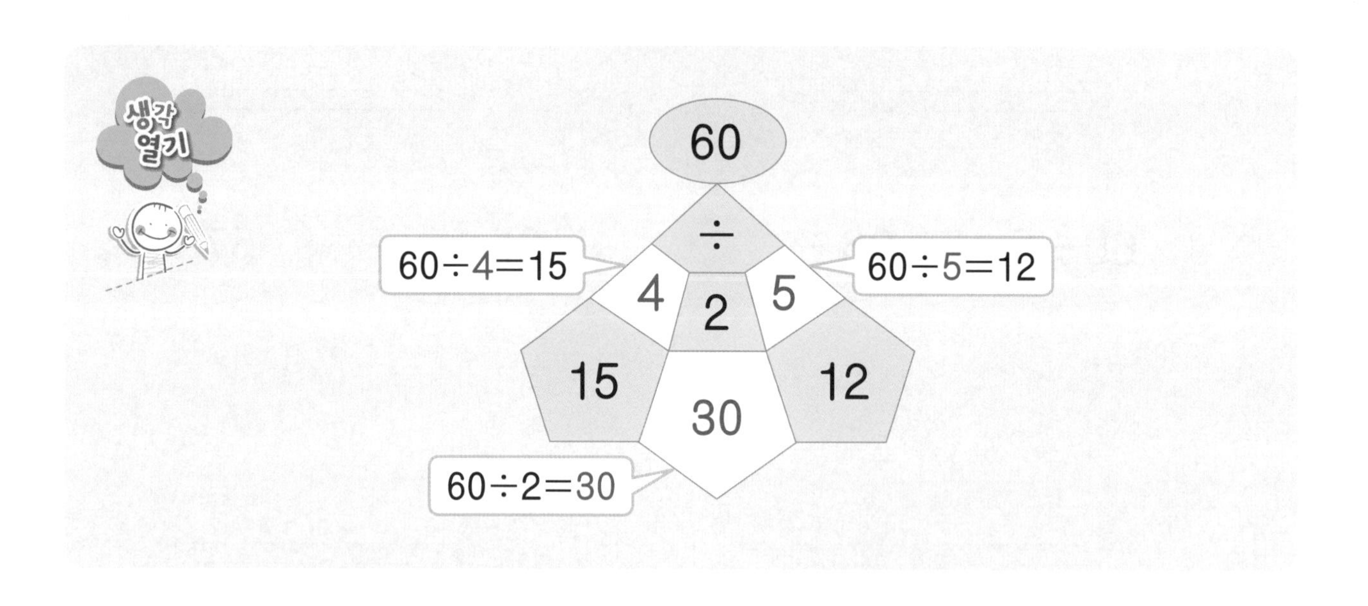

❖ ⬠ 안의 수는 ◯ 안의 수를 ⏢ 안의 수로 나눈 몫일 때, 빈 곳에 알맞은 수를 써넣으세요.

①

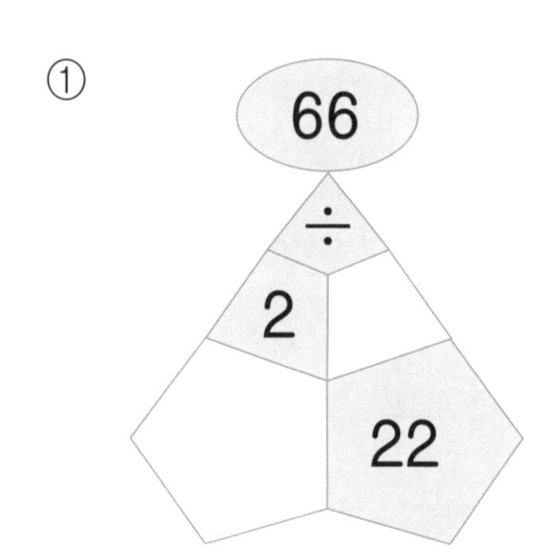

③

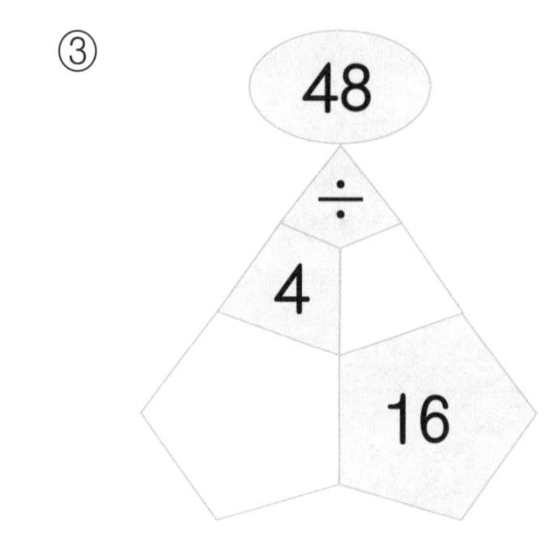

②

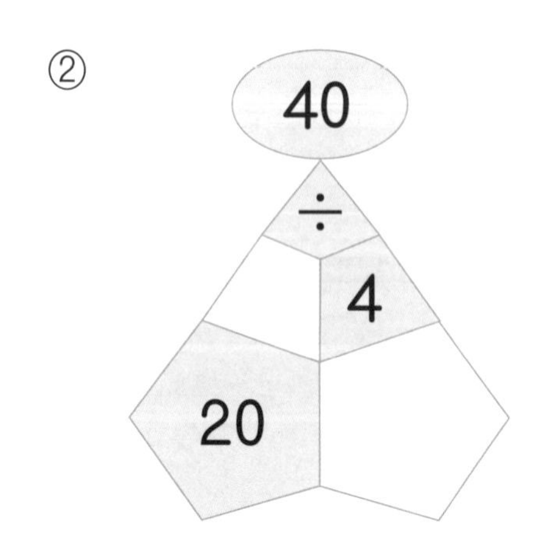

④

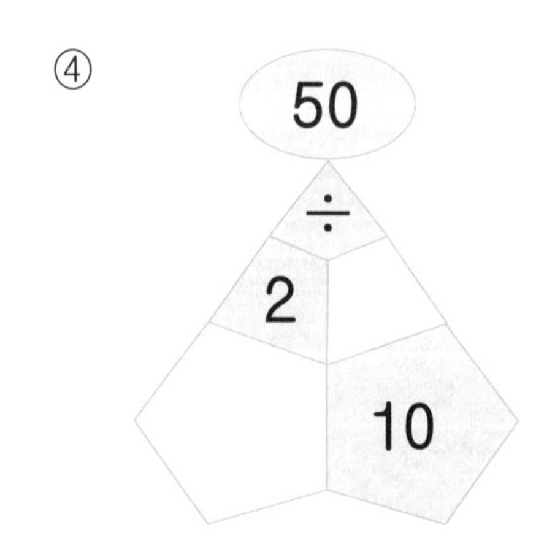

⑤
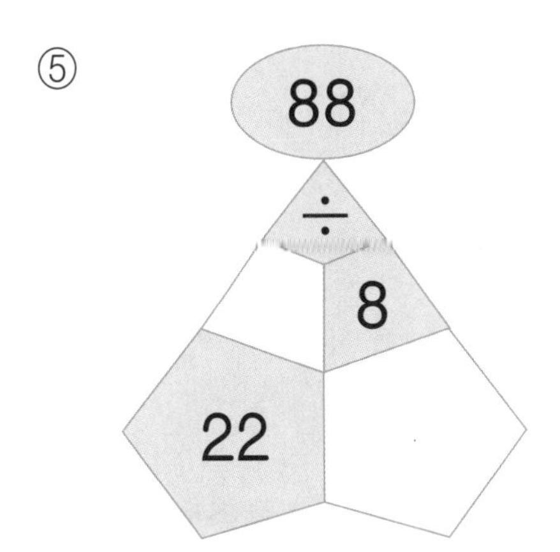

⑧
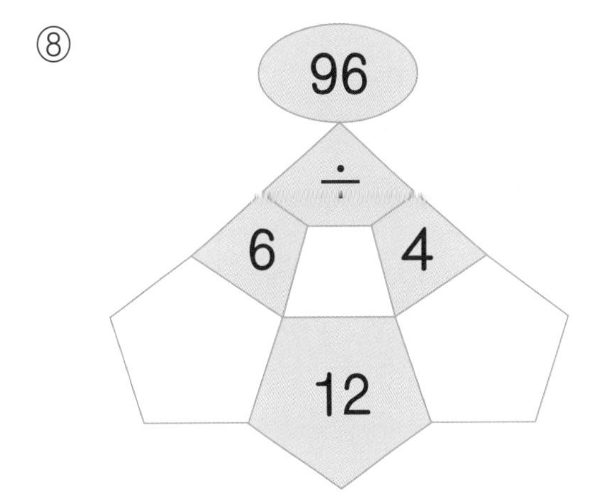

⑥
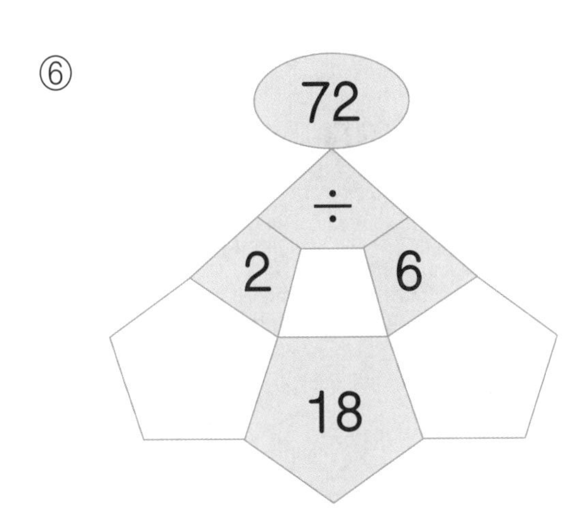

⑨
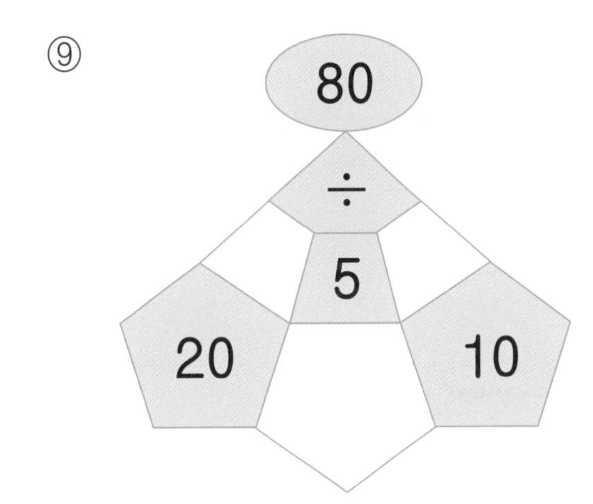

⑦
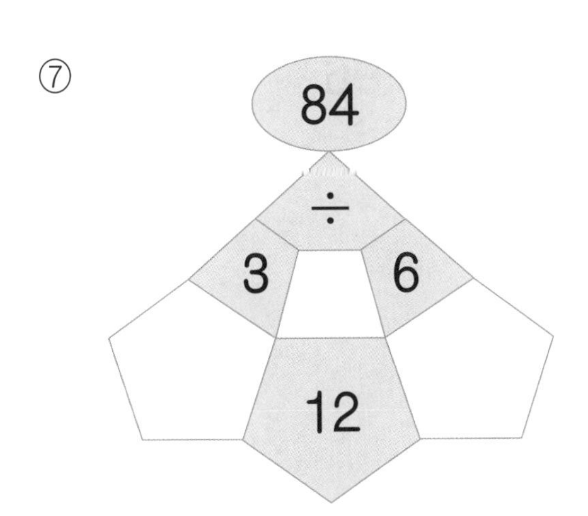

⑩
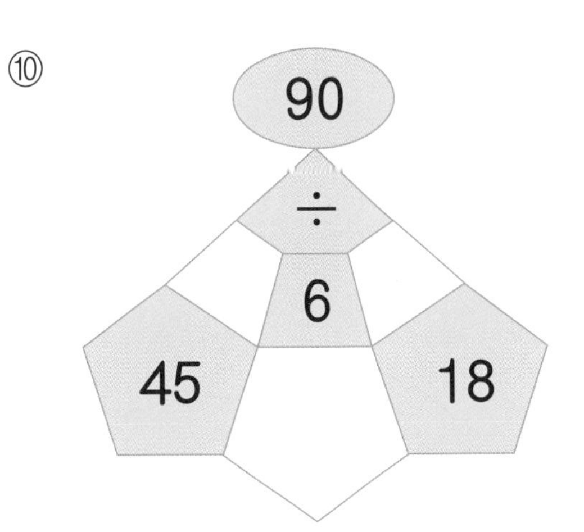

(나누어지는 수)÷(나누는 수)=(몫)으로 구해요.

5 일차 (두 자리 수)÷(한 자리 수) ① 종합

❖ 각 구슬의 무게가 같을 때, 구슬 한 개의 무게를 구하세요.

①

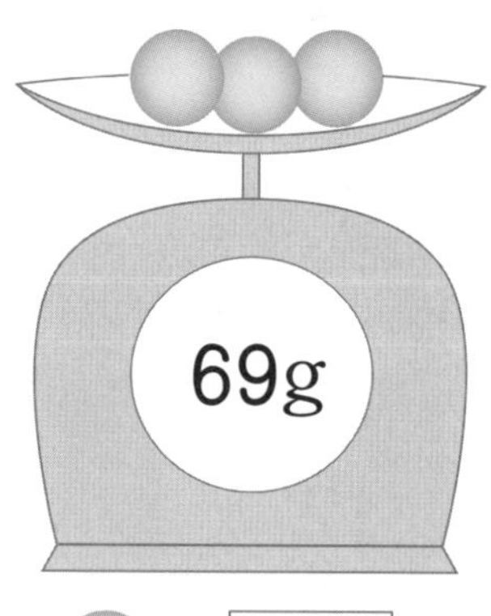

○ = □ g

②

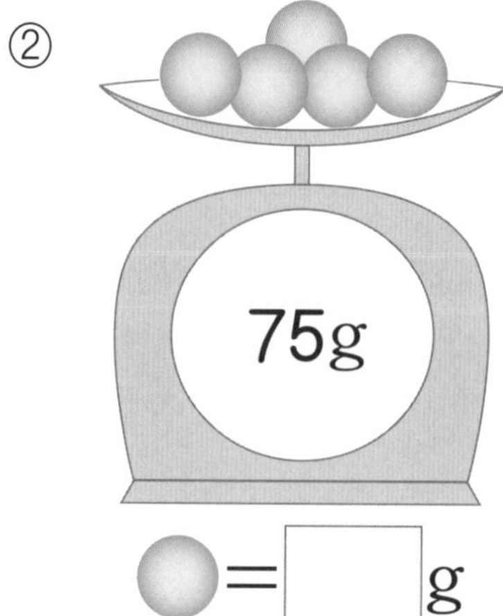

○ = □ g

❖ 빈 곳에 알맞은 수를 써넣으세요.

③ ÷4

44	96	72	60

④

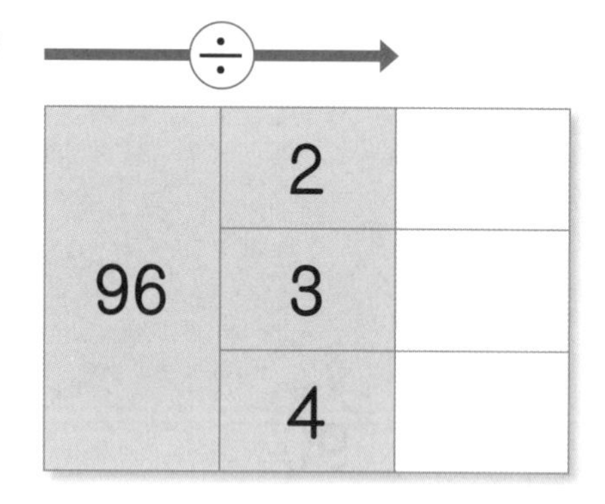

⑤

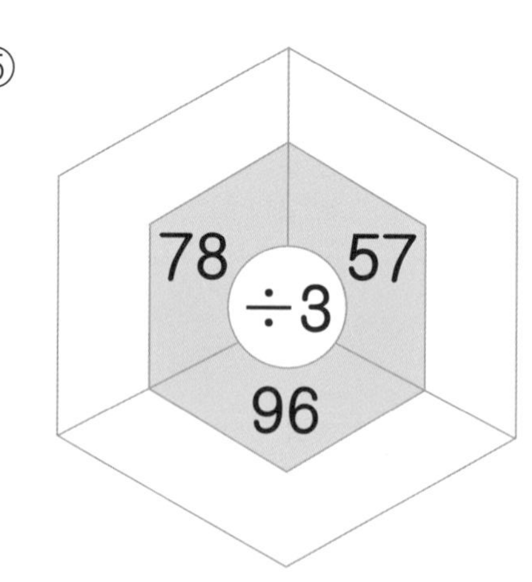

⑥

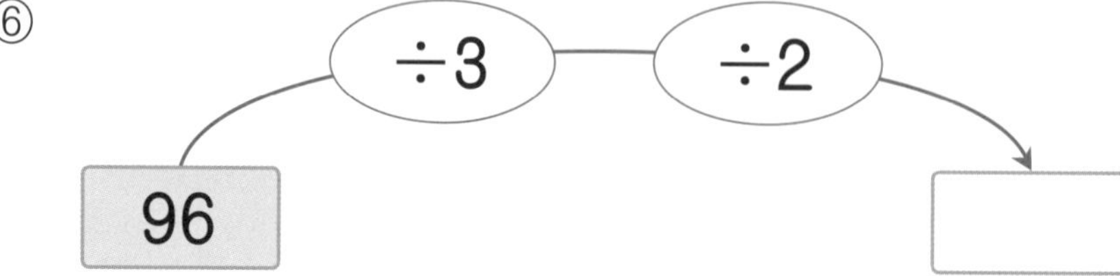

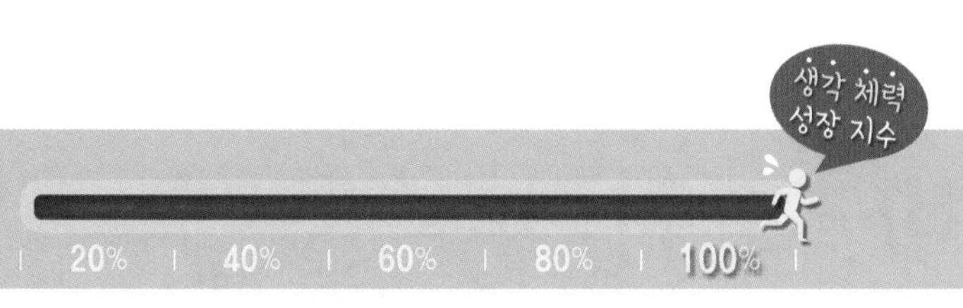

평가	잘함	보통	노력
오답 수	0~2	3~4	5~

⑦
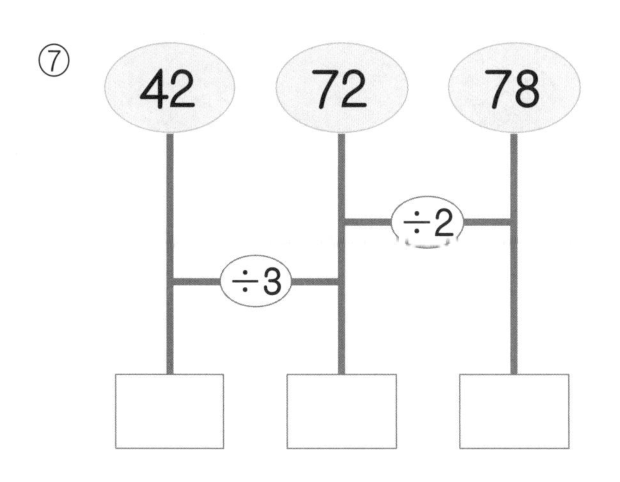

⑧
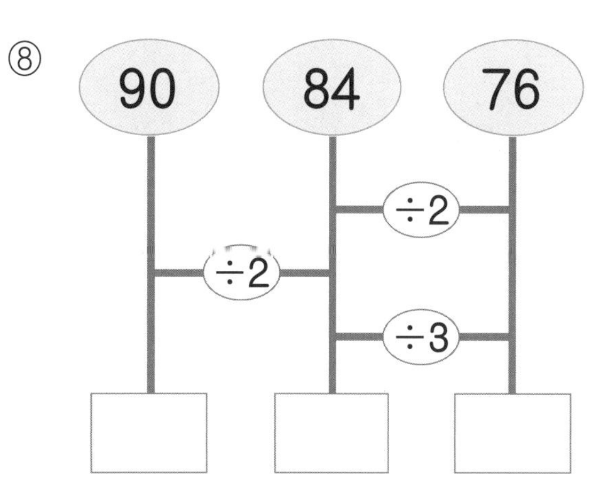

❖ 양쪽의 몫이 같도록 □ 안에 알맞은 수를 써넣으세요.

⑨
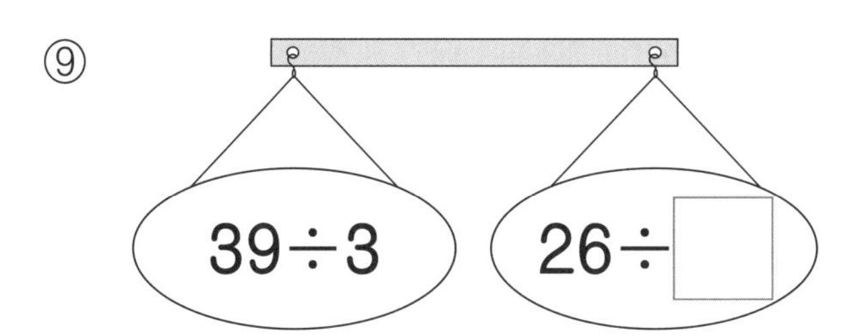

⑩
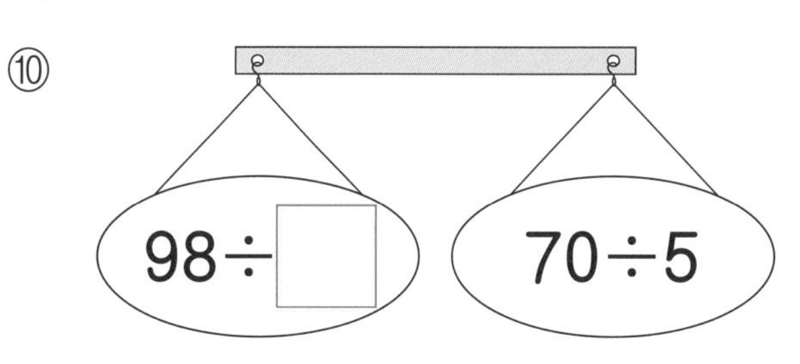

❖ ⬠ 안의 수는 ◯ 안의 수를 ⏢ 안의 수로 나눈 몫일 때, 빈 곳에 알맞은 수를 써넣으세요.

⑪
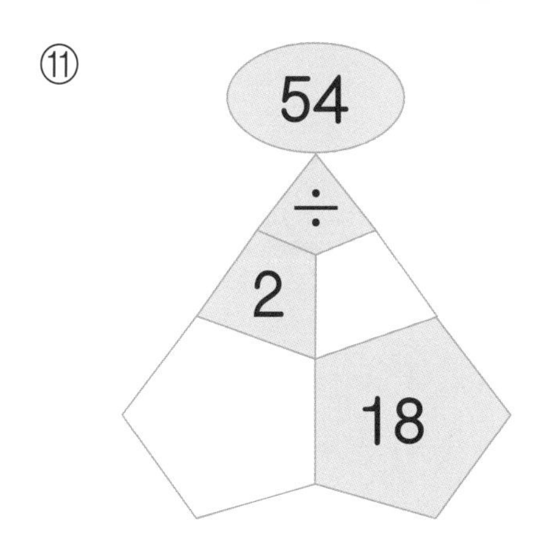

⑫
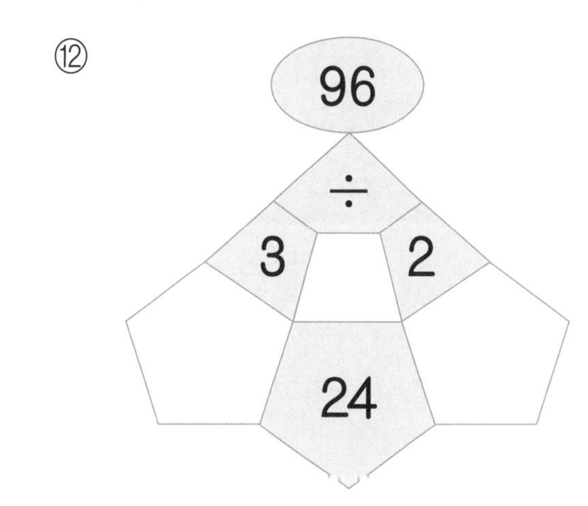

수고하셨어요.

여기까지 '40가지 유형 1037문제'로 사고계산력을 완성했어요.
이제 '두바퀴'를 통해 한 주 동안 자란 나의 문제해결력을 확인해 보세요.

오른쪽에서
★의 값은 무엇일까?

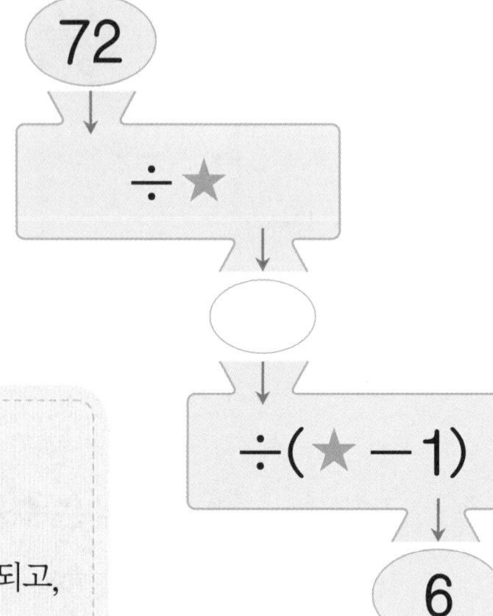

72÷6=☐이니
★×(★－1)=☐가 되고,
4×3=12에서 ★=☐네.

❖ ★의 값을 구하세요.

90
↓
÷★
↓
◯
↓
÷(★＋1)
↓
3

(　　　　　　)

6주 (두 자리 수)÷(한 자리 수) ②

이·번·주·학·습·목·표

(두 자리 수)÷(한 자리 수)의 몫과 나머지를 구하여 문제를 해결할 수 있습니다.

'**8가지 유형 255문제**'와 '**두바퀴**'로 **사고계산력**을 완성할 수 있습니다.

	학습 내용	학습 계획
1일차	(두 자리 수)÷(한 자리 수) ② 알기	2가지 유형 70문제 / 월 일
2일차	(두 자리 수)÷(한 자리 수) ② 기본	2가지 유형 33문제 / 월 일
3일차	(두 자리 수)÷(한 자리 수) ② 발전	2가지 유형 70문제 / 월 일
4일차	(두 자리 수)÷(한 자리 수) ② 추론	2가지 유형 54문제 / 월 일
5일차	(두 자리 수)÷(한 자리 수) ② 종합	28문제 / 월 일

두뇌를 바꾸는 퀴즈

(두 자리 수)÷(한 자리 수) ② 알기 연습

÷7

78	11···1
86	12···2
74	10···4
95	13···4

78÷7=11···1

86÷7=12···2

74÷7=10···4

95÷7=13···4

❖ 빈 곳에 몫과 나머지를 알맞게 써넣으세요.

① ÷5

66	
87	
73	
59	

② ÷6

73	
93	
98	
71	

③ ÷2

71	
99	
37	
55	

④ ÷4

73	
98	
51	
62	

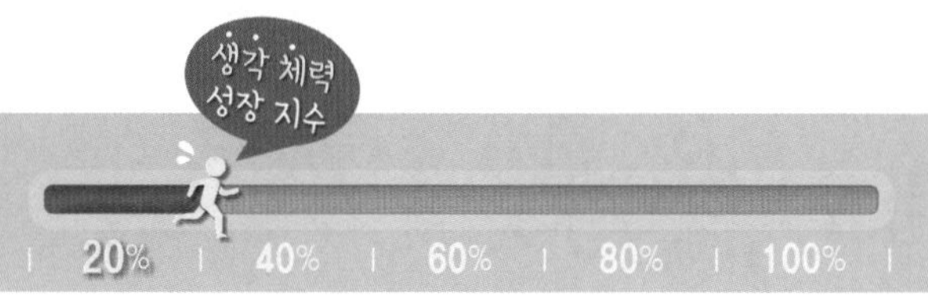

월 일

⑤ ÷3

58	
98	
82	
92	

⑧ ÷7

90	
94	
82	
99	

⑥ ÷8

84	
95	
99	
91	

⑨ ÷4

87	
78	
63	
93	

⑦ ÷5

94	
76	
98	
87	

⑩ ÷6

99	
81	
67	
88	

(몫)과 (나머지)는 (몫) ··· (나머지)로 나타내요.

(두 자리 수)÷(한 자리 수) ② 알기 반복

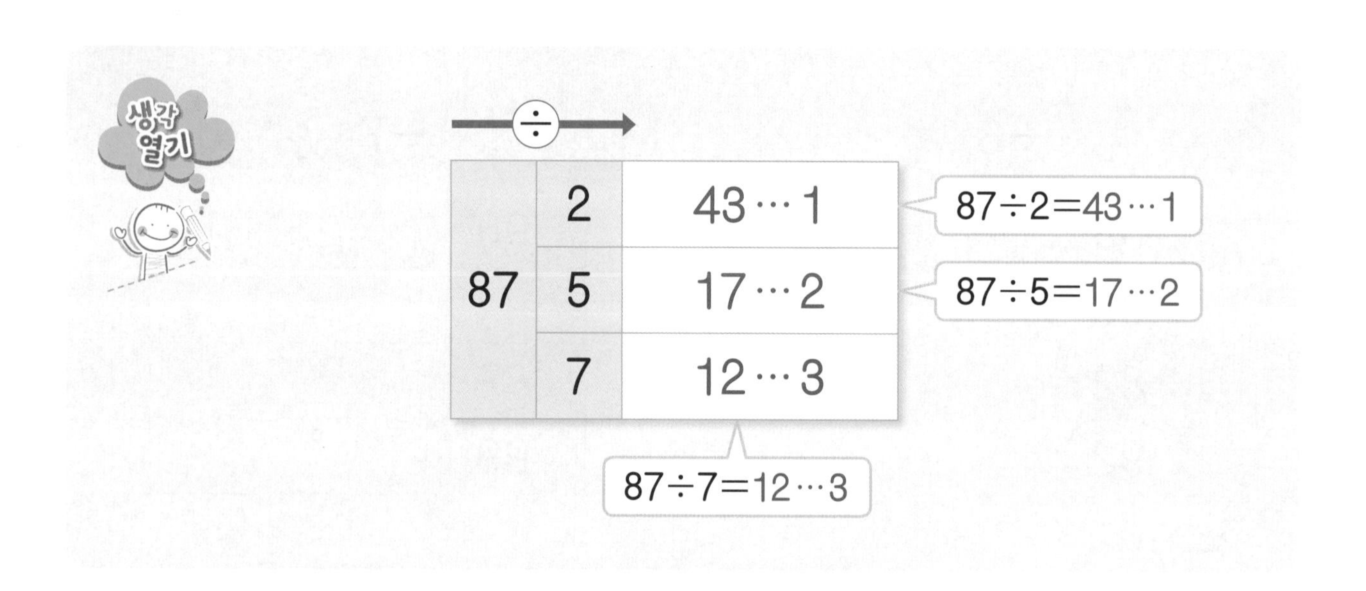

❖ 빈 곳에 몫과 나머지를 알맞게 써넣으세요.

① ÷ →

47	2	
	3	
	4	

② ÷ →

98	8	
	5	
	9	

③ ÷ →

85	3	
	6	
	8	

④ ÷ →

79	7	
	2	
	3	

⑤ ÷ →

86	4	
	8	
	6	

⑥ ÷ →

91	8	
	4	
	5	

⑦ ÷ →

95	6	
	9	
	7	

⑧ ÷ →

91	9	
	2	
	3	

⑨ ÷ →

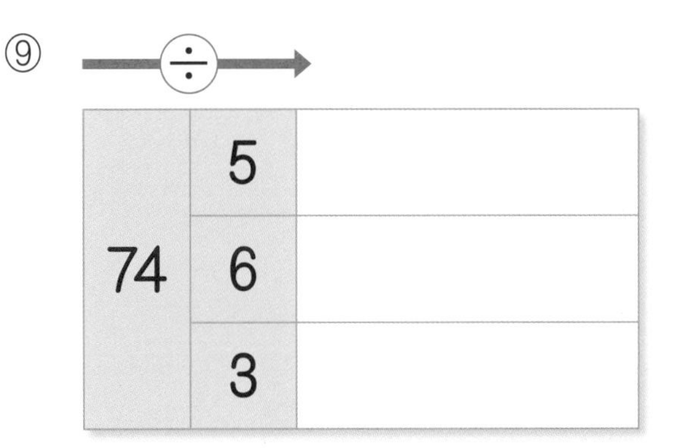

74	5	
	6	
	3	

⑩ ÷ →

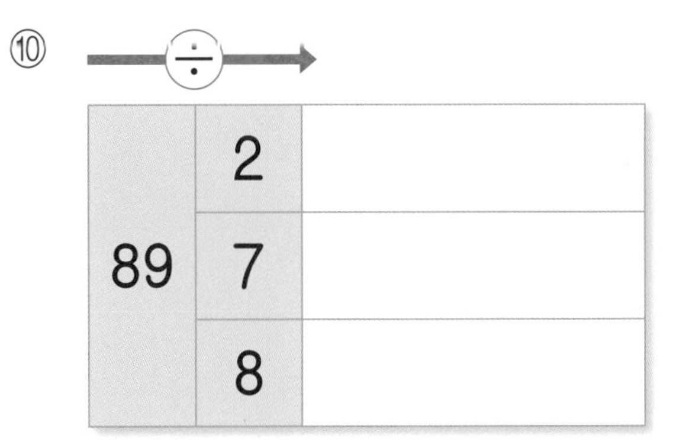

89	2	
	7	
	8	

나머지는 항상 나누는 수보다 작아야 해요.

(두 자리 수)÷(한 자리 수) ② 기본 연습

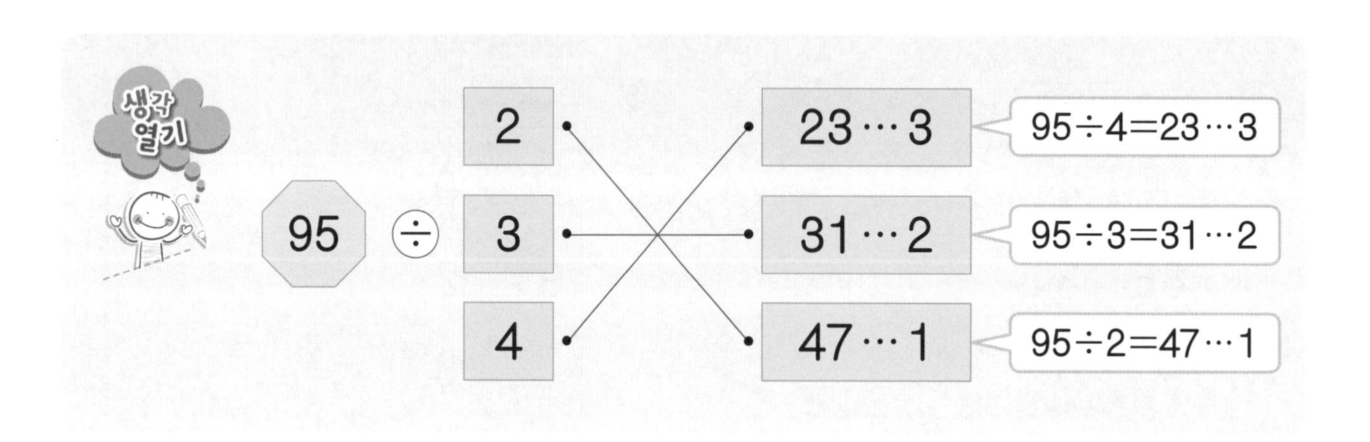

❖ 몫과 나머지를 찾아 선으로 이으세요.

①

47 ÷

2 •	• 23…1
3 •	• 15…2

②

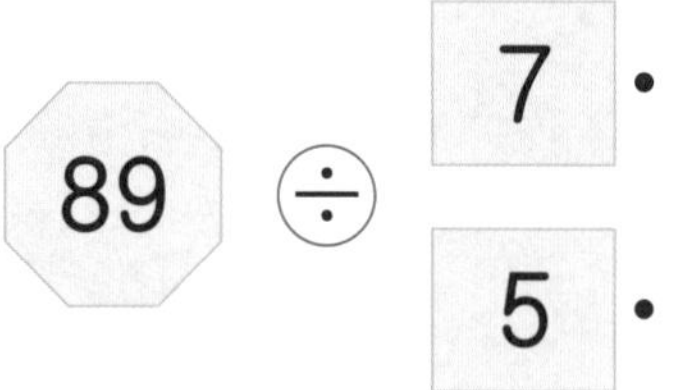

89 ÷

7 •	• 17…4
5 •	• 12…5

③

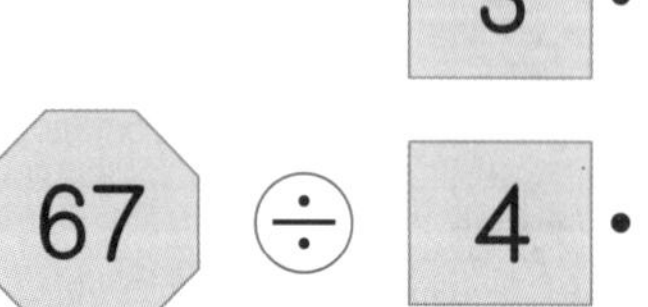

67 ÷

3 •	• 13…2
4 •	• 16…3
5 •	• 22…1

④

			피제수
59 ÷	2		11 ⋯ 4
	5		19 ⋯ 2
	3		29 ⋯ 1

⑤

75 ÷	4		10 ⋯ 5
	6		12 ⋯ 3
	7		18 ⋯ 3

⑥

97 ÷	9		13 ⋯ 6
	8		10 ⋯ 7
	7		12 ⋯ 1

⑦

83 ÷	6		13 ⋯ 5
	8		11 ⋯ 6
	7		10 ⋯ 3

나누어지는 수가 같을 때 나누는 수가 작을수록 몫은 커져요.

2 일차

(두 자리 수)÷(한 자리 수) ② 기본 반복

생각 열기

94 → ÷2 → 47 → ÷3 → 15 ··· 2

47÷3=15···2

❖ 빈 곳에 몫과 나머지를 알맞게 써넣으세요.

① 99 → ÷3 → ☐ → ÷2 → ☐

② 80 → ÷2 → ☐ → ÷3 → ☐

③ 98 → ÷2 → ☐ → ÷4 → ☐

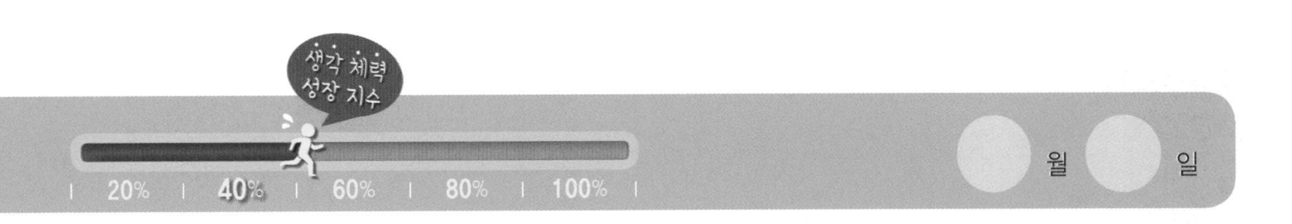

④

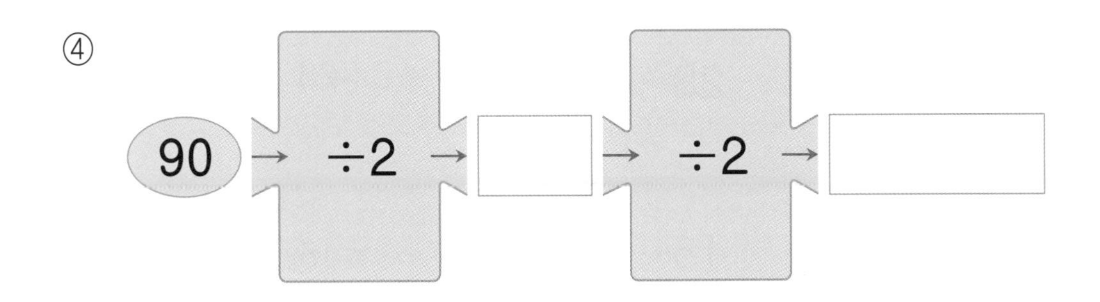

⑤

88 → ÷2 → □ → ÷3 → □

⑥

75 → ÷3 → □ → ÷2 → □

⑦

92 → ÷4 → □ → ÷2 → □

나누어지는 두 수의 십의 자리 수가 나누는 수보다 크면 몫은 두 자리 수가 돼요.

3일차 (두 자리 수)÷(한 자리 수) ② 발전 연습

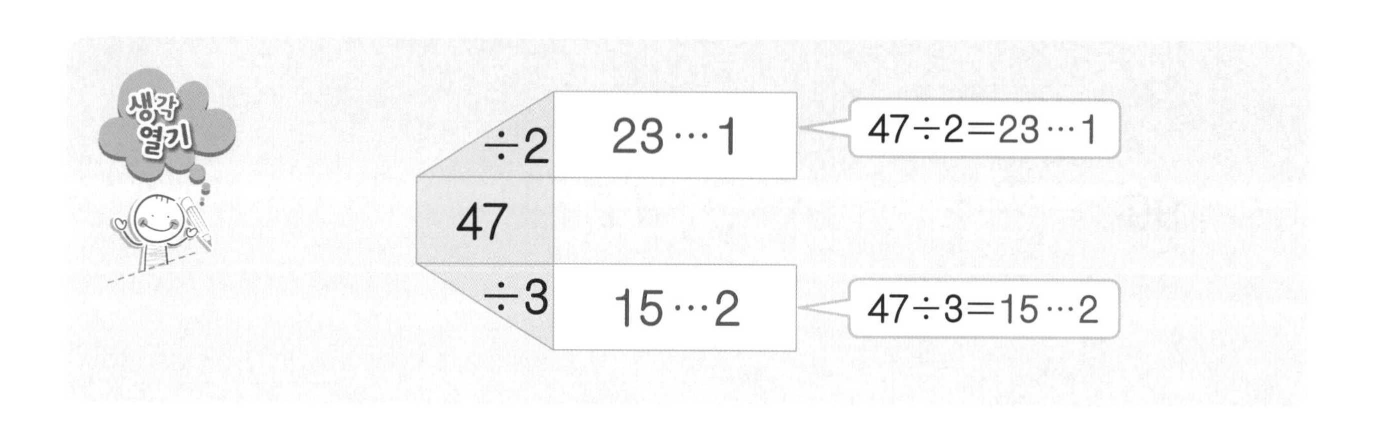

❖ 빈 곳에 몫과 나머지를 알맞게 써넣으세요.

①
÷2
43
÷3

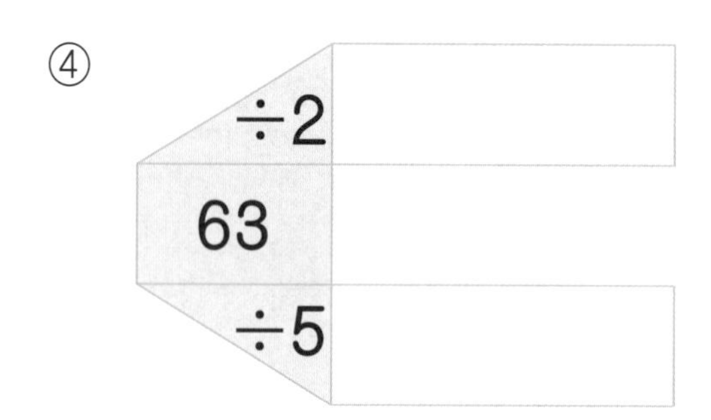

②
÷3
53
÷4

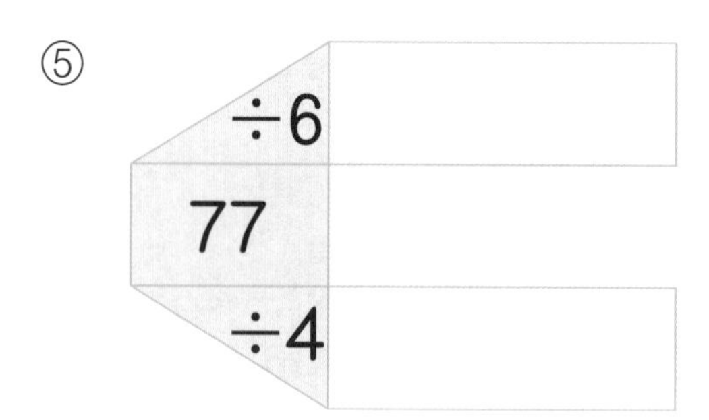

③
÷4
58
÷3

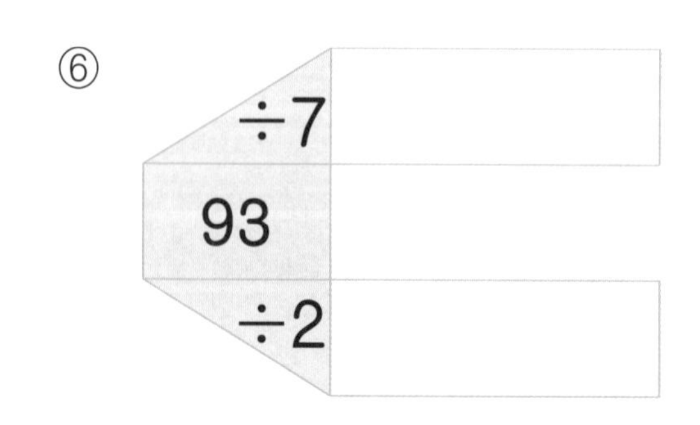

월 일

⑦

÷5	
86	
÷8	

⑧

÷4	
57	
÷5	

⑨

÷3	
67	
÷4	

⑩

÷6	
79	
÷5	

⑪

÷8	
91	
÷9	

⑫

÷7	
95	
÷6	

⑬

÷6	
71	
÷3	

⑭

÷8	
92	
÷7	

십의 자리에서 남은 수를 일의 자리로 내리세요.

3 일차 (두 자리 수)÷(한 자리 수) ② 발전 반복

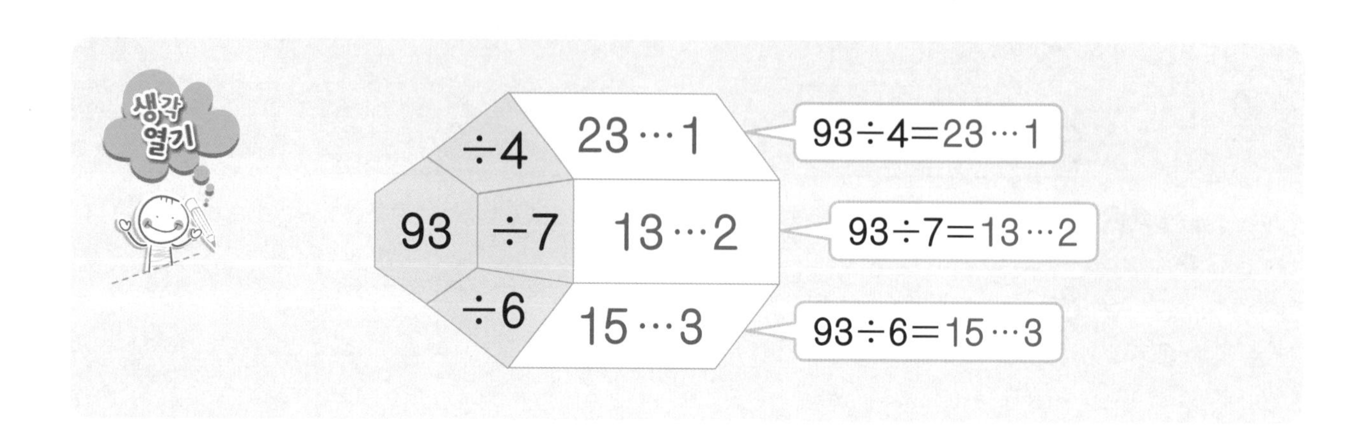

❖ 빈 곳에 몫과 나머지를 알맞게 써넣으세요.

①

41 ÷2 ÷3 ÷4

②

59 ÷2 ÷5 ÷4

③

80 ÷7 ÷6 ÷3

④

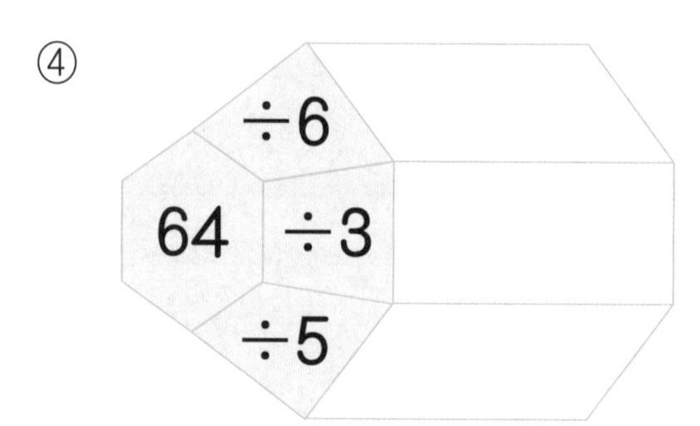

⑤

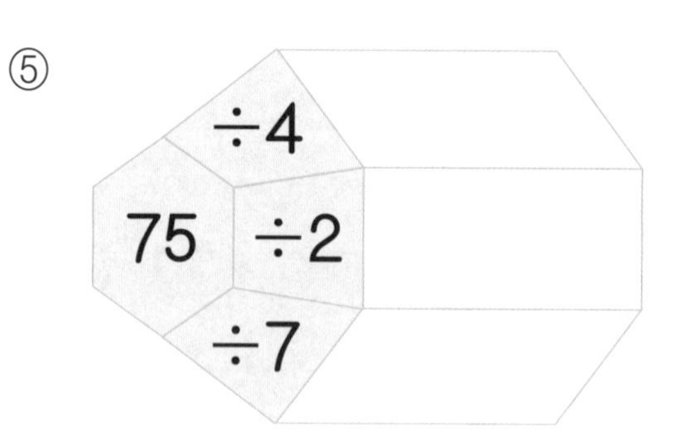

⑥

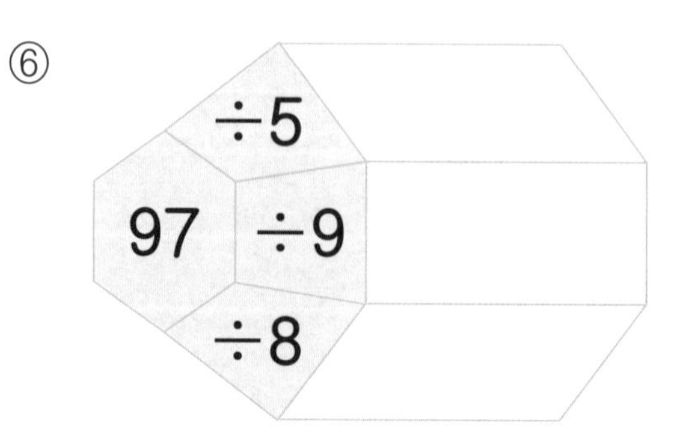

⑦
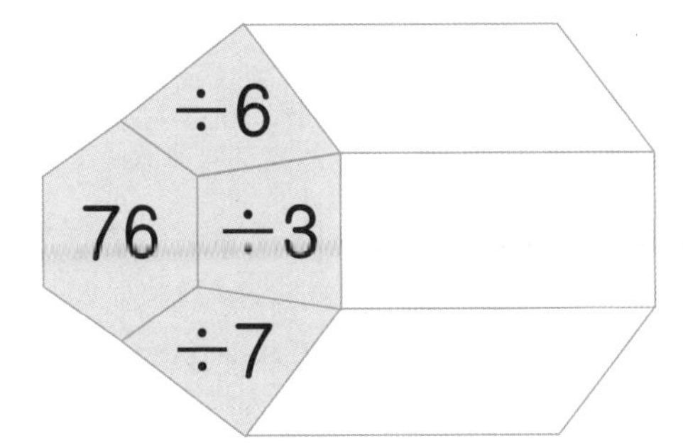

⑧
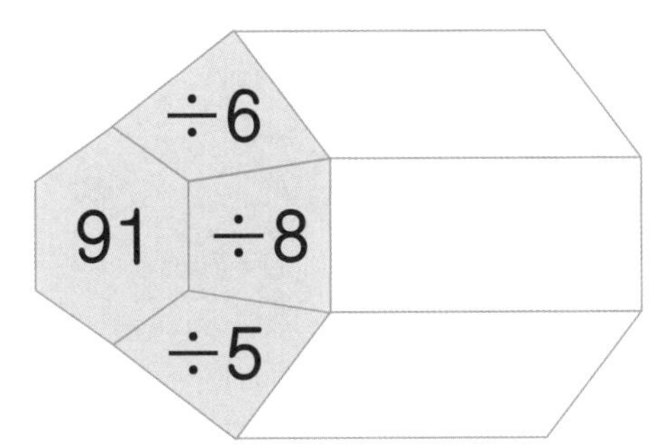

⑨
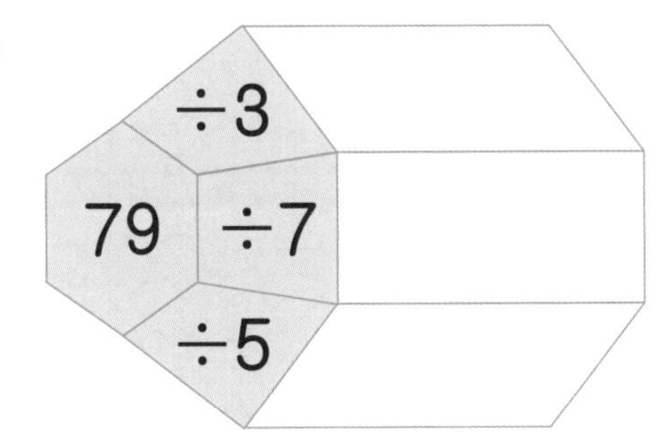

⑩

÷3

80 ÷7

÷6

⑪
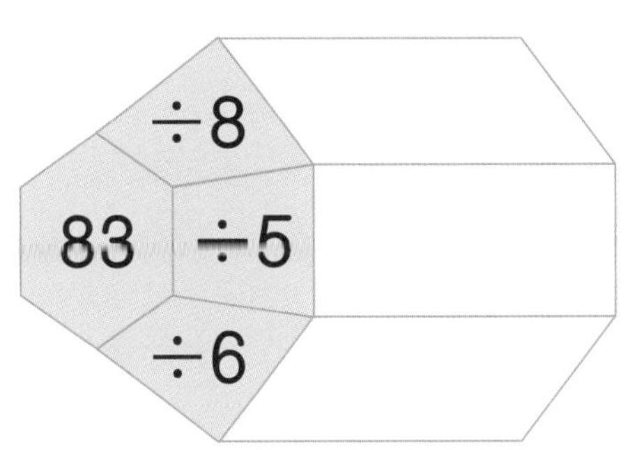

⑫
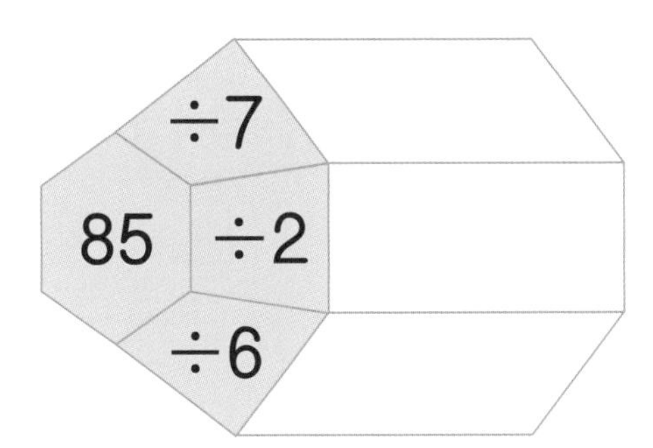

⑬
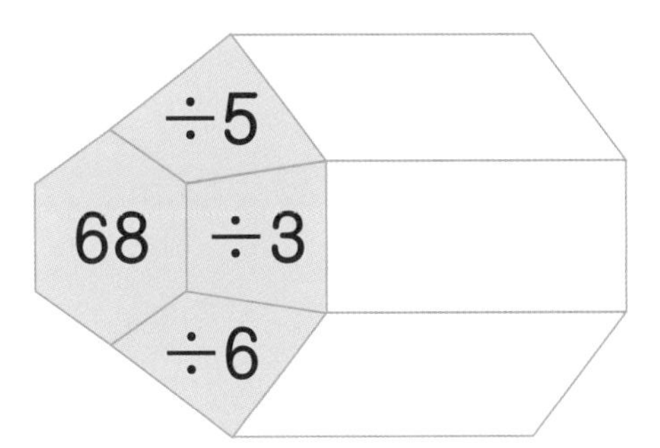

⑭
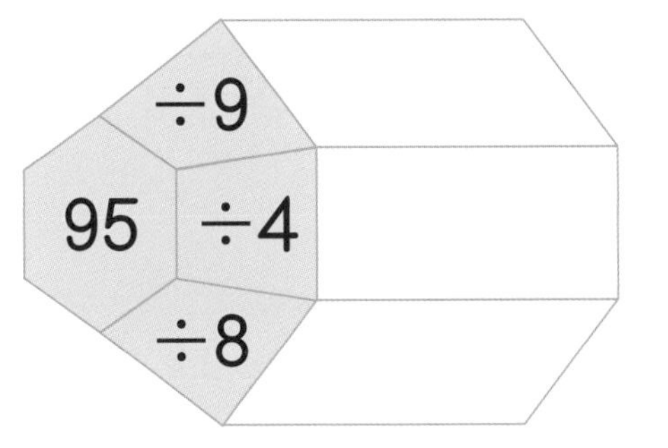

나머지가 있는 경우 몫과 나누는 수의 곱은 항상 나누어지는 수보다 작아야 해요.

4 일차

(두 자리 수)÷(한 자리 수) ② 추론 연습

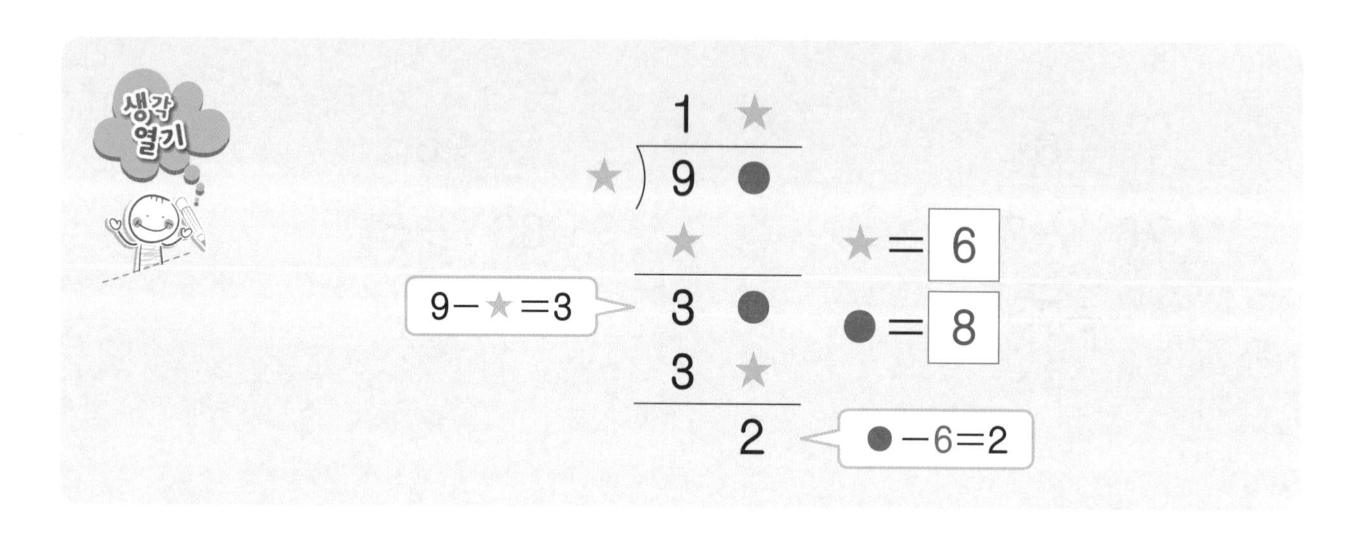

❖ 같은 모양은 같은 숫자를 나타낼 때, 각 모양이 나타내는 숫자를 구하세요.

①

```
    1 ●
4 ) 6 ●
    4
    2 ●
    2 4
      2
```

●＝□

②

```
    1 2
⊙ ) 8 ⊙
    ⊙
    1 ⊙
    1 4
      3
```

⊙＝□

③

```
    1 ★
★ ) 5 9
    ★
    1 9
    1 6
      3
```

★＝□

④

```
    1 ■
5 ) 7 ■
    5
    2 ■
    2 0
      ■
```

■＝□

⑤

```
    ● 6
3 ) 8 0
    6
    ● 0
    1 8
      ●
```

● = □

⑧

```
    ★ 7
3 ) 8 ★
    6
    ★ ★
    ★ 1
      1
```

★ = □

⑥

```
    ⊙ 7
2 ) 9 ◆
    8
    1 ◆
    1 ⊙
      1
```

⊙ = □

◆ = □

⑨

```
    2 ◈
◈ ) 7 ■
    6
    ■ ■
      9
      2
```

◈ = □

■ = □

⑦

```
    ♥ 2
★ ) ★ 9
    ★
      9
      8
      ♥
```

♥ = □

★ = □

⑩

```
    ▲ 1
▲ ) 9 ●
    9
      ●
      ▲
      2
```

▲ = □

● = □

알 수 있는 것부터 먼저 알아봐요.

(두 자리 수)÷(한 자리 수) ② 추론 반복

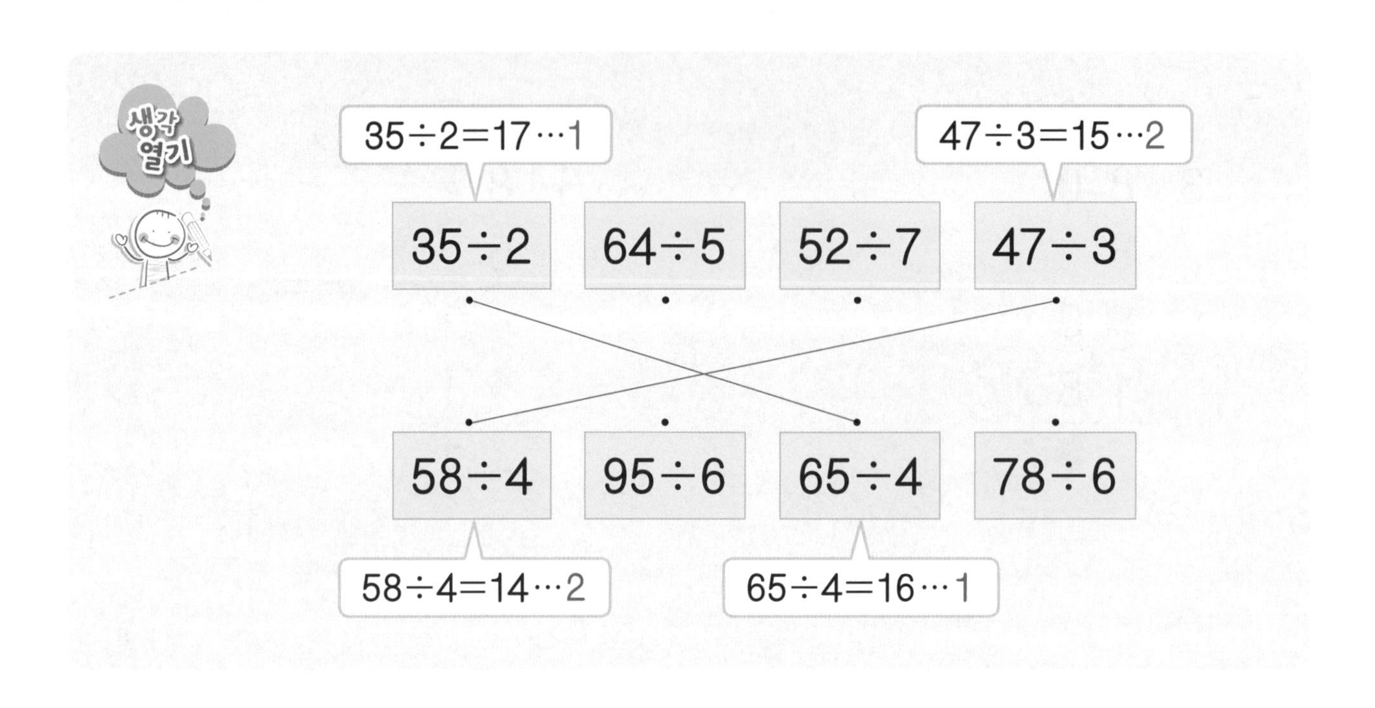

❖ 나머지가 같은 식끼리 선으로 이으세요.

①

61÷4	97÷5	79÷4	82÷7
75÷6	64÷5	94÷8	68÷6

②

94÷7	73÷6	89÷6	86÷8
98÷8	95÷9	81÷7	51÷4

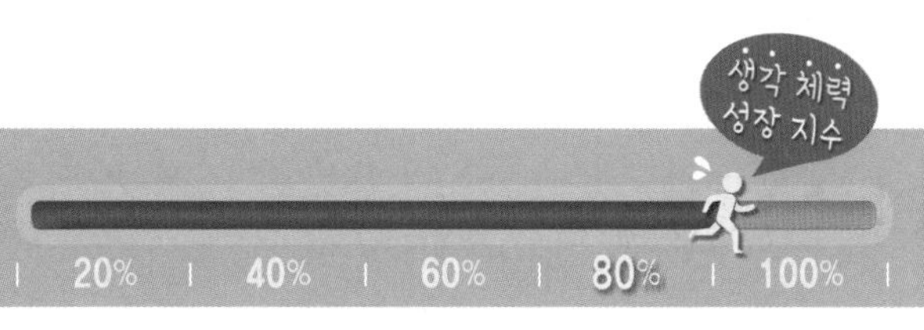

월 일

③

83÷6	92÷8	90÷9	94÷8
73÷6	89÷7	97÷9	95÷7

④

90÷5	53÷3	94÷7	35÷2
74÷4	77÷6	97÷8	88÷7

⑤

80÷7	76÷4	66÷8	95÷9
82÷7	94÷5	79÷4	92÷6

나머지는 (나누는 수－1)보다 작거나 같아요.

5 일차

(두 자리 수)÷(한 자리 수) ② 종합

❖ 빈 곳에 몫과 나머지를 알맞게 써넣으세요.

① ÷5

69	
83	
77	
91	

② ÷

55	3	
	2	
	4	

❖ 몫과 나머지를 찾아 선으로 이으세요.

③ 71 ÷

2 •	• 17 ··· 3
4 •	• 23 ··· 2
3 •	• 35 ··· 1

❖ 빈 곳에 몫과 나머지를 알맞게 써넣으세요.

④

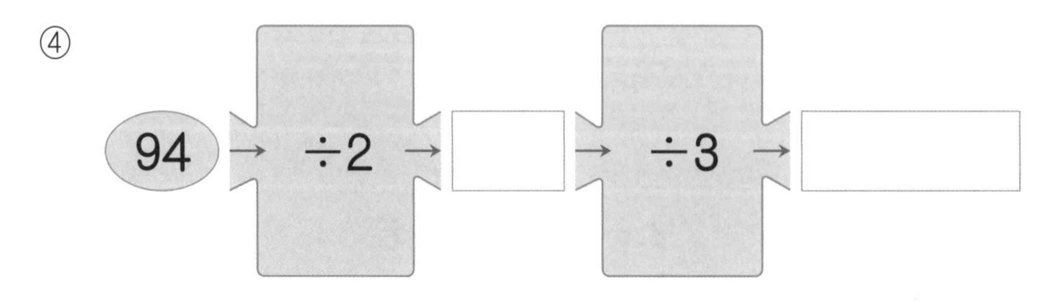

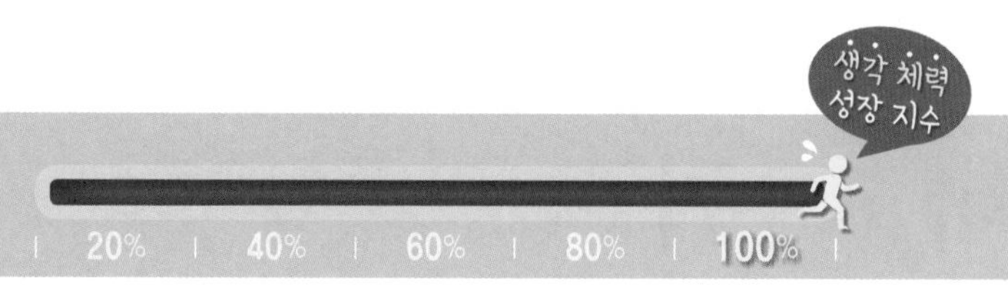

평가	잘함	보통	노력
오답 수	0~1	2~3	4~

⑤

50, ÷3, ÷4

⑥

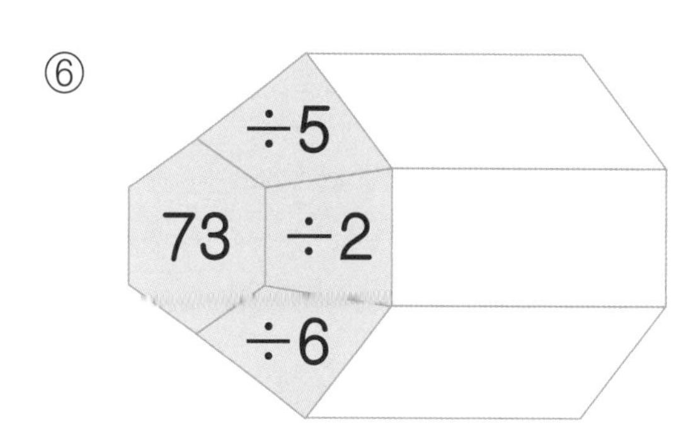

❖ 같은 모양은 같은 숫자를 나타낼 때, 각 모양이 나타내는 숫자를 구하세요.

⑦

```
     1 2
  7 ) 8 ■
      ■
     ───
     1 ■
     1 4
     ───
       3
```

■ = □

⑧

```
     1 ★
  ● ) 9 ●
      ●
     ───
     1 ●
     1 6
     ───
       ★
```

● = □

★ = □

❖ 나머지가 같은 식끼리 선으로 이으세요.

⑨

68÷6	95÷8	82÷6	80÷7
77÷4	62÷9	53÷3	92÷8

수고하셨어요.

여기까지 '48가지 유형 1292문제'로 사고계산력을 완성했어요.
이제 '두바퀴'를 통해 한 주 동안 자란 나의 문제해결력을 확인해 보세요.

다음 식의 **나머지**가 모두 다르고 **합이 10**일 때, 60보다 큰 수 중 가장 작은 ●의 값은 얼마일까?

(● − 2) ÷ 5 = (몫) … (나머지)
(● − 1) ÷ 5 = (몫) … (나머지)
● ÷ 5 = (몫) … (나머지)
(● + 1) ÷ 5 = (몫) … (나머지)

5로 나누었을 때 나올 수 있는 나머지 1, 2, 3, 4의 합이 10이니 60보다 큰 수 중 가장 작은 ● = ☐ 이네.

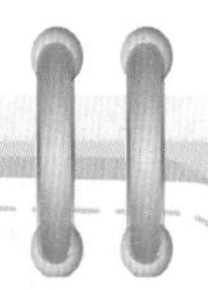

❖ 다음 나눗셈의 나머지가 모두 다르고 나머지의 합이 15일 때, 90보다 큰 수 중 가장 작은 ★의 값을 구하세요.

(★ − 2) ÷ 6 = (몫) … (나머지)
(★ − 1) ÷ 6 = (몫) … (나머지)
★ ÷ 6 = (몫) … (나머지)
(★ + 1) ÷ 6 = (몫) … (나머지)
(★ + 2) ÷ 6 = (몫) … (나머지)

( )

❖ 빈 곳에 알맞은 수를 써넣으세요.

①

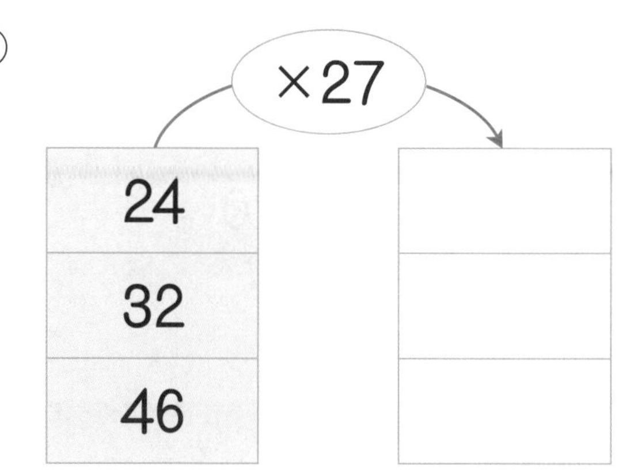

②

③

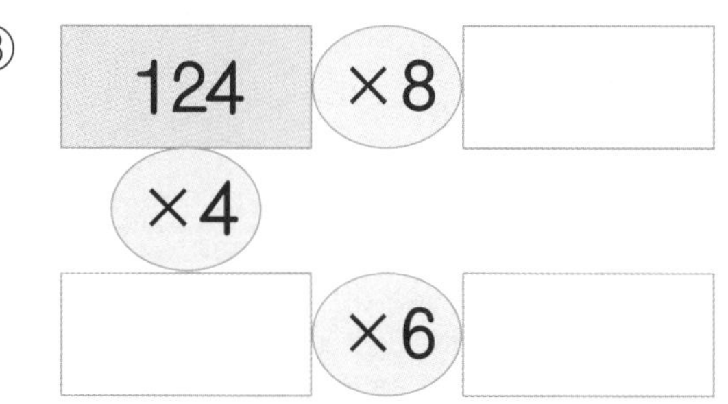

④

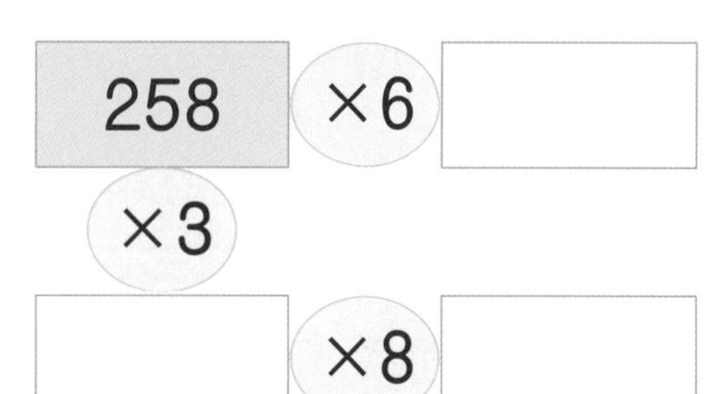

❖ 빈 곳에 두 수의 곱을 써넣으세요.

⑤

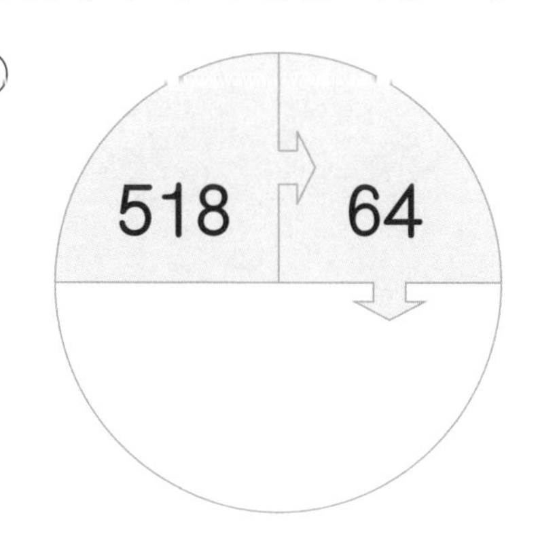

⑥

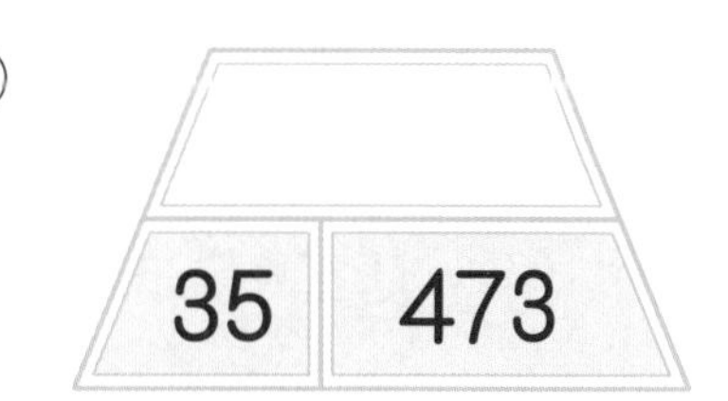

평가	잘함	보통	노력
오답 수	0~2	3~5	6~

❖ 빈 곳에 알맞은 수를 써넣으세요.

⑦
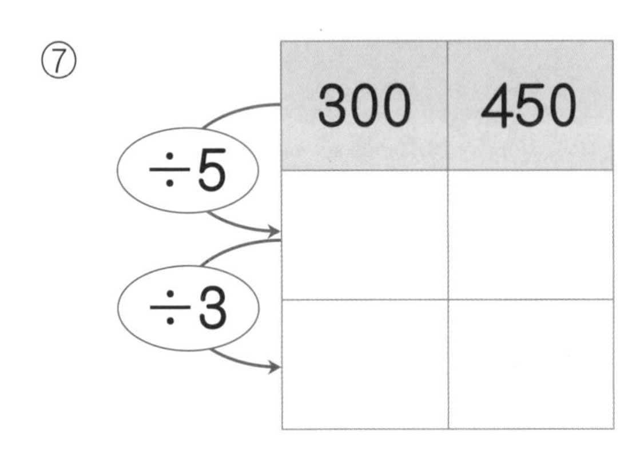

⑧
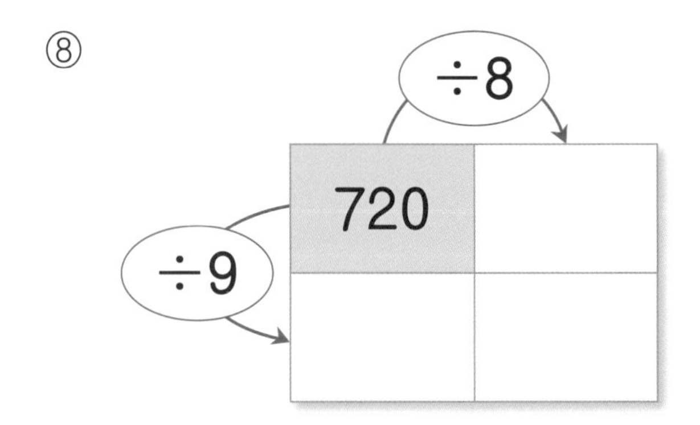

❖ 양쪽의 몫이 같도록 □ 안에 알맞은 수를 써넣으세요.

⑨
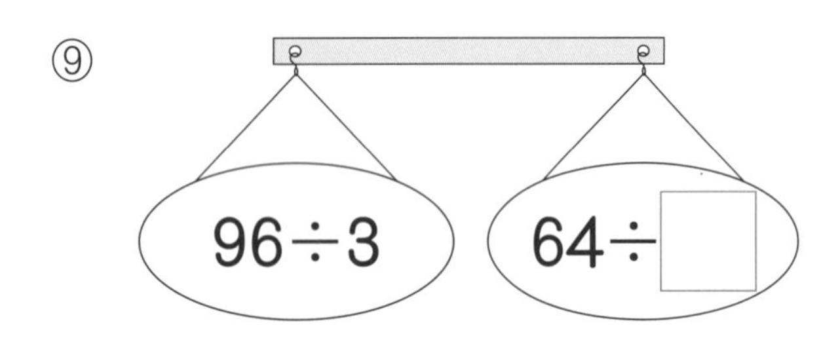

⑩
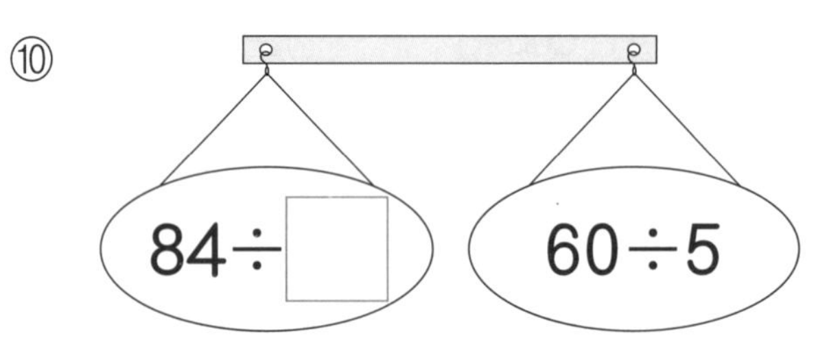

❖ 빈 곳에 몫과 나머지를 알맞게 써넣으세요.

⑪ ÷ →

68	3	
	5	
	7	

⑫
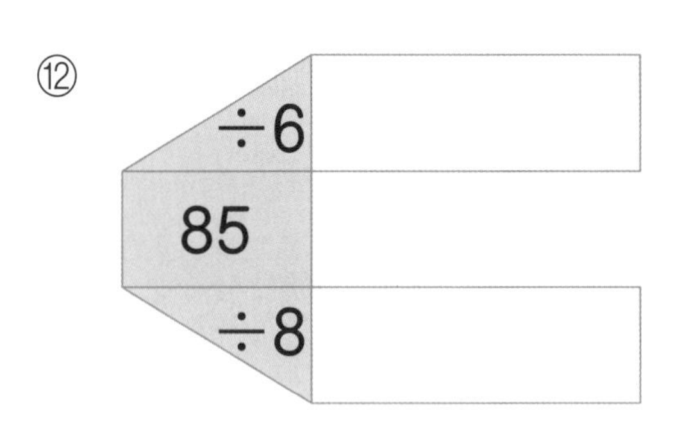

⑬
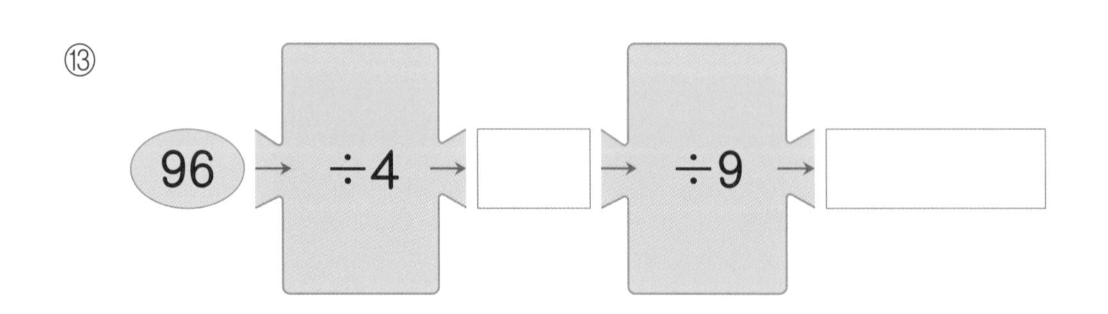

메가 계산력

응용 6권

초등 3학년

메가 계산력

응용 6권

초등 3학년

메가스터디 수학 연산 프로그램

메가 계산력

자연수의 곱셈과 나눗셈

정답

megastudy

메가
계산력

응용 6권
초등 3학년

메가스터디 수학 연산 프로그램

메가 계산력

자연수의 곱셈과 나눗셈

정답

1주 (두 자리 수)×(두 자리 수)

1일차 ---- 8~11쪽

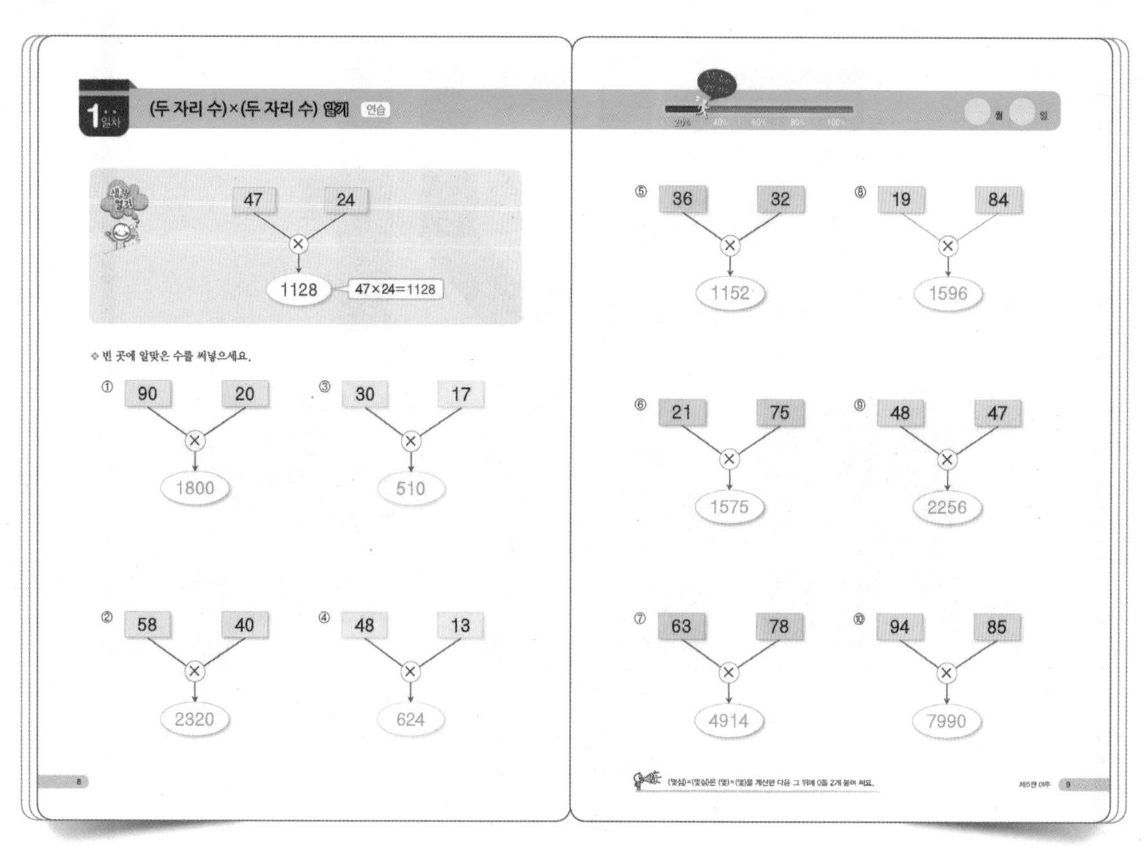

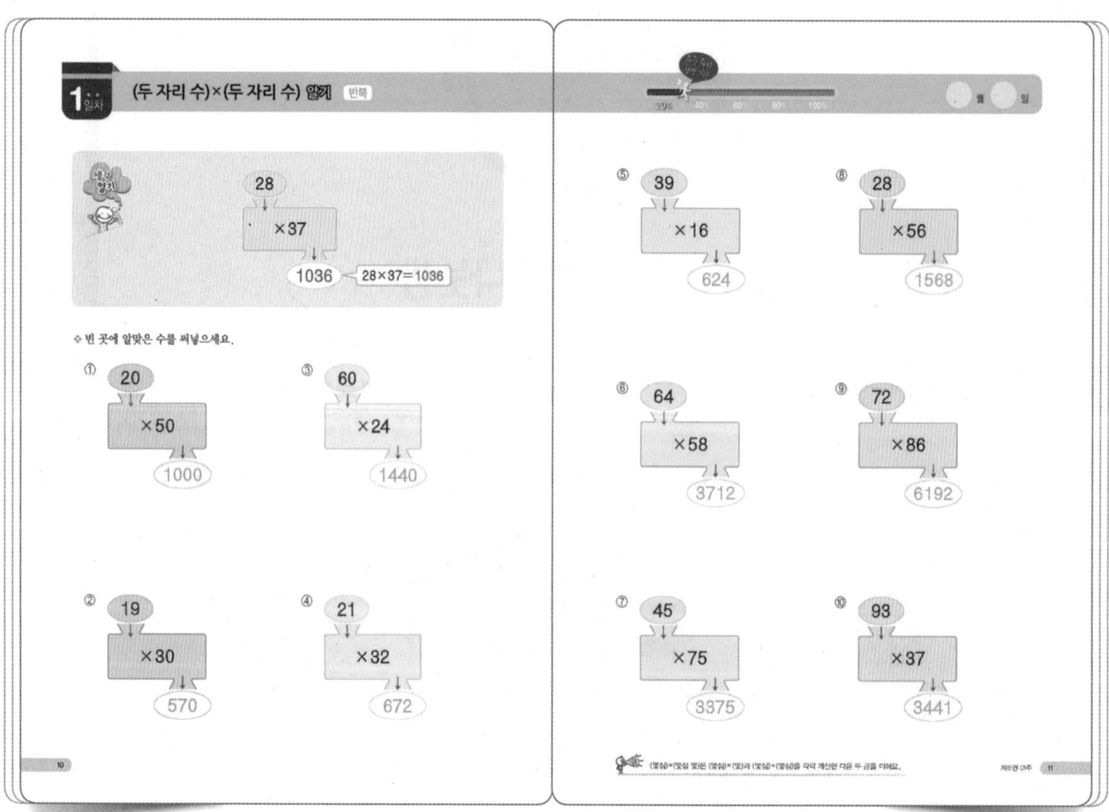

2일차 · 12~15쪽

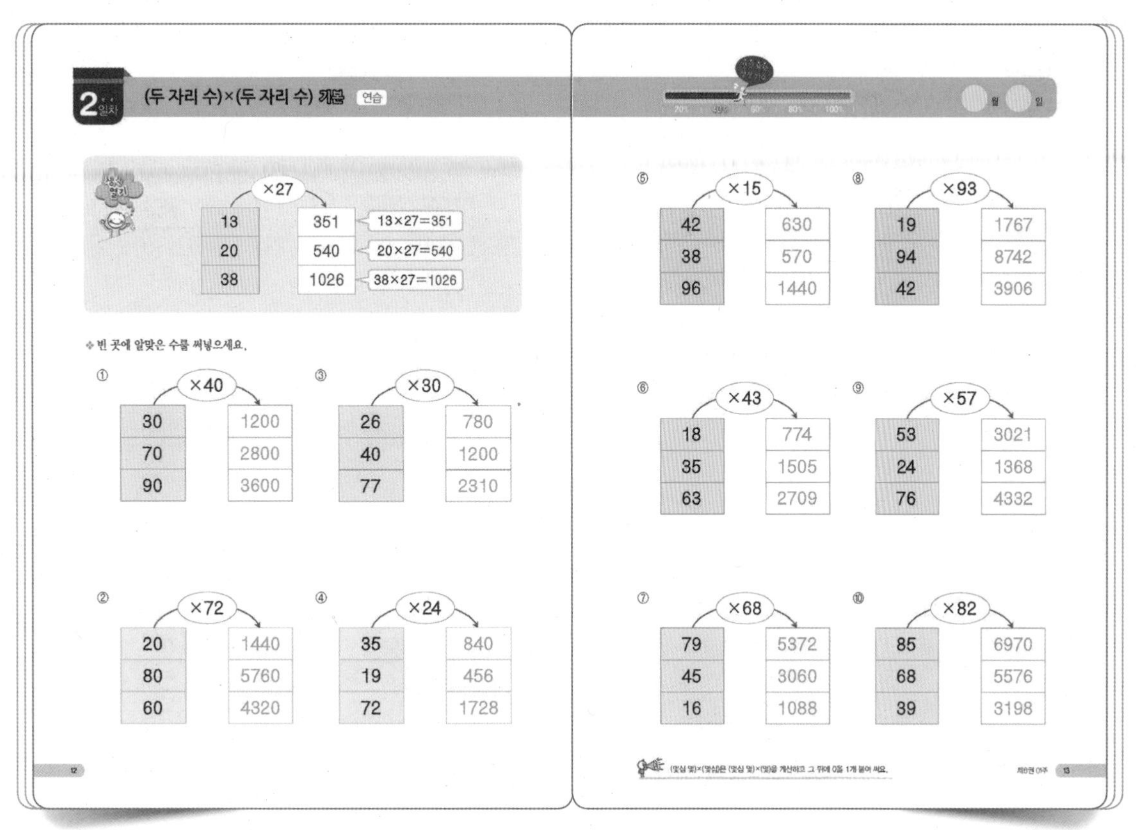
(두 자리 수)×(두 자리 수) 계산 연습
×27
13 20 38
351 540 1026
13×27=351
20×27=540
38×27=1026
빈 곳에 알맞은 수를 써넣으세요.
① ×40 30 70 90 1200 2800 3600
③ ×30 26 40 77 780 1200 2310
② ×72 20 80 60 1440 5760 4320
④ ×24 35 19 72 840 456 1728
⑤ ×15 42 38 96 630 570 1440
⑧ ×93 19 94 42 1767 8742 3906
⑥ ×43 18 35 63 774 1505 2709
⑨ ×57 53 24 76 3021 1368 4332
⑦ ×68 79 45 16 5372 3060 1088
⑩ ×82 85 68 39 6970 5576 3198

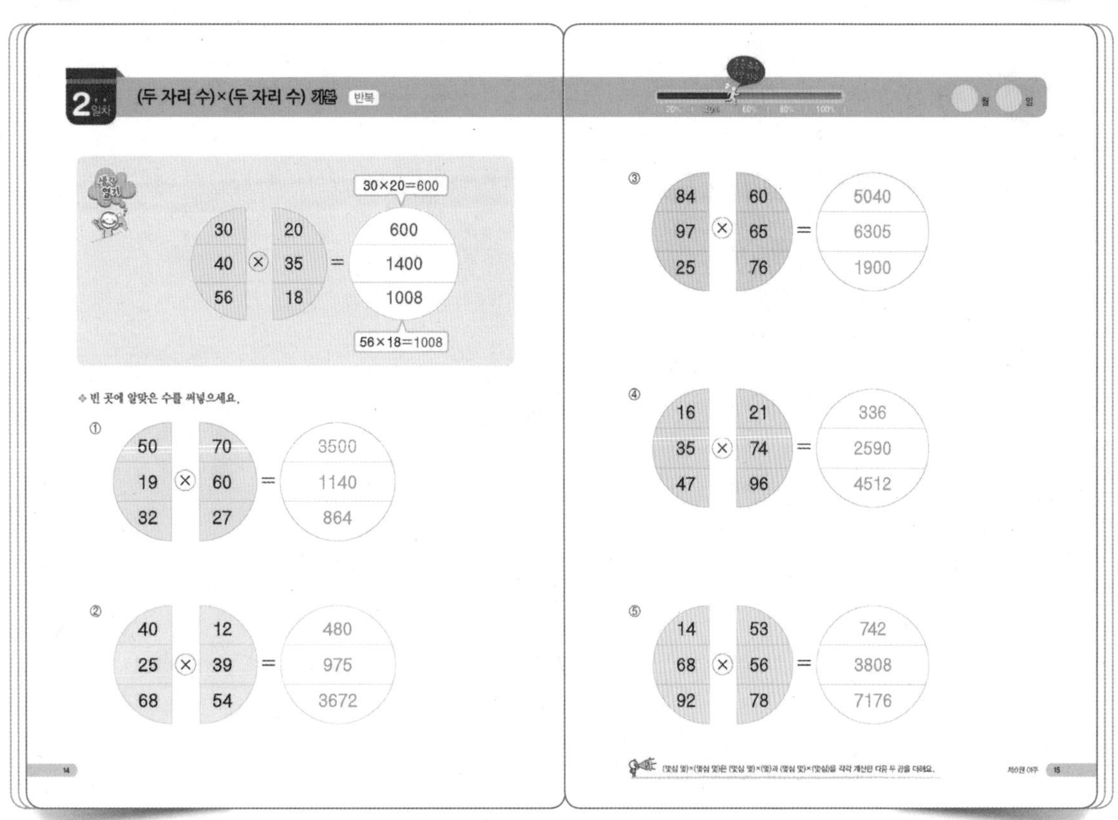
(두 자리 수)×(두 자리 수) 계산 반복
30×20=600
30 40 56 × 20 35 18 = 600 1400 1008
56×18=1008
빈 곳에 알맞은 수를 써넣으세요.
① 50 19 32 × 70 60 27 = 3500 1140 864
② 40 25 68 × 12 39 54 = 480 975 3672
③ 84 97 25 × 60 65 76 = 5040 6305 1900
④ 16 35 47 × 21 74 96 = 336 2590 4512
⑤ 14 68 92 × 53 56 78 = 742 3808 7176

3일차 16~19쪽

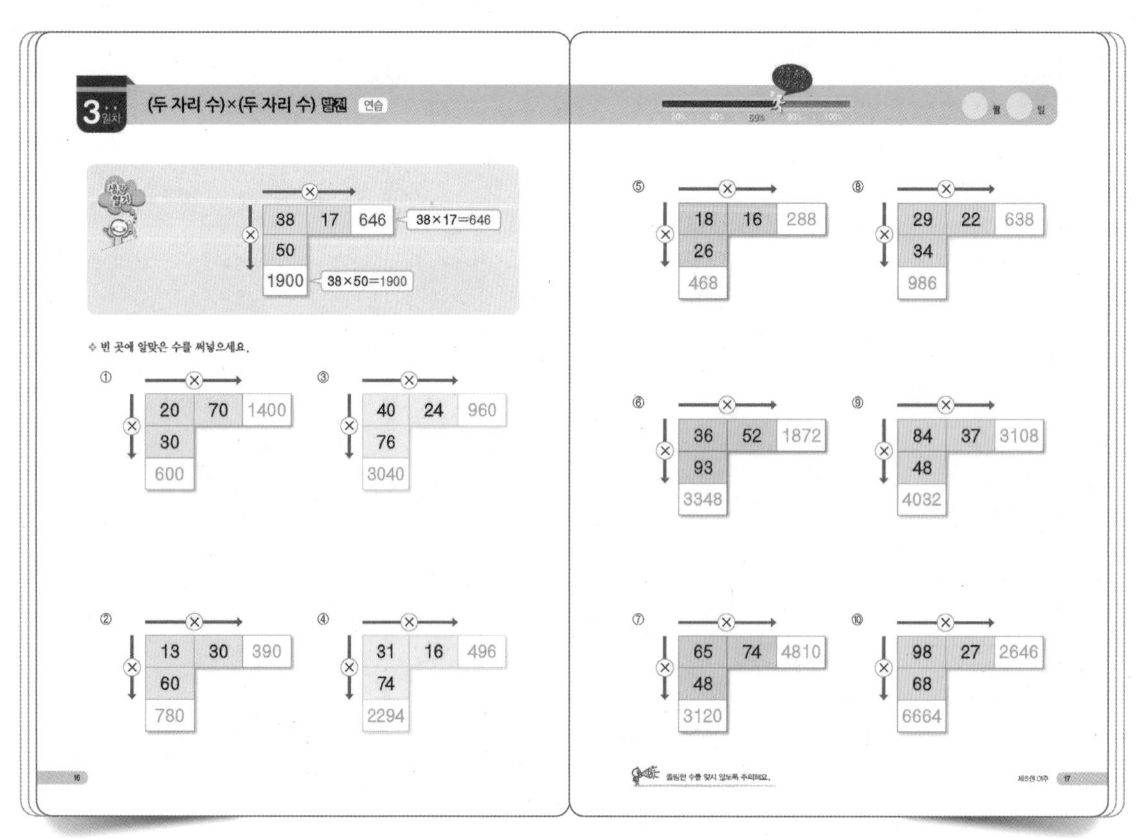
3일차 (두 자리 수)×(두 자리 수) 연습
38×17=646
38×50=1900
빈 곳에 알맞은 수를 써넣으세요.
① 20 70 1400 30 600
③ 40 24 960 76 3040
② 13 30 390 60 780
④ 31 16 496 74 2294
⑤ 18 16 288 26 468
⑧ 29 22 638 34 986
⑥ 36 52 1872 93 3348
⑨ 84 37 3108 48 4032
⑦ 65 74 4810 48 3120
⑩ 98 27 2646 68 6664

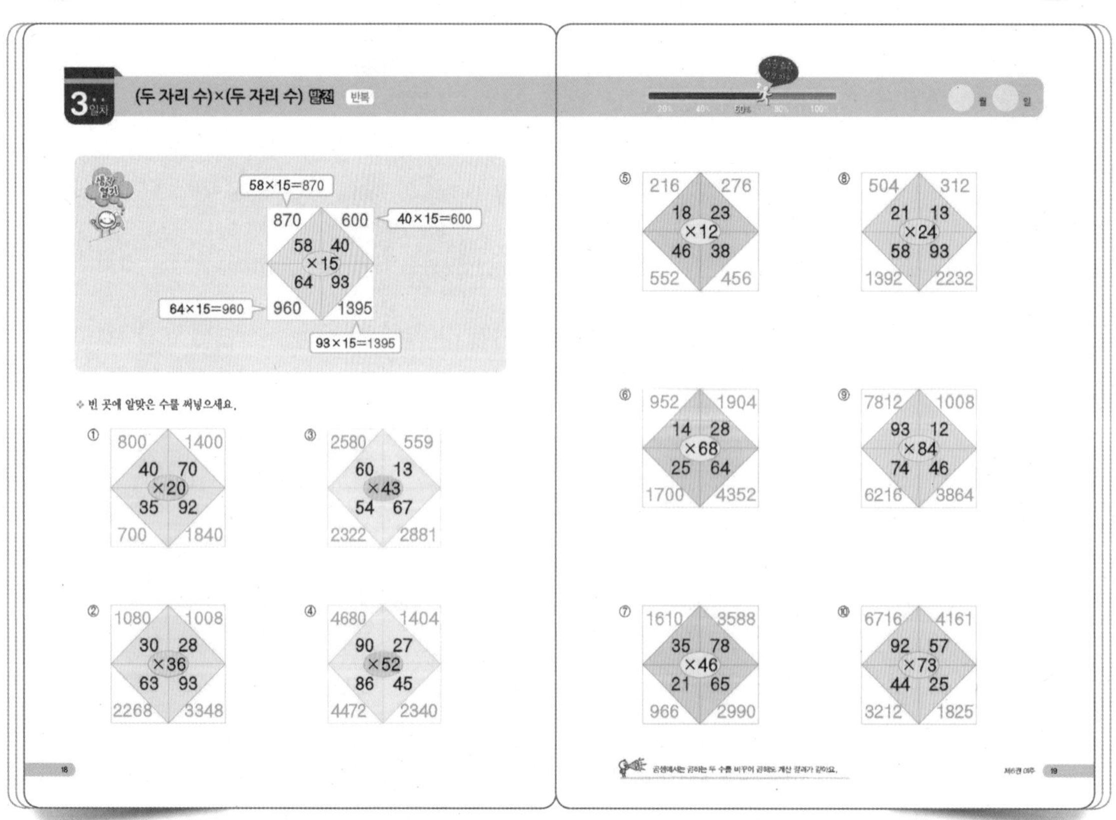
3일차 (두 자리 수)×(두 자리 수) 반복
58×15=870
40×15=600
64×15=960
93×15=1395
빈 곳에 알맞은 수를 써넣으세요.
① 800 1400 40 70 ×20 35 92 700 1840
③ 2580 559 60 13 ×43 54 67 2322 2881
② 1080 1008 30 28 ×36 63 93 2268 3348
④ 4680 1404 90 27 ×52 86 45 4472 2340
⑤ 216 276 18 23 ×12 46 38 552 456
⑧ 504 312 21 13 ×24 58 93 1392 2232
⑥ 952 1904 14 28 ×68 25 64 1700 4352
⑨ 7812 1008 93 12 ×84 74 46 6216 3864
⑦ 1610 3588 35 78 ×46 21 65 966 2990
⑩ 6716 4161 92 57 ×73 44 25 3212 1825

4일차 ---------- 20~23쪽

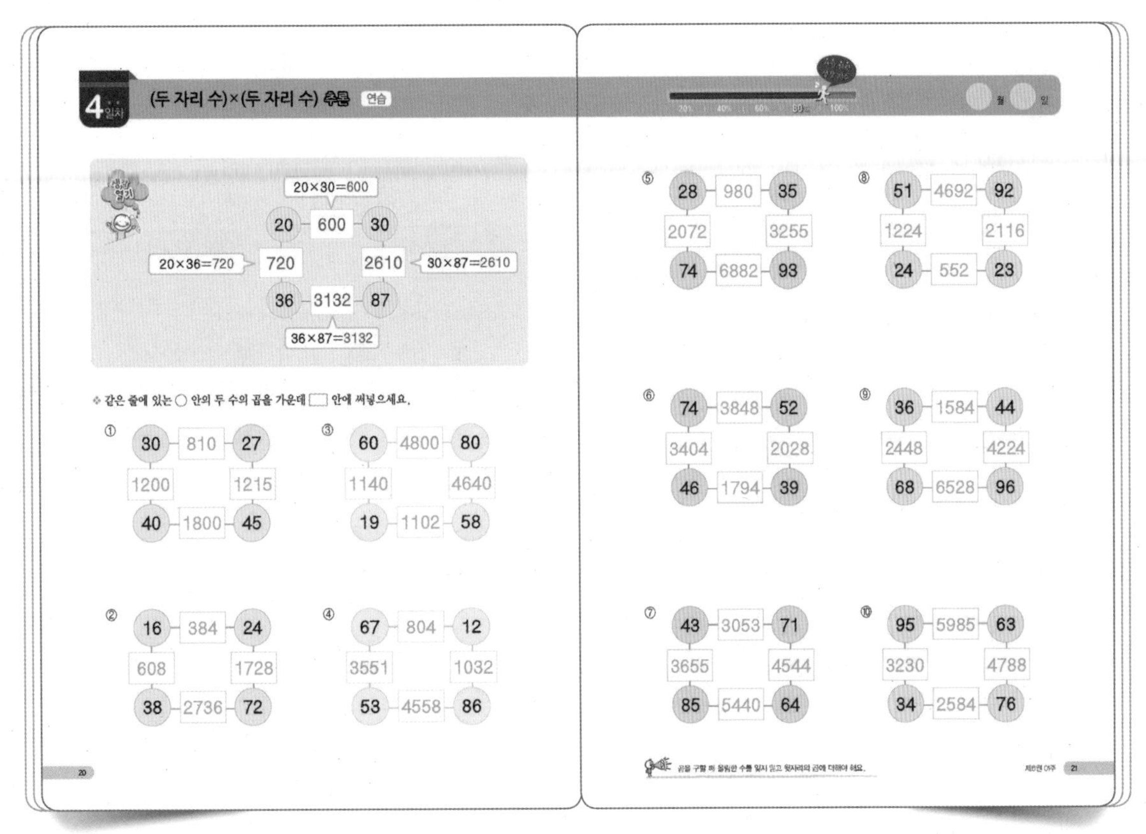
(두 자리 수)×(두 자리 수) 연습
20×30=600
20 600 30
20×36=720 720
2610 30×87=2610
36 3132 87
36×87=3132
※ 같은 줄에 있는 ○ 안의 두 수의 곱을 가운데 □ 안에 써넣으세요.
① 30 810 27 / 1200 1215 / 40 1800 45
② 16 384 24 / 608 1728 / 38 2736 72
③ 60 4800 80 / 1140 4640 / 19 1102 58
④ 67 804 12 / 3551 1032 / 53 4558 86
⑤ 28 980 35 / 2072 3255 / 74 6882 93
⑥ 74 3848 52 / 3404 2028 / 46 1794 39
⑦ 43 3053 71 / 3655 4544 / 85 5440 64
⑧ 51 4692 92 / 1224 2116 / 24 552 23
⑨ 36 1584 44 / 2448 4224 / 68 6528 96
⑩ 95 5985 63 / 3230 4788 / 34 2584 76

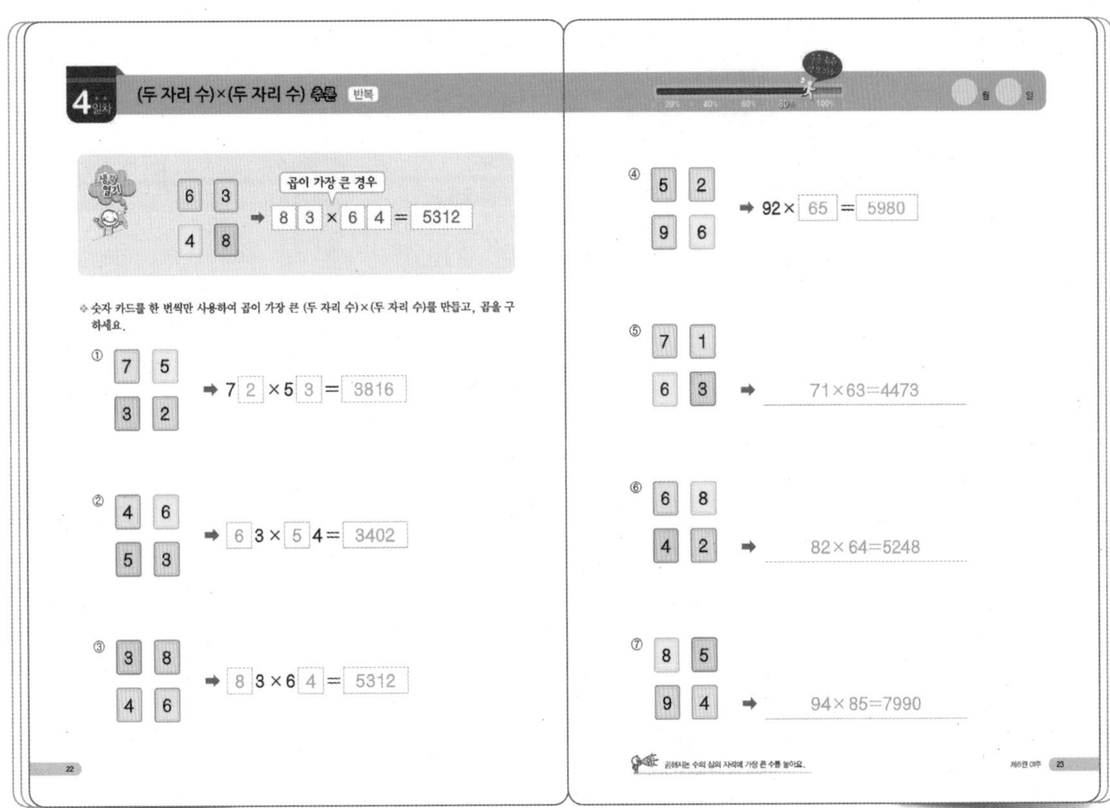
(두 자리 수)×(두 자리 수) 반복
6 3 4 8
곱이 가장 큰 경우
8 3 × 6 4 = 5312
※ 숫자 카드를 한 번씩만 사용하여 곱이 가장 큰 (두 자리 수)×(두 자리 수)를 만들고, 곱을 구하세요.
① 7 5 3 2 ➡ 72×53=3816
② 4 6 5 3 ➡ 63×54=3402
③ 3 8 4 6 ➡ 83×64=5312
④ 5 2 9 6 ➡ 92×65=5980
⑤ 7 1 6 3 ➡ 71×63=4473
⑥ 6 8 4 2 ➡ 82×64=5248
⑦ 8 5 9 4 ➡ 94×85=7990

5일차
24~26쪽

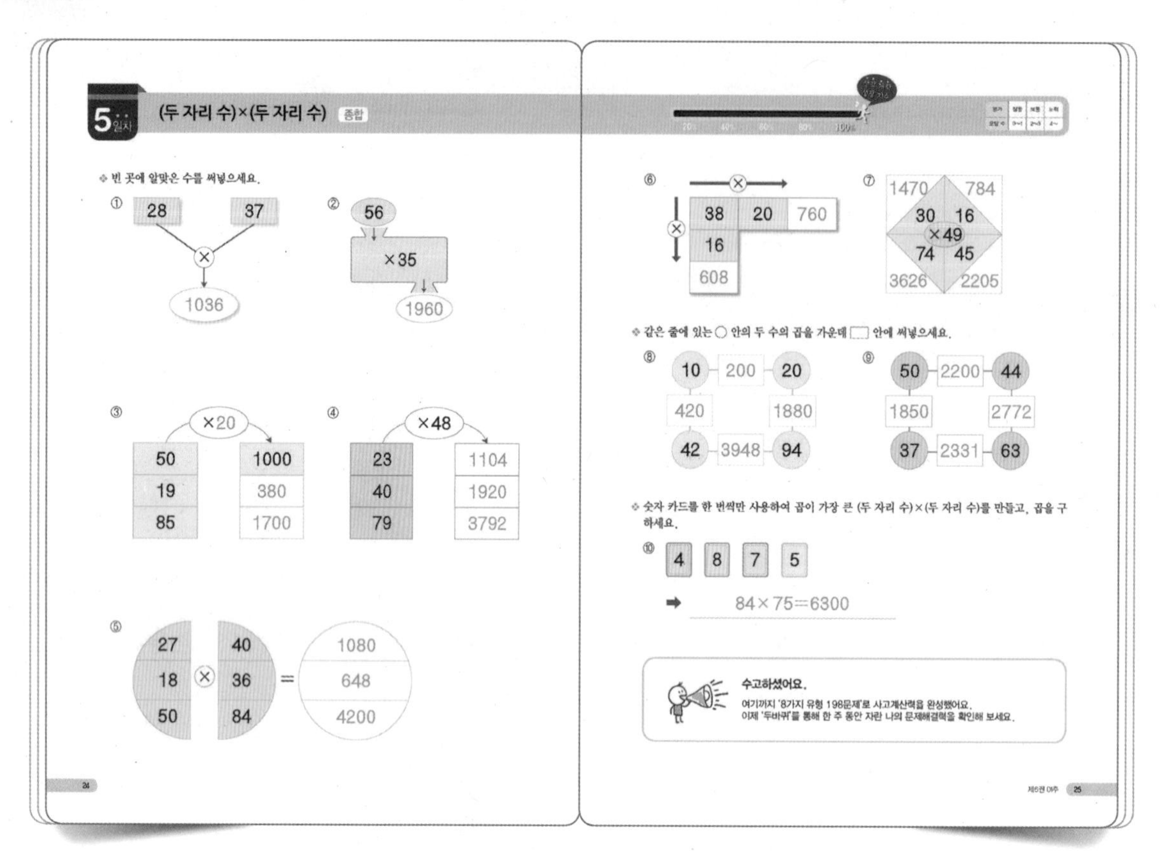
5일차 (두 자리 수)×(두 자리 수) 종합
빈 곳에 알맞은 수를 써넣으세요.
28
37
1036
56
×35
1960
×20
50
19
85
1000
380
1700
×48
23
40
79
1104
1920
3792
27
18
50
40
36
84
1080
648
4200
38
20
760
16
608
1470
784
30
16
×49
74
45
3626
2205
같은 줄에 있는 ○ 안의 두 수의 곱을 가운데 □ 안에 써넣으세요.
10
200
20
420
1880
42
3948
94
50
2200
44
1850
2772
37
2331
63
숫자 카드를 한 번씩만 사용하여 곱이 가장 큰 (두 자리 수)×(두 자리 수)를 만들고, 곱을 구하세요.
4
8
7
5
84×75=6300
수고하셨어요.

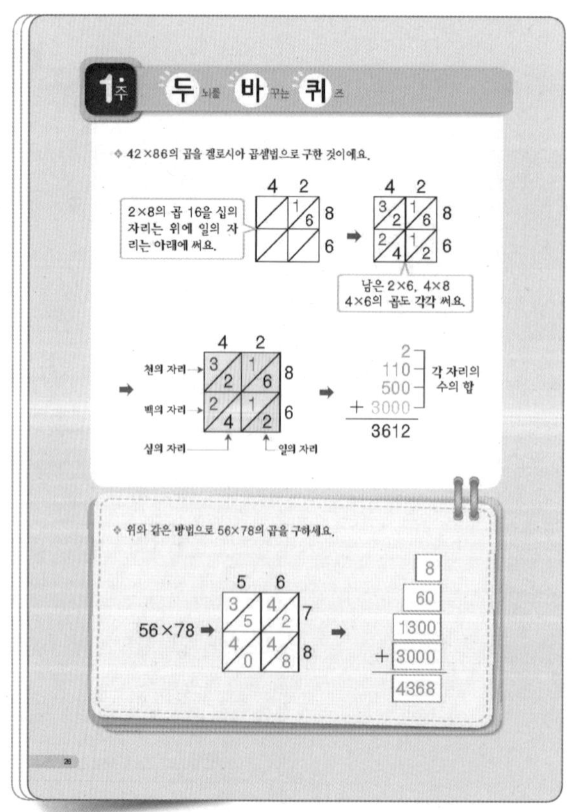
1주 두뇌를 바꾸는 퀴즈
42×86의 곱을 겔로시아 곱셈법으로 구한 것이에요.
2×8의 곱 16을 십의 자리는 위에 일의 자리는 아래에 써요.
남은 2×6, 4×8 4×6의 곱도 각각 써요.
천의 자리
백의 자리
십의 자리
일의 자리
2
110
500
+ 3000
3612
각 자리의 수의 합
위와 같은 방법으로 56×78의 곱을 구하세요.
56×78
8
60
1300
+3000
4368

2주 (세 자리 수)×(한 자리 수)

1일차 28~31쪽

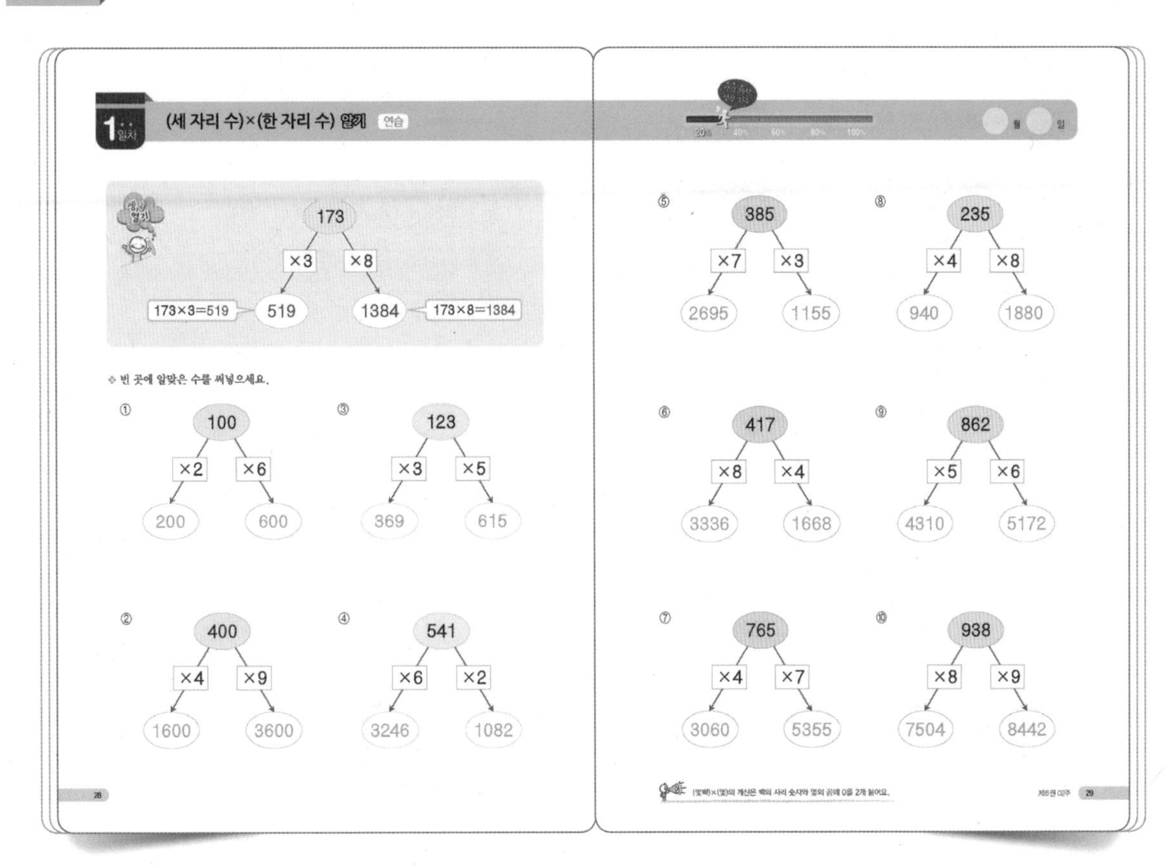

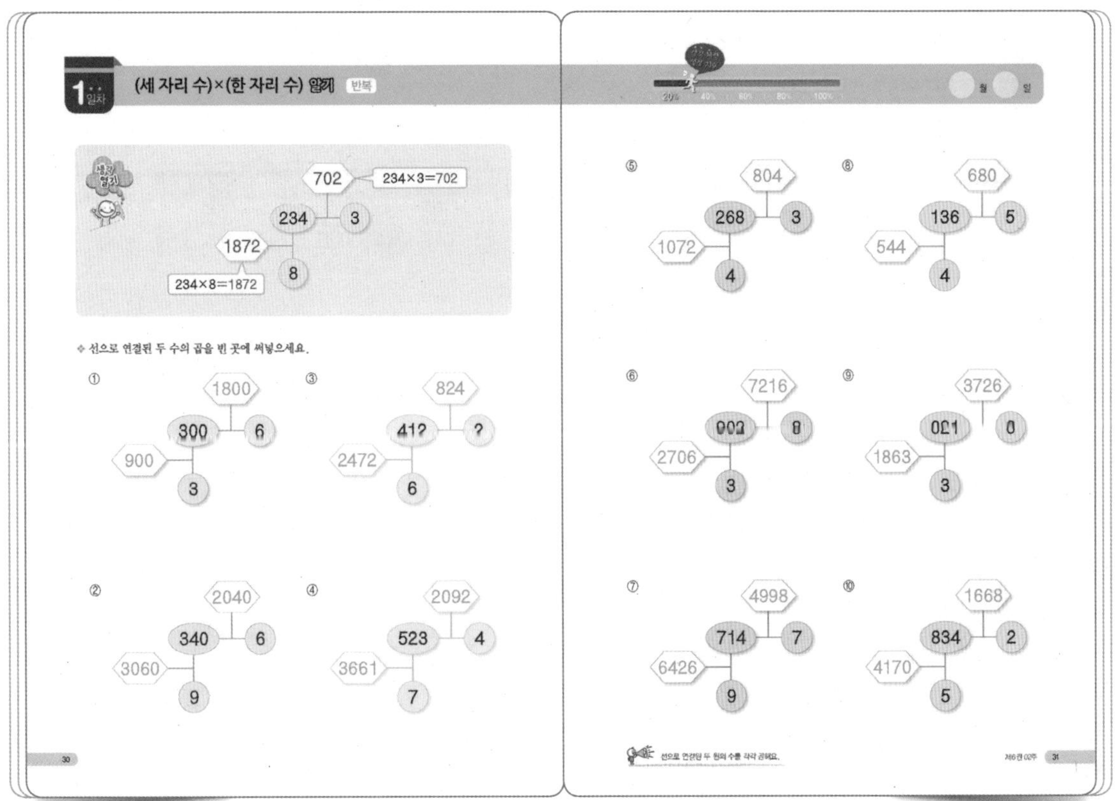

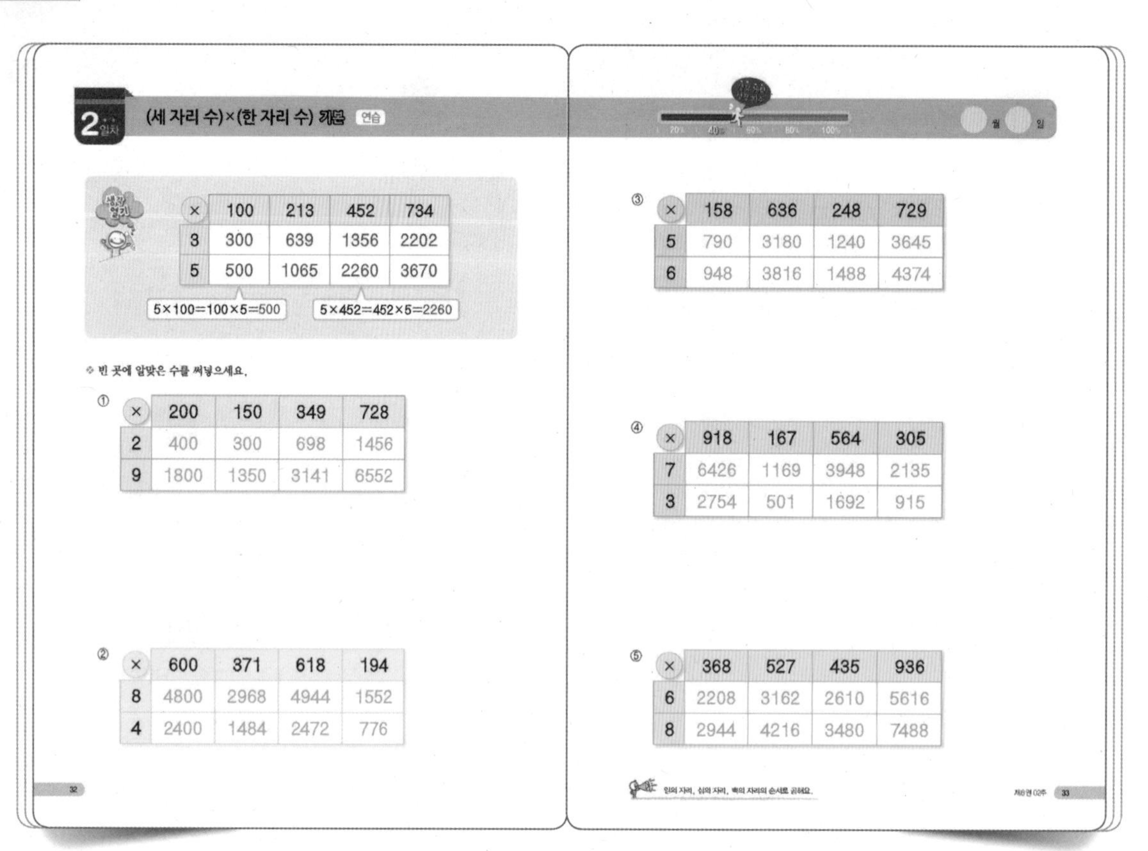

2일차 (세 자리 수)×(한 자리 수) 계산 연습

×	100	213	452	734
3	300	639	1356	2202
5	500	1065	2260	3670

5×100=100×5=500　5×452=452×5=2260

※ 빈 곳에 알맞은 수를 써넣으세요.

①

×	200	150	349	728
2	400	300	698	1456
9	1800	1350	3141	6552

②

×	600	371	618	194
8	4800	2968	4944	1552
4	2400	1484	2472	776

③

×	158	636	248	729
5	790	3180	1240	3645
6	948	3816	1488	4374

④

×	918	167	564	305
7	6426	1169	3948	2135
3	2754	501	1692	915

⑤

×	368	527	435	936
6	2208	3162	2610	5616
8	2944	4216	3480	7488

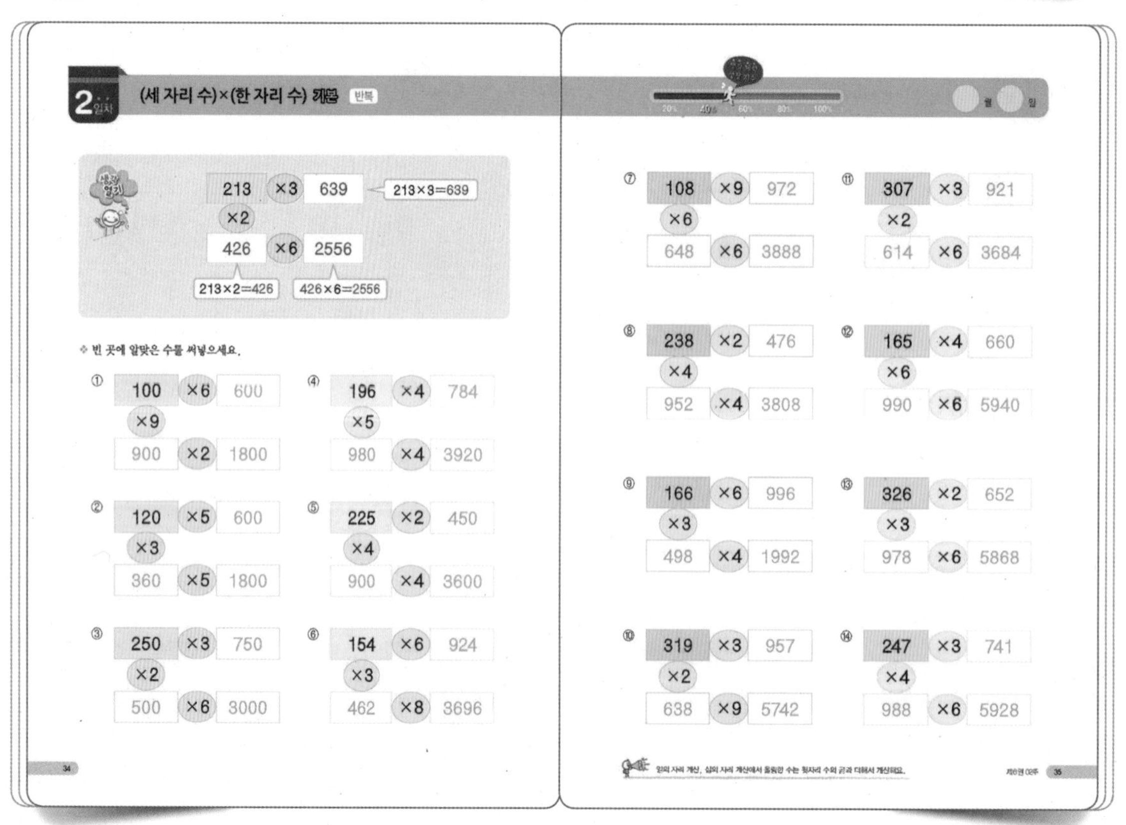

2일차 (세 자리 수)×(한 자리 수) 계산 반복

213 ×3 639 (213×3=639)
×2
426 ×6 2556
213×2=426　426×6=2556

※ 빈 곳에 알맞은 수를 써넣으세요.

① 100 ×6 600 / ×9 / 900 ×2 1800

② 120 ×5 600 / ×3 / 360 ×5 1800

③ 250 ×3 750 / ×2 / 500 ×6 3000

④ 196 ×4 784 / ×5 / 980 ×4 3920

⑤ 225 ×2 450 / ×4 / 900 ×4 3600

⑥ 154 ×6 924 / ×3 / 462 ×8 3696

⑦ 108 ×9 972 / ×6 / 648 ×6 3888

⑧ 238 ×2 476 / ×4 / 952 ×4 3808

⑨ 166 ×6 996 / ×3 / 498 ×4 1992

⑩ 319 ×3 957 / ×2 / 638 ×9 5742

⑪ 307 ×3 921 / ×2 / 614 ×6 3684

⑫ 165 ×4 660 / ×6 / 990 ×6 5940

⑬ 326 ×2 652 / ×3 / 978 ×6 5868

⑭ 247 ×3 741 / ×4 / 988 ×6 5928

3일차 36~39쪽

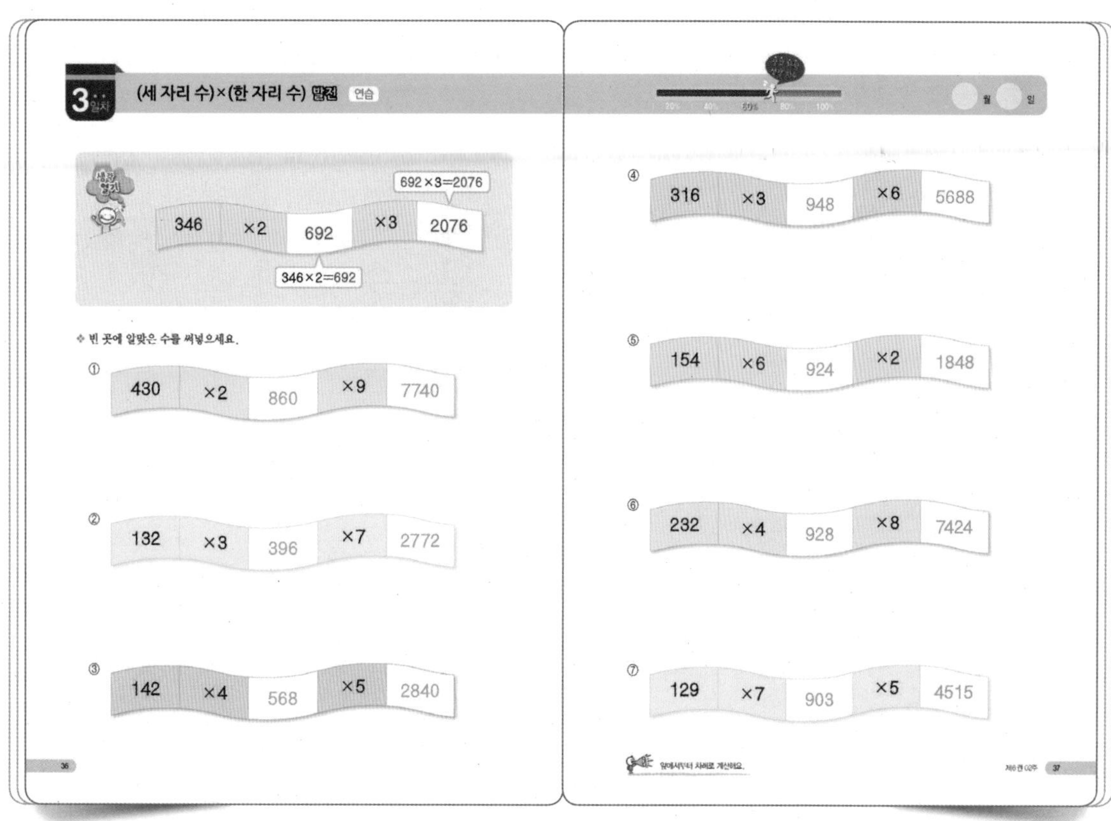

3일차 (세 자리 수)×(한 자리 수) 발전 연습

346 ×2 692 ×3 2076

692×3=2076

346×2=692

◆ 빈 곳에 알맞은 수를 써넣으세요.

① 430 ×2 860 ×9 7740

② 132 ×3 396 ×7 2772

③ 142 ×4 568 ×5 2840

④ 316 ×3 948 ×6 5688

⑤ 154 ×6 924 ×2 1848

⑥ 232 ×4 928 ×8 7424

⑦ 129 ×7 903 ×5 4515

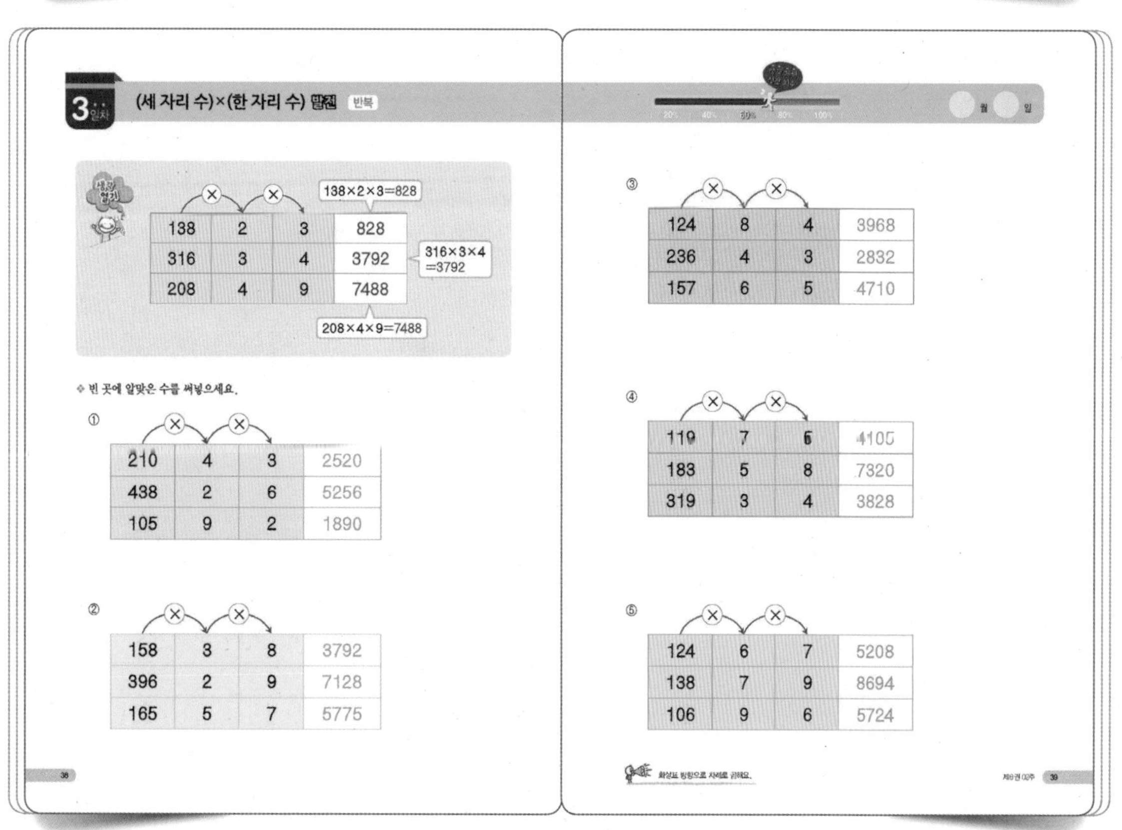

3일차 (세 자리 수)×(한 자리 수) 발전 반복

138	2	3	828
316	3	4	3792
208	4	9	7488

138×2×3=828

316×3×4=3792

208×4×9=7488

◆ 빈 곳에 알맞은 수를 써넣으세요.

①

210	4	3	2520
438	2	6	5256
105	9	2	1890

②

158	3	8	3792
396	2	9	7128
165	5	7	5775

③

124	8	4	3968
236	4	3	2832
157	6	5	4710

④

119	7	5	4165
183	5	8	7320
319	3	4	3828

⑤

124	6	7	5208
138	7	9	8694
106	9	6	5724

4일차

40~43쪽

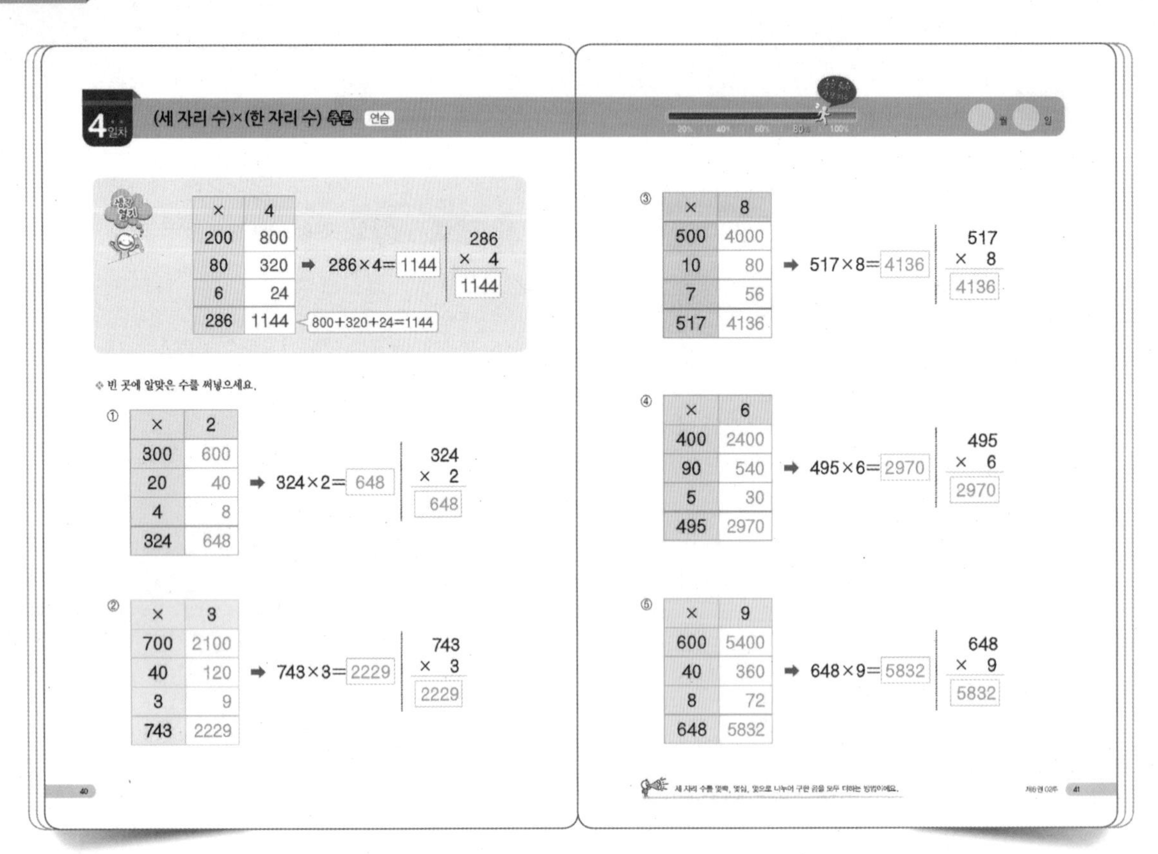

4일차 (세 자리 수)×(한 자리 수) 수평 연습

×	4
200	800
80	320
6	24
286	1144

➡ 286×4=1144

$$\begin{array}{r} 286 \\ \times\ \ 4 \\ \hline 1144 \end{array}$$

800+320+24=1144

※ 빈 곳에 알맞은 수를 써넣으세요.

①

×	2
300	600
20	40
4	8
324	648

➡ 324×2=648

$$\begin{array}{r} 324 \\ \times\ \ 2 \\ \hline 648 \end{array}$$

②

×	3
700	2100
40	120
3	9
743	2229

➡ 743×3=2229

$$\begin{array}{r} 743 \\ \times\ \ 3 \\ \hline 2229 \end{array}$$

③

×	8
500	4000
10	80
7	56
517	4136

➡ 517×8=4136

$$\begin{array}{r} 517 \\ \times\ \ 8 \\ \hline 4136 \end{array}$$

④

×	6
400	2400
90	540
5	30
495	2970

➡ 495×6=2970

$$\begin{array}{r} 495 \\ \times\ \ 6 \\ \hline 2970 \end{array}$$

⑤

×	9
600	5400
40	360
8	72
648	5832

➡ 648×9=5832

$$\begin{array}{r} 648 \\ \times\ \ 9 \\ \hline 5832 \end{array}$$

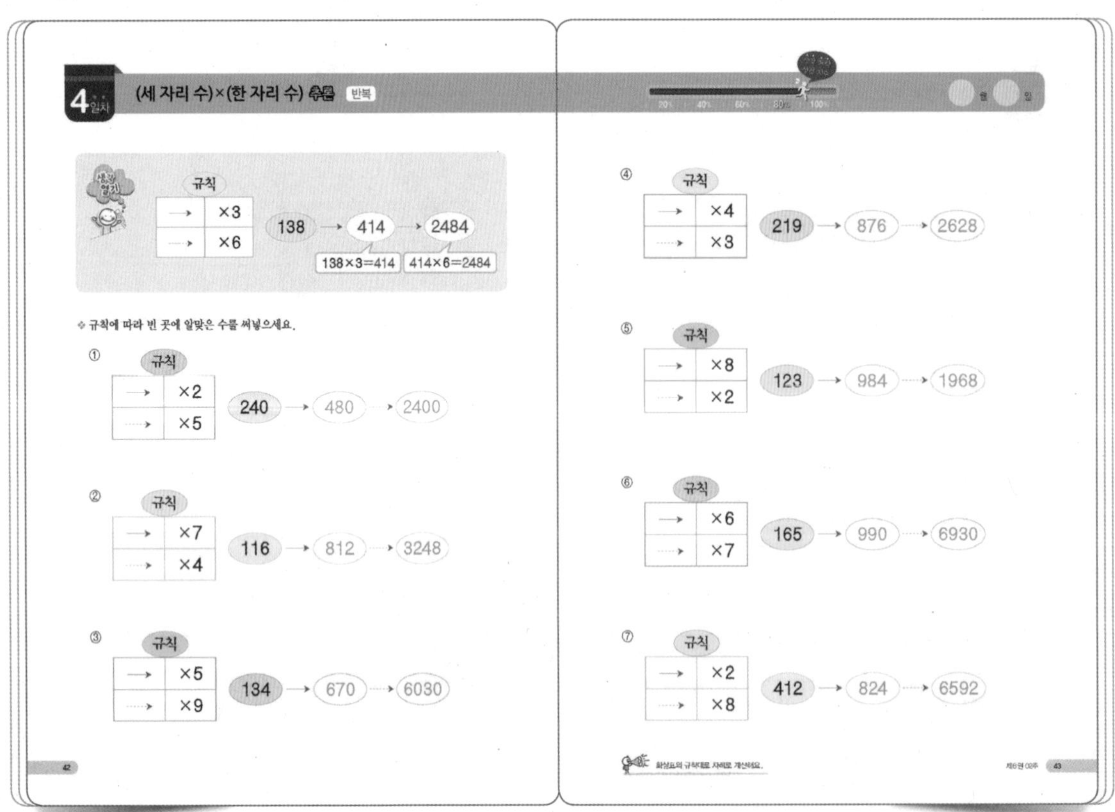

4일차 (세 자리 수)×(한 자리 수) 수평 반복

규칙: ×3, ×6

138 → 414 → 2484

138×3=414 414×6=2484

※ 규칙에 따라 빈 곳에 알맞은 수를 써넣으세요.

① 규칙: ×2, ×5 — 240 → 480 → 2400

② 규칙: ×7, ×4 — 116 → 812 → 3248

③ 규칙: ×5, ×9 — 134 → 670 → 6030

④ 규칙: ×4, ×3 — 219 → 876 → 2628

⑤ 규칙: ×8, ×2 — 123 → 984 → 1968

⑥ 규칙: ×6, ×7 — 165 → 990 → 6930

⑦ 규칙: ×2, ×8 — 412 → 824 → 6592

5일차 · 44~46쪽

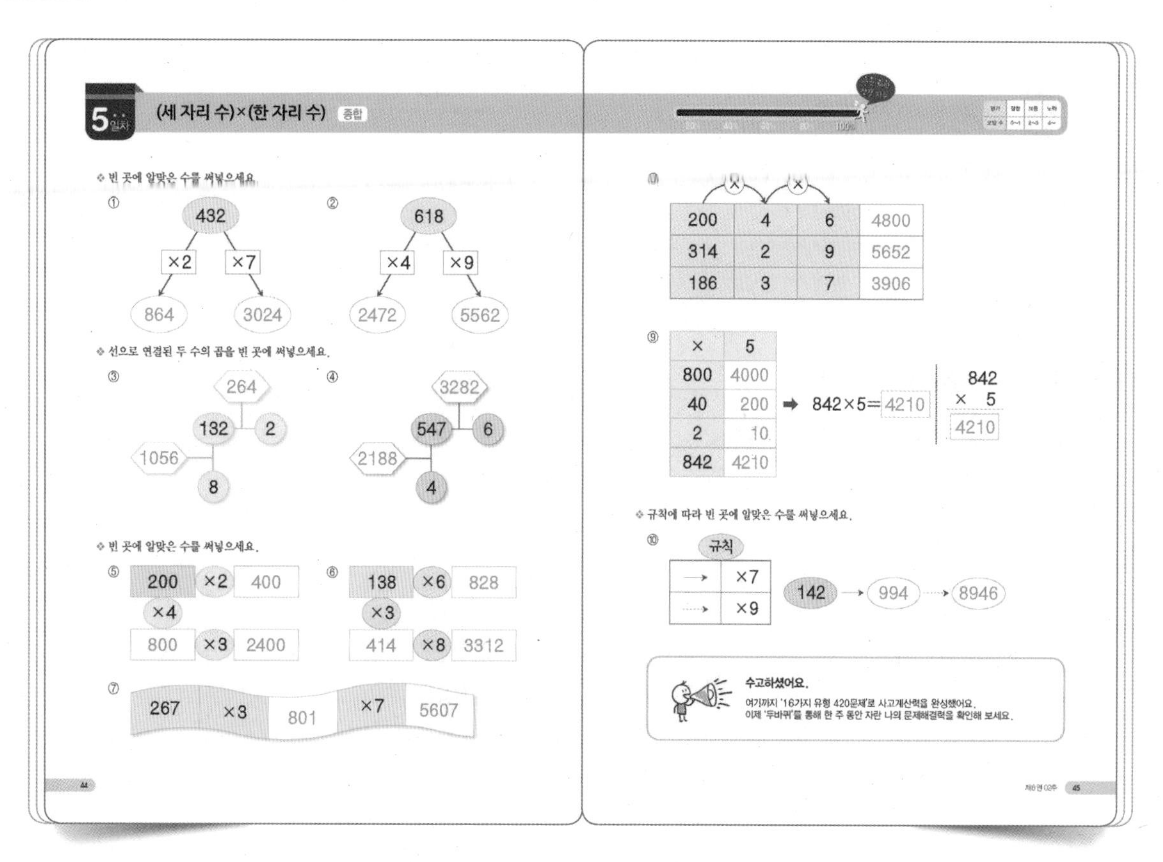
5일차 (세 자리 수)×(한 자리 수) 종합
빈 곳에 알맞은 수를 써넣으세요.
① 432 ×2 ×7 864 3024
② 618 ×4 ×9 2472 5562
선으로 연결된 두 수의 곱을 빈 곳에 써넣으세요.
③ 264 132 2 1056 8
④ 3282 547 6 2188 4
빈 곳에 알맞은 수를 써넣으세요.
⑤ 200 ×2 400 ×4 800 ×3 2400
⑥ 138 ×6 828 ×3 414 ×8 3312
⑦ 267 ×3 801 ×7 5607
⑧ 200 4 6 4800
314 2 9 5652
186 3 7 3906
⑨ × 5
800 4000
40 200
2 10
842 4210
842×5=4210
842 × 5 4210
규칙에 따라 빈 곳에 알맞은 수를 써넣으세요.
⑩ 규칙 ×7 ×9 142 994 8946
수고하셨어요.
여기까지 '16가지 유형 420문제'로 사고계산력을 완성했어요.
이제 '두바퀴'를 통해 한 주 동안 자란 나의 문제해결력을 확인해 보세요.

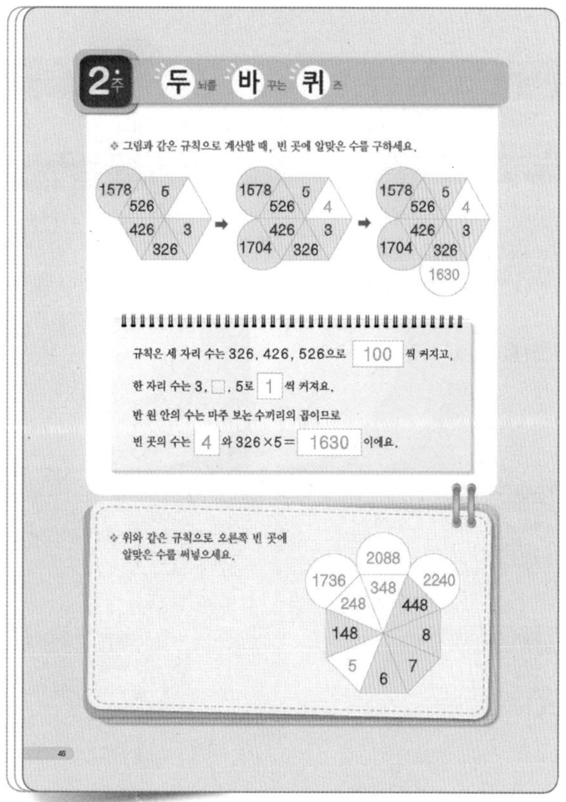
2주 두뇌를 바꾸는 퀴즈
그림과 같은 규칙으로 계산할 때, 빈 곳에 알맞은 수를 구하세요.
1578 5 526 426 3 326
1578 5 526 4 426 3 1704 326
1578 5 526 4 426 3 1704 326 1630
규칙은 세 자리 수는 326, 426, 526으로 100 씩 커지고,
한 자리 수는 3, □, 5로 1 씩 커져요.
반 원 안의 수는 마주 보는 수끼리의 곱이므로
빈 곳의 수는 4 와 326×5= 1630 이에요.
위와 같은 규칙으로 오른쪽 빈 곳에 알맞은 수를 써넣으세요.
2088 1736 348 2240 248 448 148 8 5 6 7

3주 (세 자리 수)×(두 자리 수)

1일차 48~51쪽

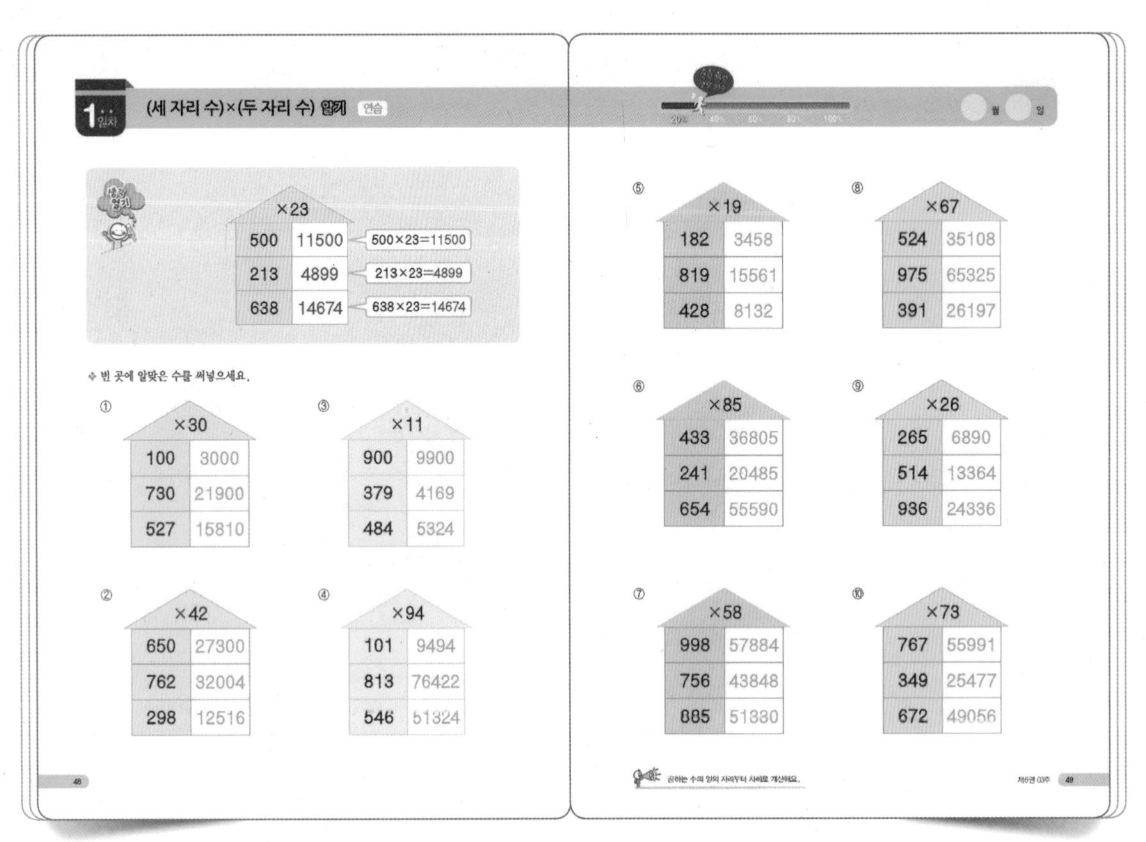

1일차 (세 자리 수)×(두 자리 수) 알기 연습

×23	
500	11500
213	4899
638	14674

500×23=11500
213×23=4899
638×23=14674

빈 곳에 알맞은 수를 써넣으세요.

① ×30

100	3000
730	21900
527	15810

② ×42

650	27300
762	32004
298	12516

③ ×11

900	9900
379	4169
484	5324

④ ×94

101	9494
813	76422
546	51324

⑤ ×19

182	3458
819	15561
428	8132

⑥ ×85

433	36805
241	20485
654	55590

⑦ ×58

998	57884
756	43848
885	51330

⑧ ×67

524	35108
975	65325
391	26197

⑨ ×26

265	6890
514	13364
936	24336

⑩ ×73

767	55991
349	25477
672	49056

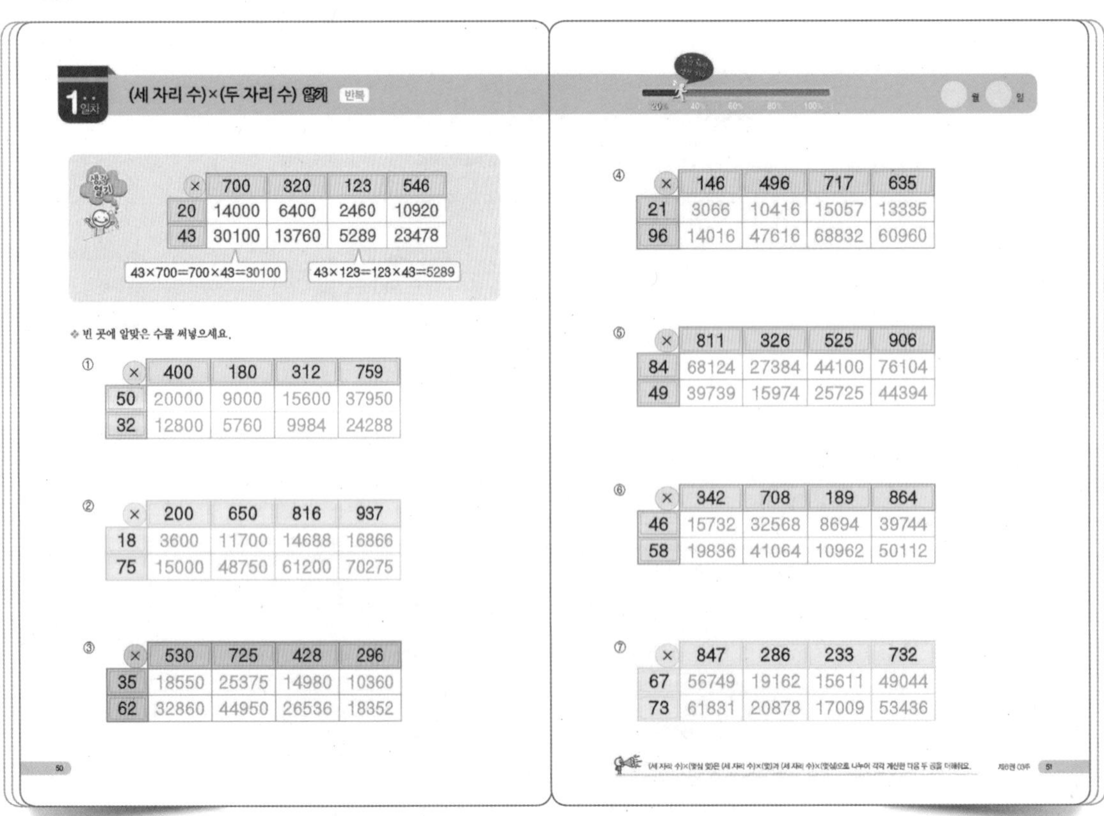

1일차 (세 자리 수)×(두 자리 수) 알기 반복

×	700	320	123	546
20	14000	6400	2460	10920
43	30100	13760	5289	23478

43×700=700×43=30100
43×123=123×43=5289

빈 곳에 알맞은 수를 써넣으세요.

①

×	400	180	312	759
50	20000	9000	15600	37950
32	12800	5760	9984	24288

②

×	200	650	816	937
18	3600	11700	14688	16866
75	15000	48750	61200	70275

③

×	530	725	428	296
35	18550	25375	14980	10360
62	32860	44950	26536	18352

④

×	146	496	717	635
21	3066	10416	15057	13335
96	14016	47616	68832	60960

⑤

×	811	326	525	906
84	68124	27384	44100	76104
49	39739	15974	25725	44394

⑥

×	342	708	189	864
46	15732	32568	8694	39744
58	19836	41064	10962	50112

⑦

×	847	286	233	732
67	56749	19162	15611	49044
73	61831	20878	17009	53436

2일차 · 52~55쪽

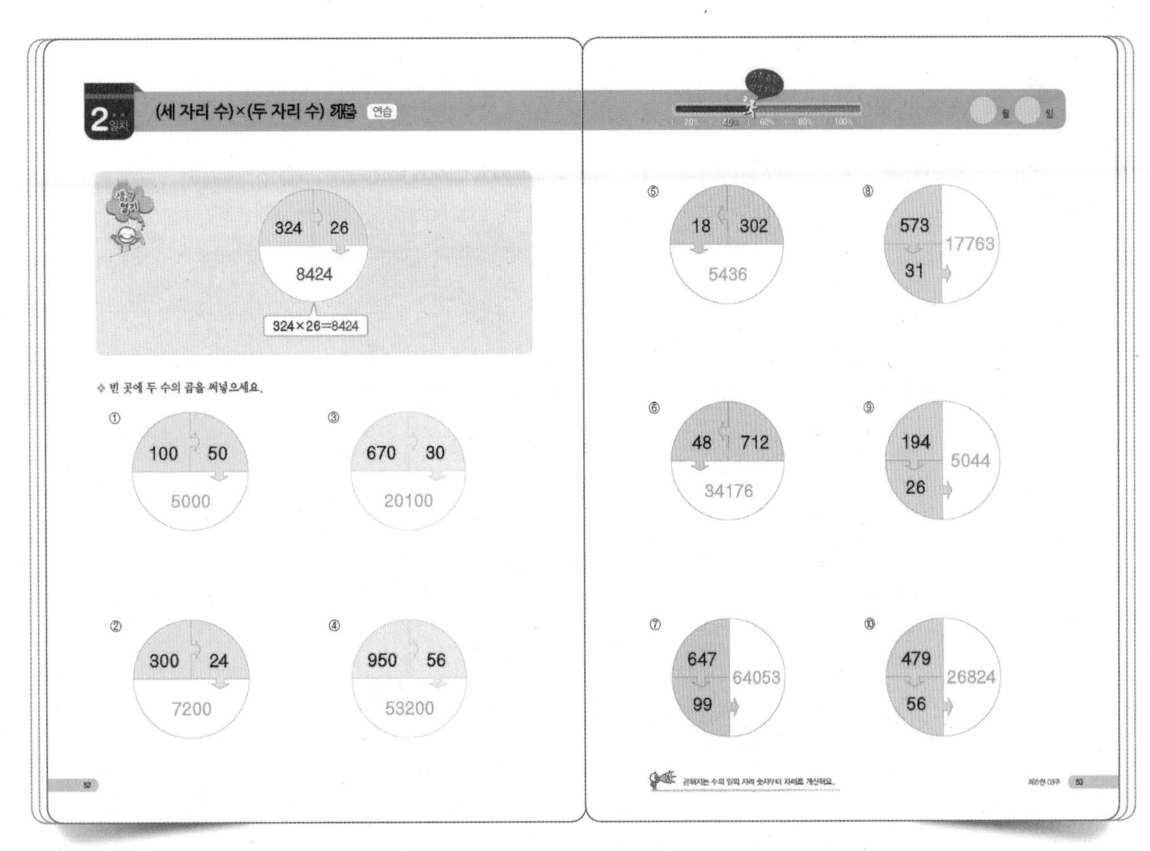
2일차
(세 자리 수)×(두 자리 수) 계산 연습
324
26
8424
324×26=8424
※ 빈 곳에 두 수의 곱을 써넣으세요.
① 100 50 5000
② 300 24 7200
③ 670 30 20100
④ 950 56 53200
⑤ 18 302 5436
⑥ 48 712 34176
⑦ 647 99 64053
⑧ 573 31 17763
⑨ 194 26 5044
⑩ 479 56 26824

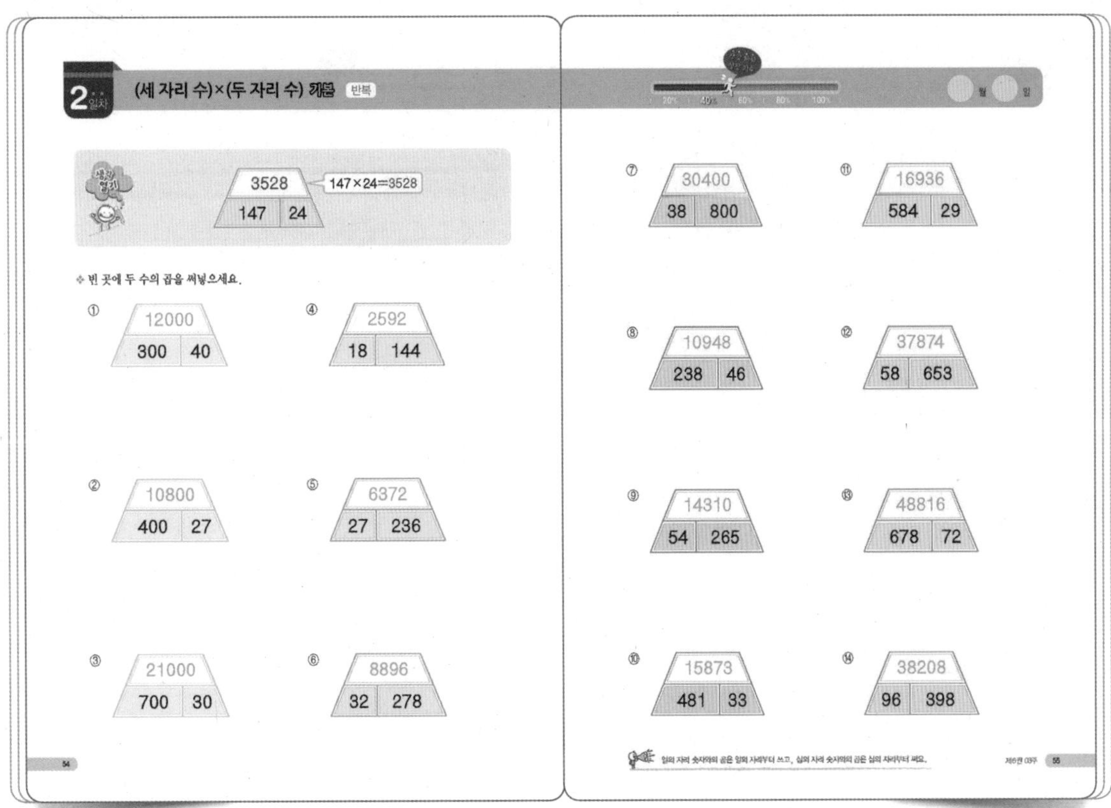
2일차
(세 자리 수)×(두 자리 수) 계산 반복
3528
147 24
147×24=3528
※ 빈 곳에 두 수의 곱을 써넣으세요.
① 12000 300 40
② 10800 400 27
③ 21000 700 30
④ 2592 18 144
⑤ 6372 27 236
⑥ 8896 32 278
⑦ 30400 38 800
⑧ 10948 238 46
⑨ 14310 54 265
⑩ 15873 481 33
⑪ 16936 584 29
⑫ 37874 58 653
⑬ 48816 678 72
⑭ 38208 96 398

3주
(세 자리 수)×(두 자리 수)

3일차 56~59쪽

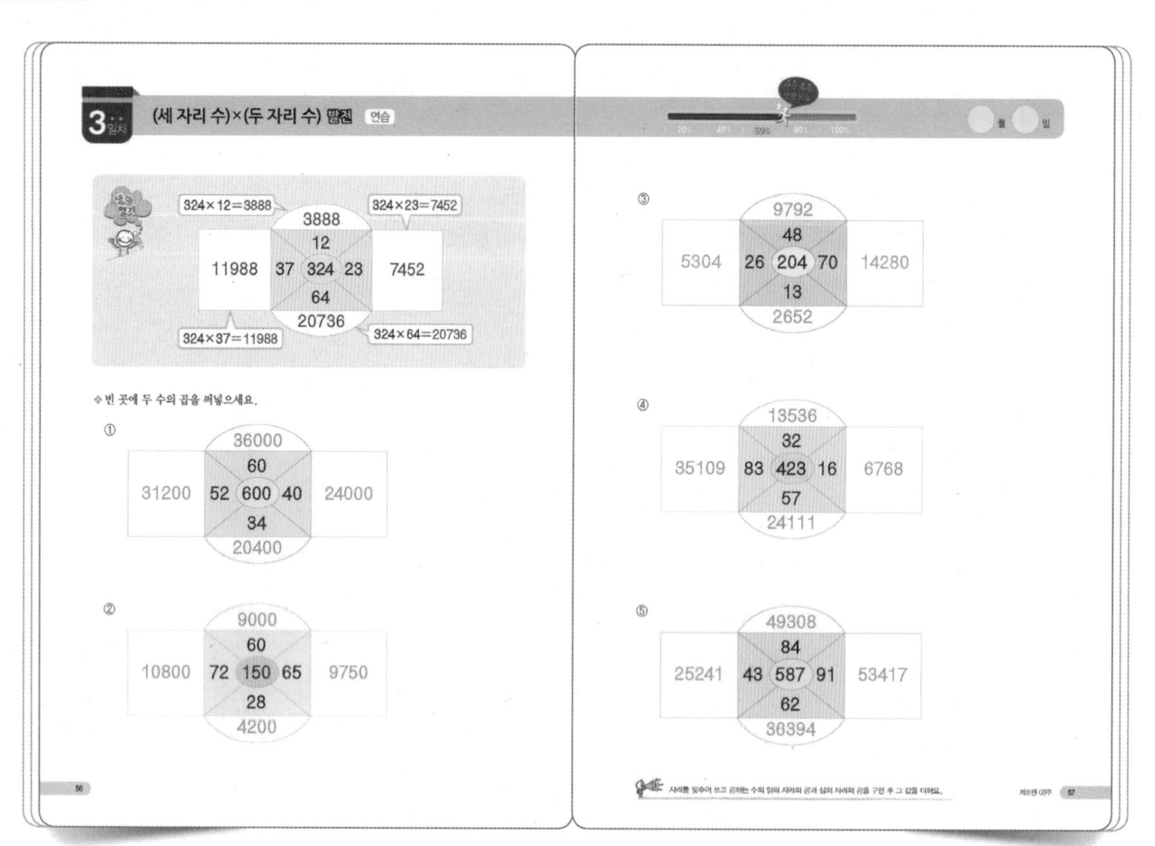

(세 자리 수)×(두 자리 수) 발전 연습
324×12=3888
324×23=7452
324×37=11988
324×64=20736
빈 곳에 두 수의 곱을 써넣으세요.
①
36000
60
31200 52 600 40 24000
34
20400
②
9000
60
10800 72 150 65 9750
28
4200
③
9792
48
5304 26 204 70 14280
13
2652
④
13536
32
35109 83 423 16 6768
57
24111
⑤
49308
84
25241 43 587 91 53417
62
36394

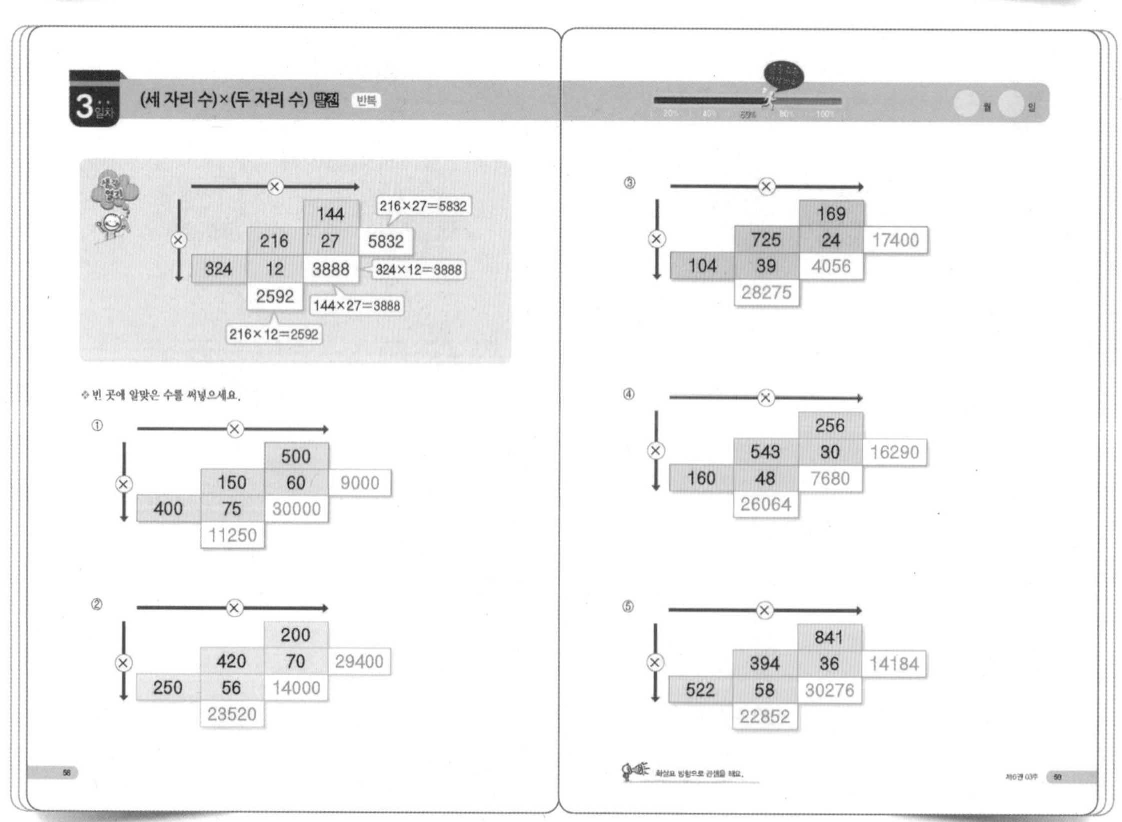

(세 자리 수)×(두 자리 수) 발전 반복
216×27=5832
324×12=3888
144×27=3888
216×12=2592
빈 곳에 알맞은 수를 써넣으세요.
①
500
150 60 9000
400 75 30000
11250
②
200
420 70 29400
250 56 14000
23520
③
169
725 24 17400
104 39 4056
28275
④
256
543 30 16290
160 48 7680
26064
⑤
841
394 36 14184
522 58 30276
22852

4일차 · 60~63쪽

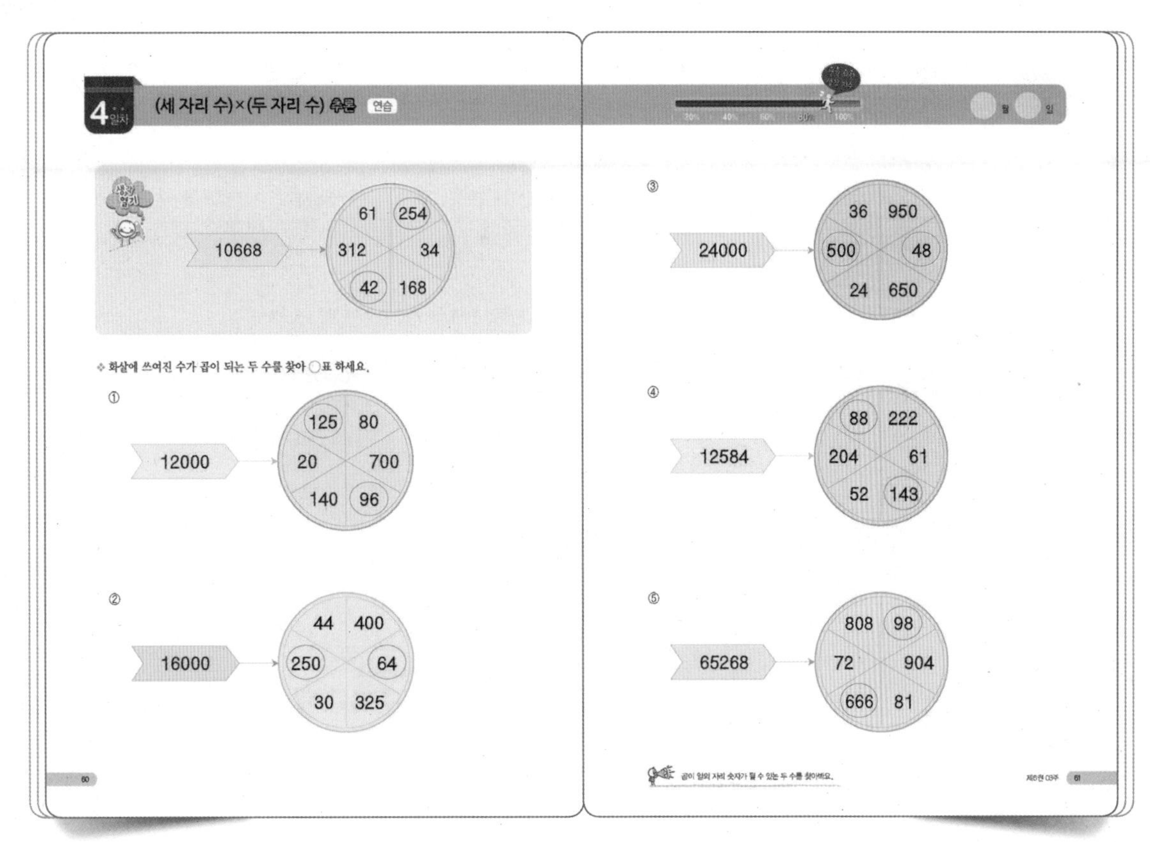
(세 자리 수)×(두 자리 수) 추론 연습
10668
61 254 312 34 42 168
화살에 쓰여진 수가 곱이 되는 두 수를 찾아 ○표 하세요.
①
12000
125 80 20 700 140 96
②
16000
44 400 250 64 30 325
③
24000
36 950 500 48 24 650
④
12584
88 222 204 61 52 143
⑤
65268
808 98 72 904 666 81

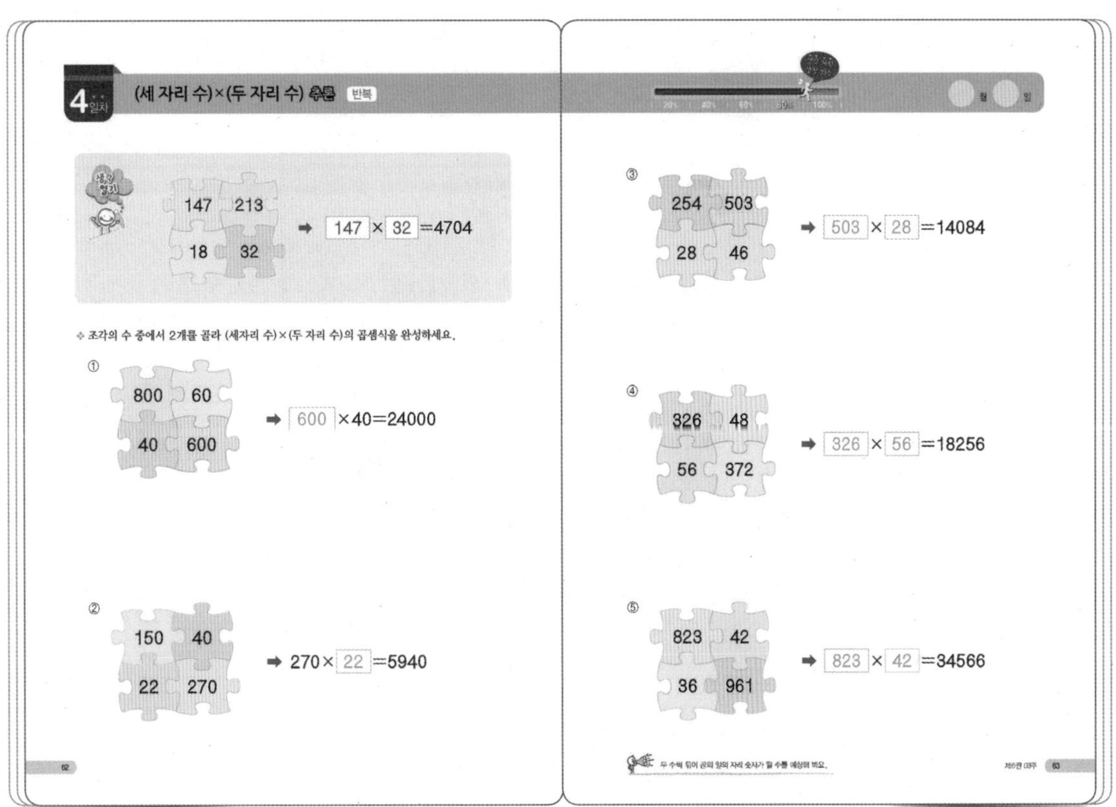
(세 자리 수)×(두 자리 수) 추론 반복
147 213 18 32
147 × 32 =4704
조각의 수 중에서 2개를 골라 (세자리 수)×(두 자리 수)의 곱셈식을 완성하세요.
①
800 60 40 600
600 ×40=24000
②
150 40 22 270
270× 22 =5940
③
254 503 28 46
503 × 28 =14084
④
326 48 56 372
326 × 56 =18256
⑤
823 42 36 961
823 × 42 =34566

5일차 64~66쪽

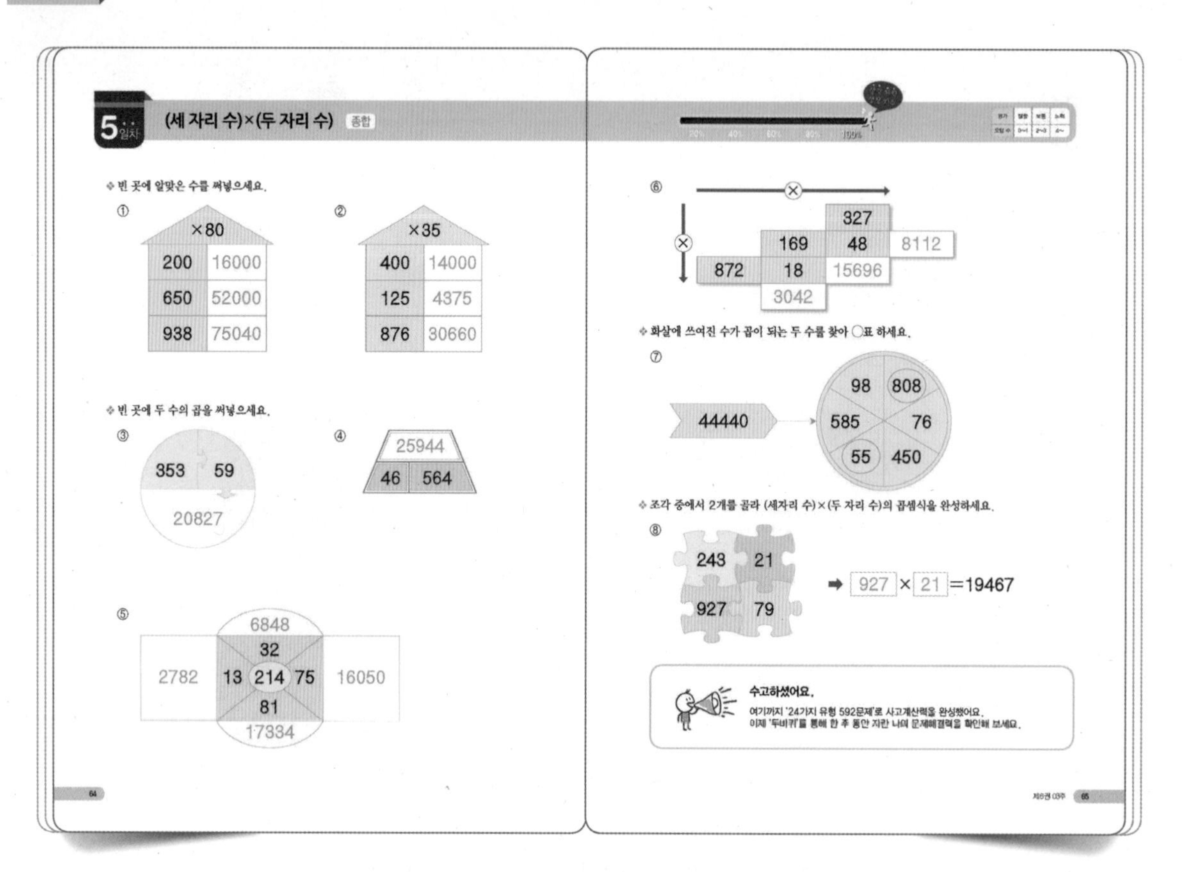
5일차 (세 자리 수)×(두 자리 수) 종합
빈 곳에 알맞은 수를 써넣으세요.
①
×80
200 16000
650 52000
938 75040
②
×35
400 14000
125 4375
876 30660
빈 곳에 두 수의 곱을 써넣으세요.
③
353 59
20827
④
25944
46 564
⑤
6848
32
2782 13 214 75 16050
81
17334
⑥
327
169 48 8112
872 18 15696
3042
화살에 쓰여진 수가 곱이 되는 두 수를 찾아 ○표 하세요.
⑦
44440
98 808
585 76
55 450
조각 중에서 2개를 골라 (세자리 수)×(두 자리 수)의 곱셈식을 완성하세요.
⑧
243 21
927 79
927 × 21 =19467
수고하셨어요.
여기까지 '24가지 유형 592문제'로 사고계산력을 완성했어요.
이제 '두바퀴'를 통해 한 주 동안 자란 나의 문제해결력을 확인해 보세요.

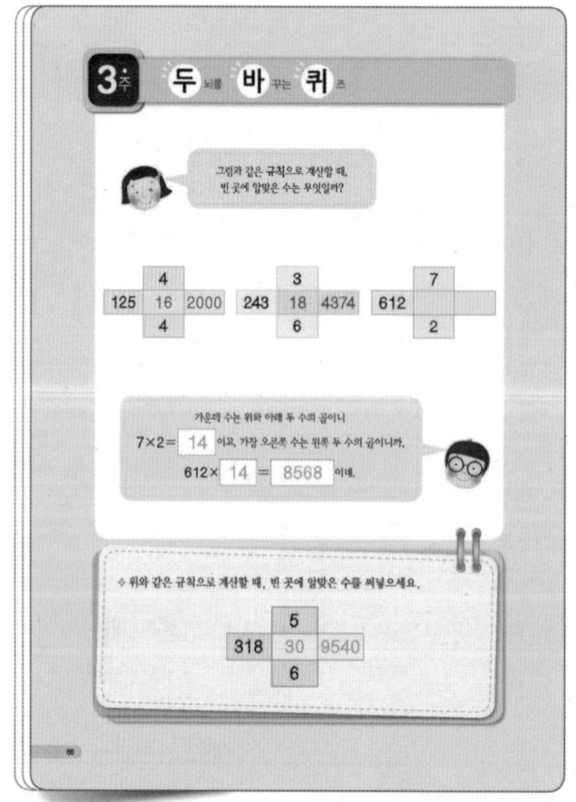
3주 두뇌를 바꾸는 퀴즈
그림과 같은 규칙으로 계산할 때, 빈 곳에 알맞은 수는 무엇일까?
4
125 16 2000
4
3
243 18 4374
6
7
612
2
가운데 수는 위와 아래 두 수의 곱이니
7×2= 14 이고, 가장 오른쪽 수는 왼쪽 두 수의 곱이니까,
612× 14 = 8568 이네.
위와 같은 규칙으로 계산할 때, 빈 곳에 알맞은 수를 써넣으세요.
5
318 30 9540
6

4주 (몇십)÷(몇),(몇백 몇십)÷(몇)

1일차

68~71쪽

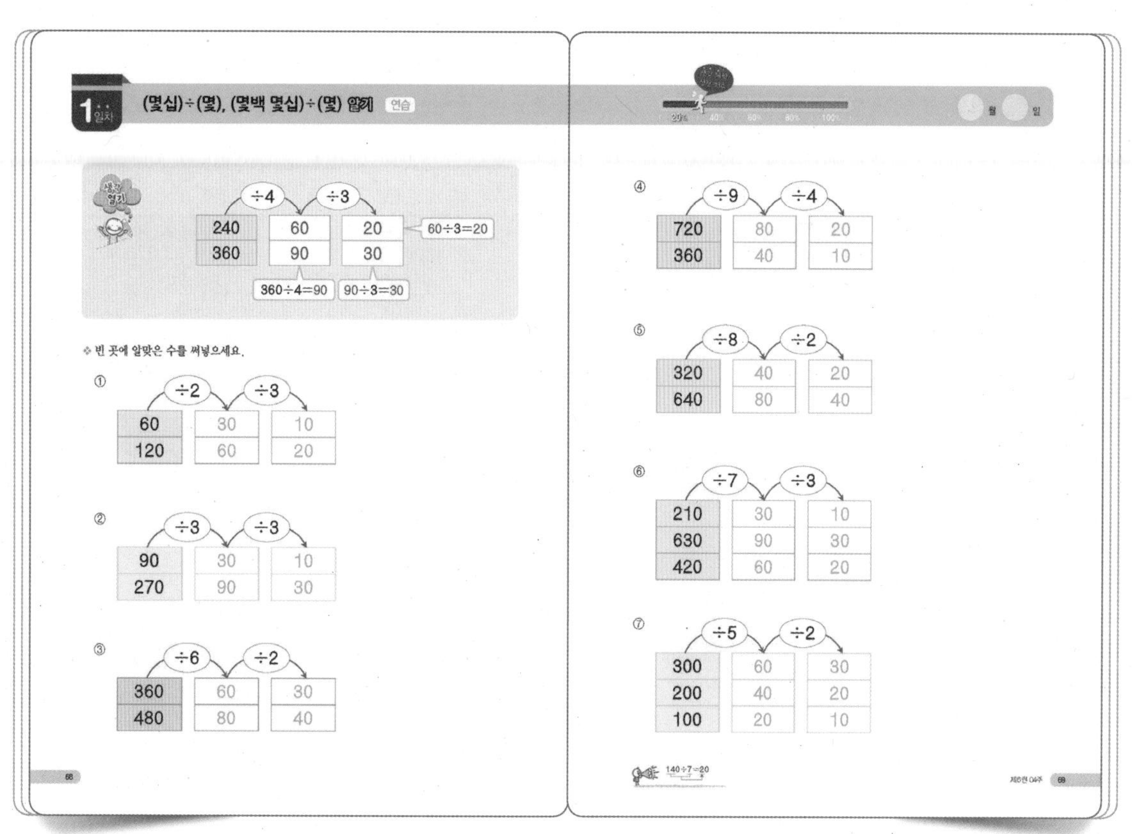

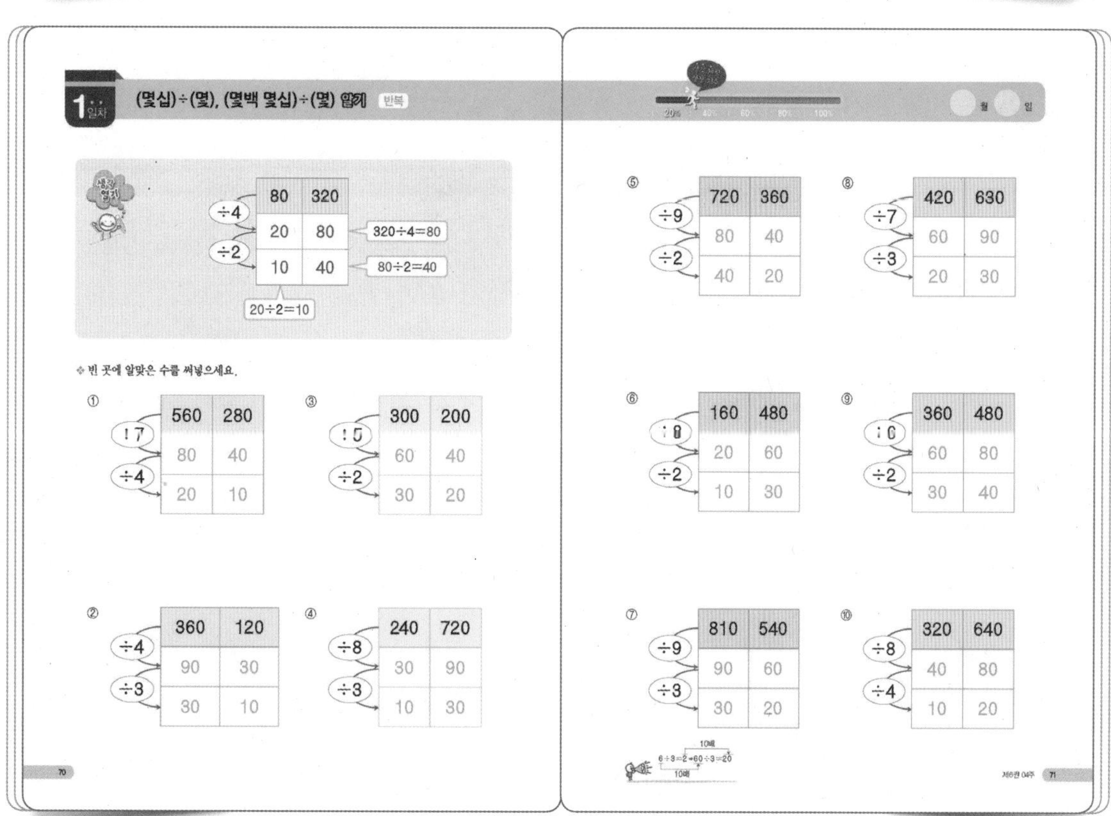

4주 (몇십)÷(몇),(몇백 몇십)÷(몇)

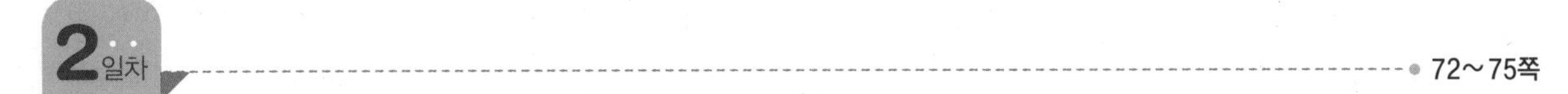

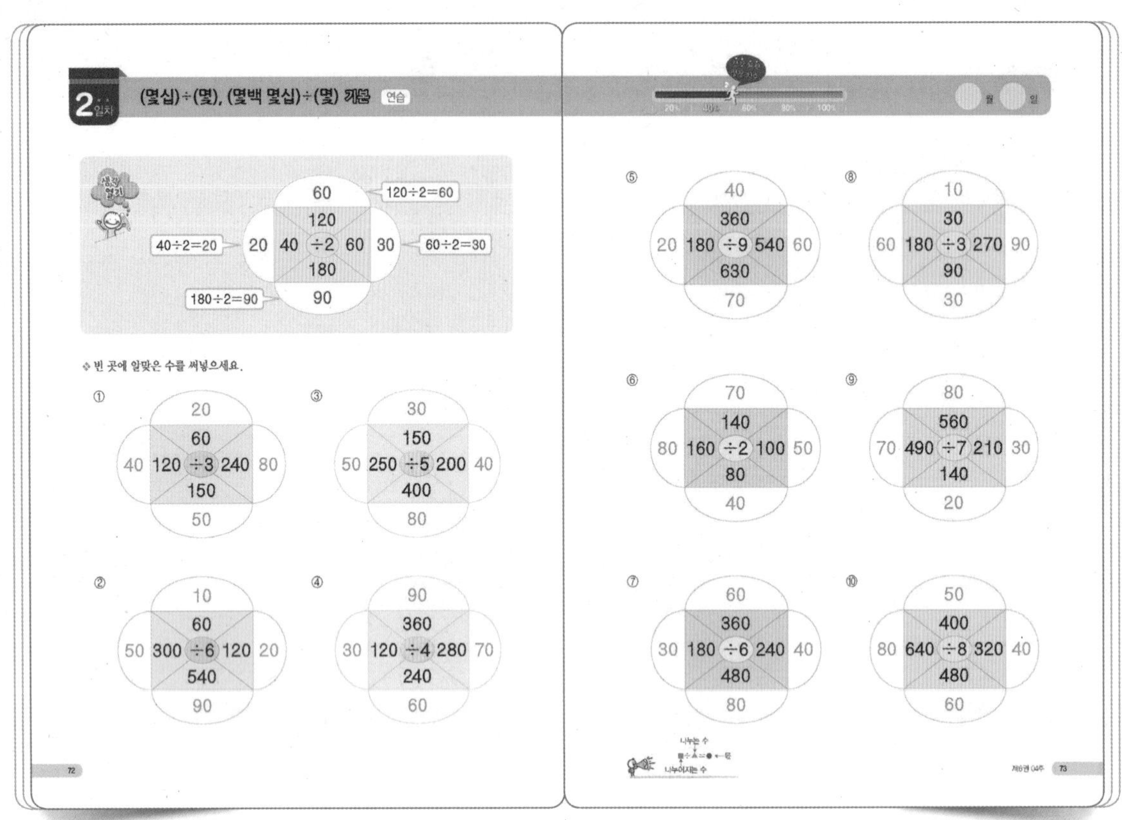

2일차 (몇십)÷(몇), (몇백 몇십)÷(몇) 계산 연습

생각 열기: 120÷2=60, 40÷2=20, 60÷2=30, 180÷2=90

❖ 빈 곳에 알맞은 수를 써넣으세요.

① 20, 60, 40, 120 ÷3 240, 80, 150, 50

② 10, 60, 50, 300 ÷6 120, 20, 540, 90

③ 30, 150, 50, 250 ÷5 200, 40, 400, 80

④ 90, 360, 30, 120 ÷4 280, 70, 240, 60

⑤ 40, 360, 20, 180 ÷9 540, 60, 630, 70

⑥ 70, 140, 80, 160 ÷2 100, 50, 80, 40

⑦ 60, 360, 30, 180 ÷6 240, 40, 480, 80

⑧ 10, 30, 60, 180 ÷3 270, 90, 90, 30

⑨ 80, 560, 70, 490 ÷7 210, 30, 140, 20

⑩ 50, 400, 80, 640 ÷8 320, 40, 480, 60

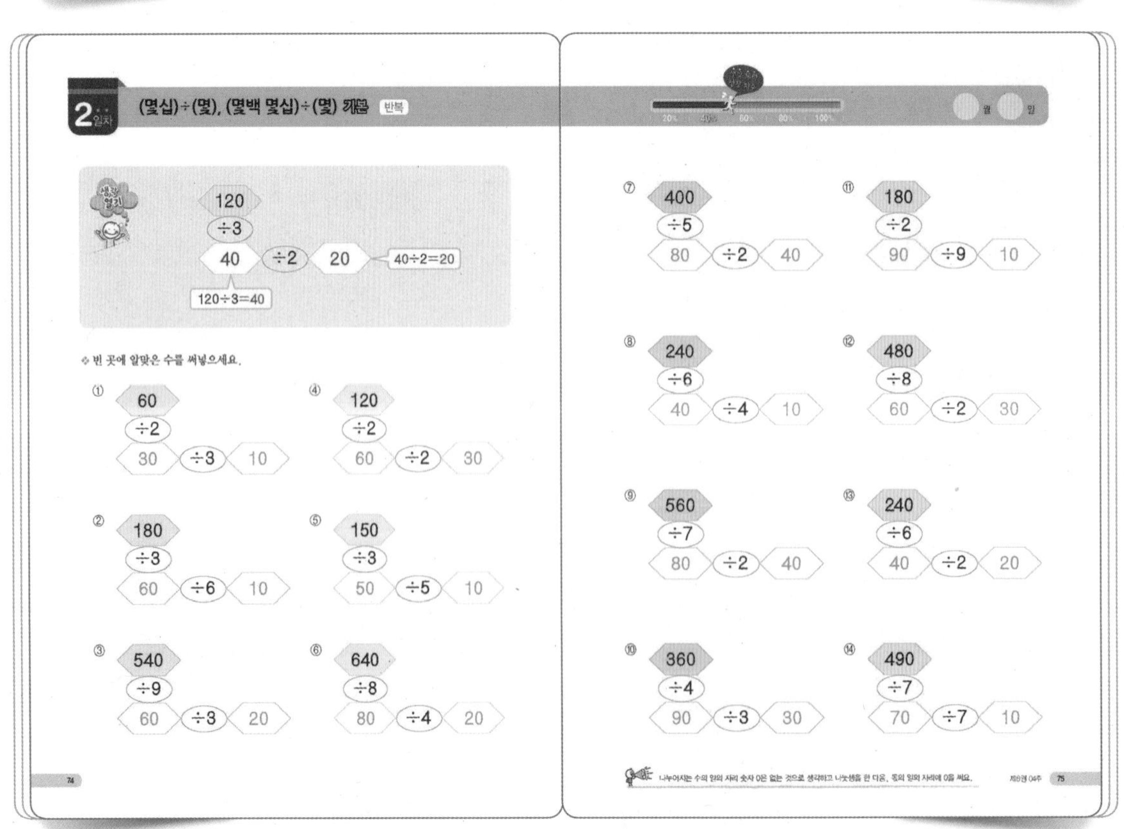

2일차 (몇십)÷(몇), (몇백 몇십)÷(몇) 계산 반복

생각 열기: 120 ÷3 40 ÷2 20 (120÷3=40, 40÷2=20)

❖ 빈 곳에 알맞은 수를 써넣으세요.

① 60 ÷2 30 ÷3 10

② 180 ÷3 60 ÷6 10

③ 540 ÷9 60 ÷3 20

④ 120 ÷2 60 ÷2 30

⑤ 150 ÷3 50 ÷5 10

⑥ 640 ÷8 80 ÷4 20

⑦ 400 ÷5 80 ÷2 40

⑧ 240 ÷6 40 ÷4 10

⑨ 560 ÷7 80 ÷2 40

⑩ 360 ÷4 90 ÷3 30

⑪ 180 ÷2 90 ÷9 10

⑫ 480 ÷8 60 ÷2 30

⑬ 240 ÷6 40 ÷2 20

⑭ 490 ÷7 70 ÷7 10

3일차 76~79쪽

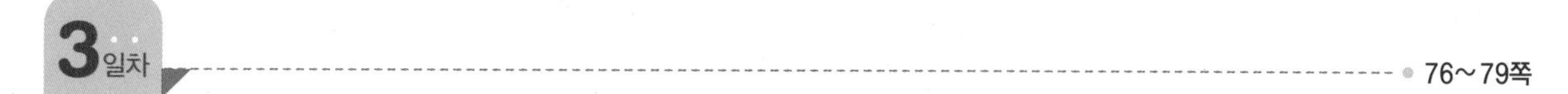

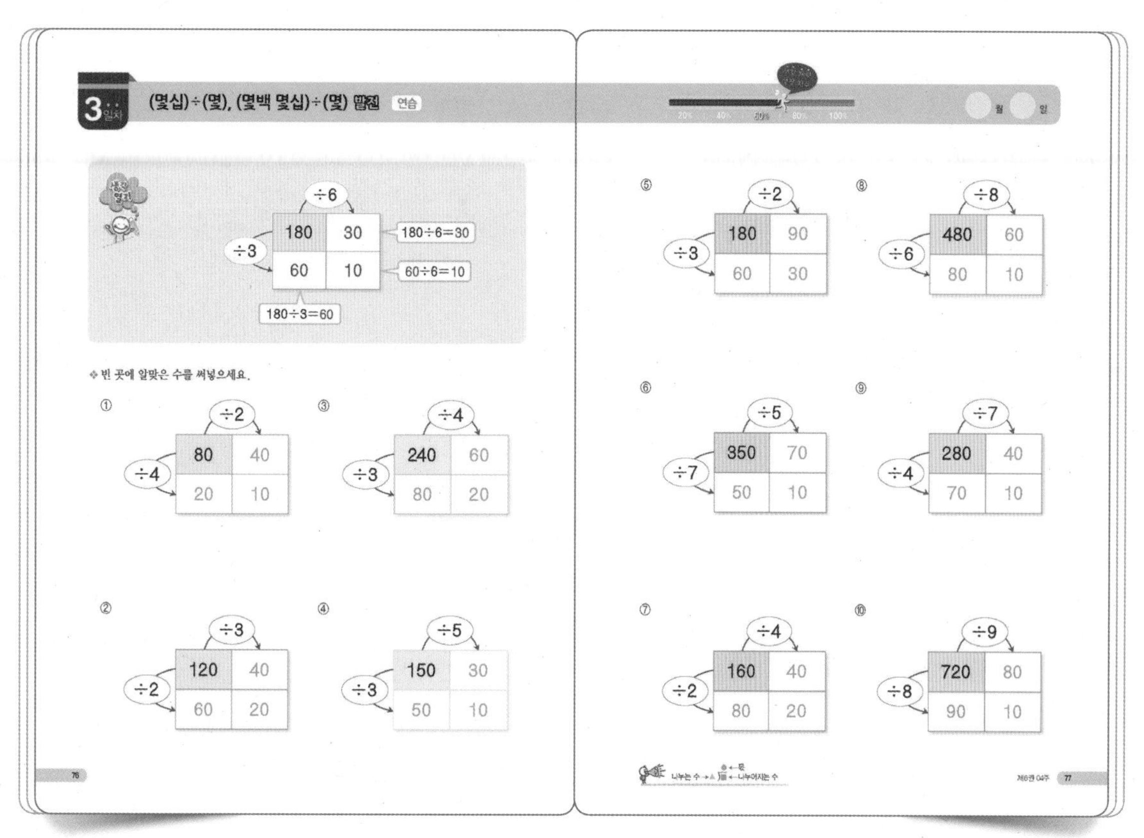
3일차 (몇십)÷(몇), (몇백 몇십)÷(몇) 발전 연습
÷6
÷3
180
30
60
10
180÷6=30
60÷6=10
180÷3=60
빈 곳에 알맞은 수를 써넣으세요.
① ÷2 ÷4 80 40 20 10
③ ÷4 ÷3 240 60 80 20
② ÷3 ÷2 120 40 60 20
④ ÷5 ÷3 150 30 50 10
⑤ ÷2 ÷3 180 90 60 30
⑧ ÷8 ÷6 480 60 80 10
⑥ ÷5 ÷7 350 70 50 10
⑨ ÷7 ÷4 280 40 70 10
⑦ ÷4 ÷2 160 40 80 20
⑩ ÷9 ÷8 720 80 90 10

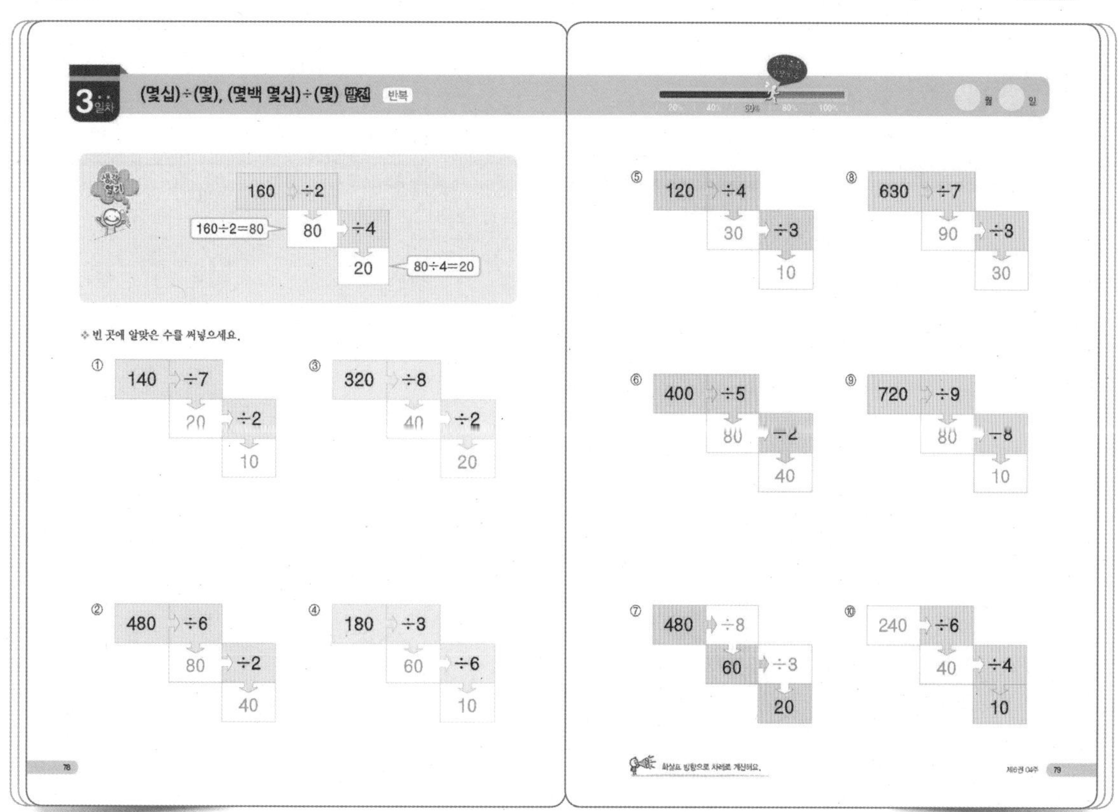
3일차 (몇십)÷(몇), (몇백 몇십)÷(몇) 발전 반복
160 ÷2
160÷2=80
80 ÷4
20
80÷4=20
빈 곳에 알맞은 수를 써넣으세요.
① 140 ÷7 20 ÷2 10
③ 320 ÷8 40 ÷2 20
② 480 ÷6 80 ÷2 40
④ 180 ÷3 60 ÷6 10
⑤ 120 ÷4 30 ÷3 10
⑧ 630 ÷7 90 ÷3 30
⑥ 400 ÷5 80 ÷2 40
⑨ 720 ÷9 80 ÷8 10
⑦ 480 ÷8 60 ÷3 20
⑩ 240 ÷6 40 ÷4 10

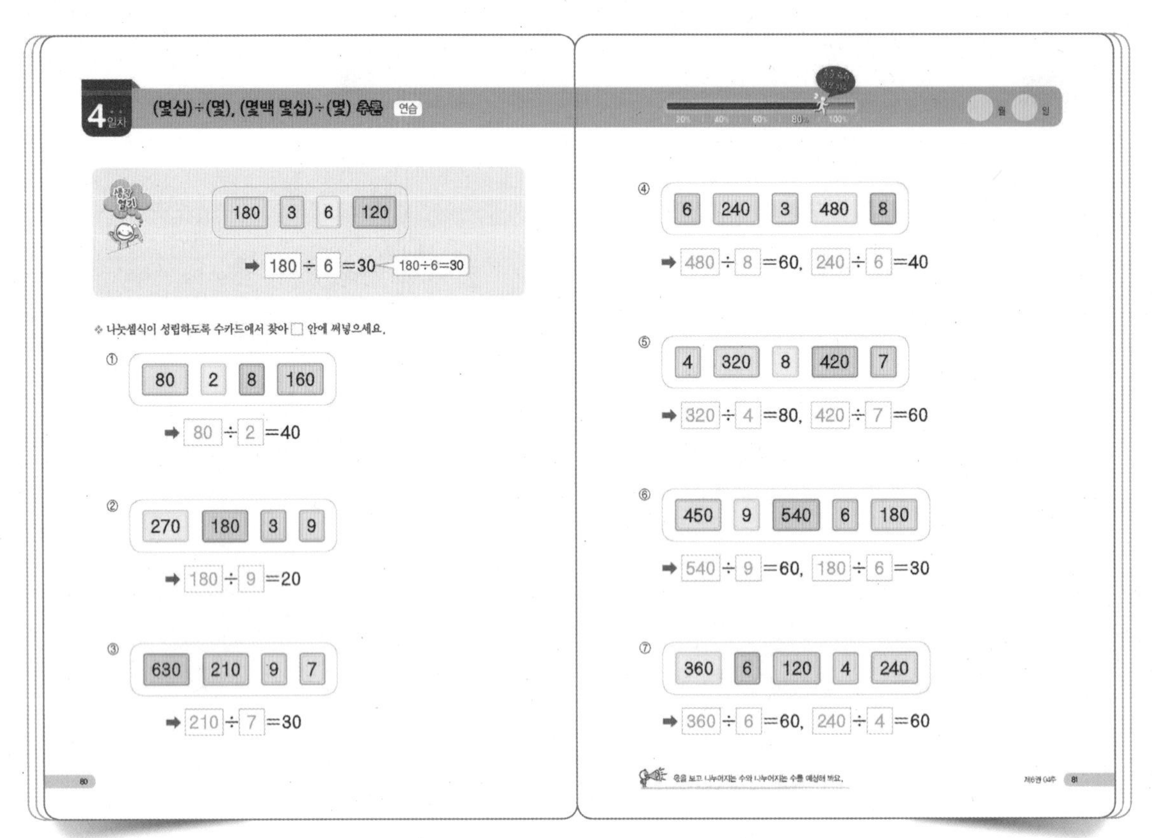

4일차 (몇십)÷(몇), (몇백 몇십)÷(몇) 수론 연습

180 3 6 120
➡ 180 ÷ 6 =30 (180÷6=30)

❖ 나눗셈식이 성립하도록 수카드에서 찾아 □ 안에 써넣으세요.

① 80 2 8 160
➡ 80 ÷ 2 =40

② 270 180 3 9
➡ 180 ÷ 9 =20

③ 630 210 9 7
➡ 210 ÷ 7 =30

④ 6 240 3 480 8
➡ 480 ÷ 8 =60, 240 ÷ 6 =40

⑤ 4 320 8 420 7
➡ 320 ÷ 4 =80, 420 ÷ 7 =60

⑥ 450 9 540 6 180
➡ 540 ÷ 9 =60, 180 ÷ 6 =30

⑦ 360 6 120 4 240
➡ 360 ÷ 6 =60, 240 ÷ 4 =60

80 81

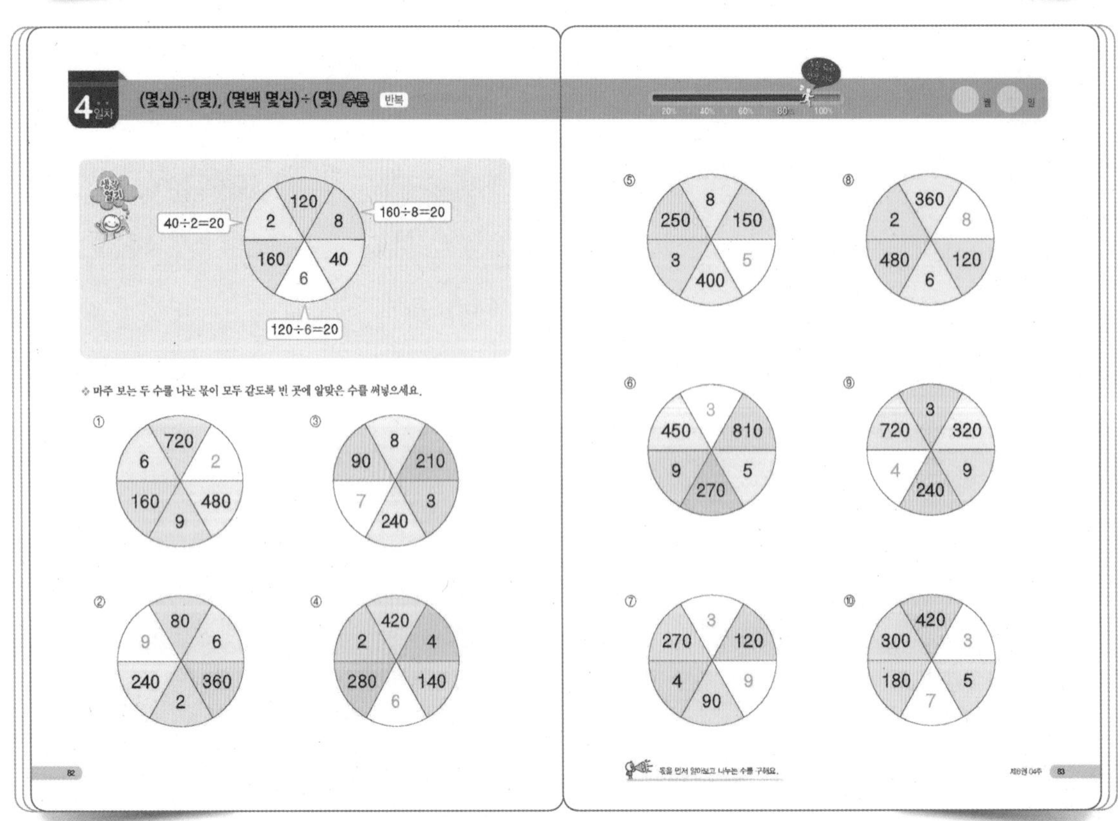

4일차 (몇십)÷(몇), (몇백 몇십)÷(몇) 수론 반복

120, 2, 8, 160, 40, 6
40÷2=20 160÷8=20 120÷6=20

❖ 마주 보는 두 수를 나눈 몫이 모두 같도록 빈 곳에 알맞은 수를 써넣으세요.

① 720, 6, 2, 160, 480, 9
② 80, 9, 6, 240, 360, 2
③ 8, 90, 210, 7, 3, 240
④ 420, 2, 4, 280, 140, 6
⑤ 8, 250, 150, 3, 5, 400
⑥ 3, 450, 810, 9, 5, 270
⑦ 3, 270, 120, 4, 9, 90
⑧ 360, 2, 8, 480, 120, 6
⑨ 3, 720, 320, 4, 9, 240
⑩ 420, 300, 3, 180, 5, 7

82 83

5일차 84~86쪽

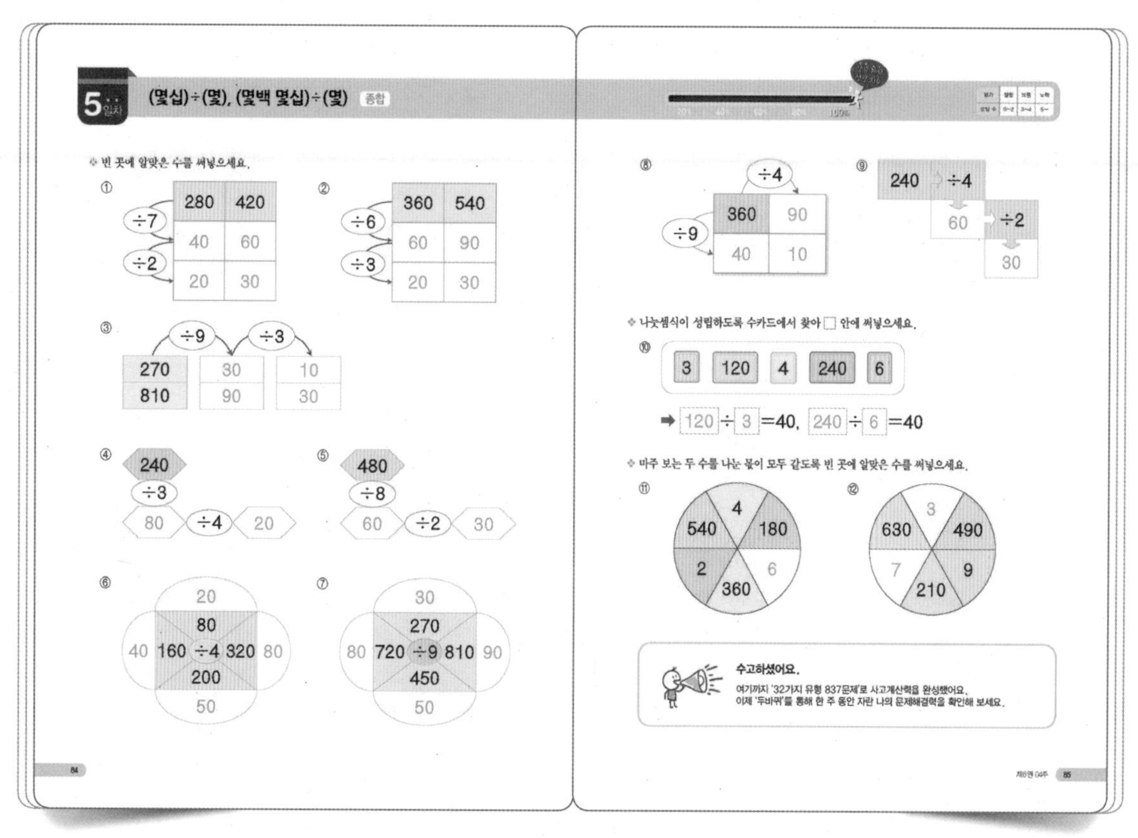
5일차 (몇십)÷(몇), (몇백 몇십)÷(몇) 종합
빈 곳에 알맞은 수를 써넣으세요.
나눗셈식이 성립하도록 수카드에서 찾아 □ 안에 써넣으세요.
120 ÷ 3 =40, 240 ÷ 6 =40
마주 보는 두 수를 나눈 몫이 모두 같도록 빈 곳에 알맞은 수를 써넣으세요.
수고하셨어요.

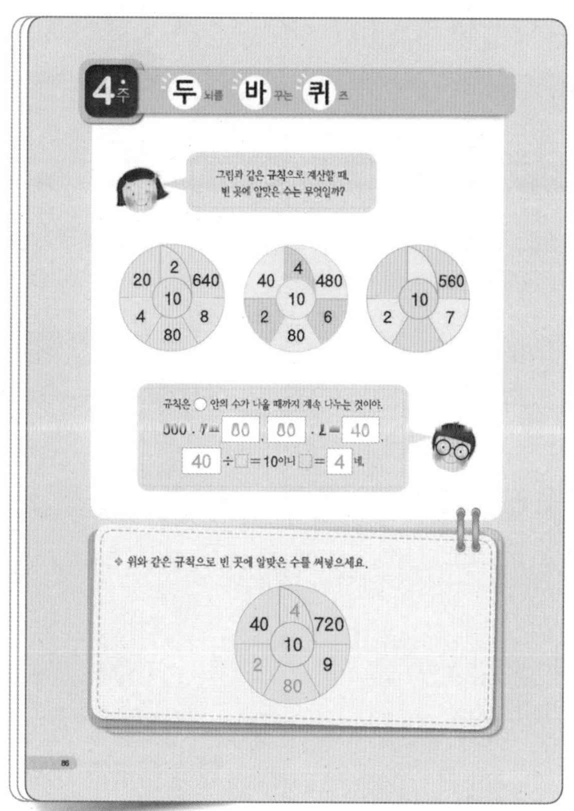
4주 두뇌를 바꾸는 퀴즈
그림과 같은 규칙으로 계산할 때, 빈 곳에 알맞은 수는 무엇일까?
규칙은 ◯ 안의 수가 나올 때까지 계속 나누는 것이야.
40 ÷□=10이니 □= 4 네.
위와 같은 규칙으로 빈 곳에 알맞은 수를 써넣으세요.

5주 (두 자리 수)÷(한 자리 수) ①

1일차 88~91쪽

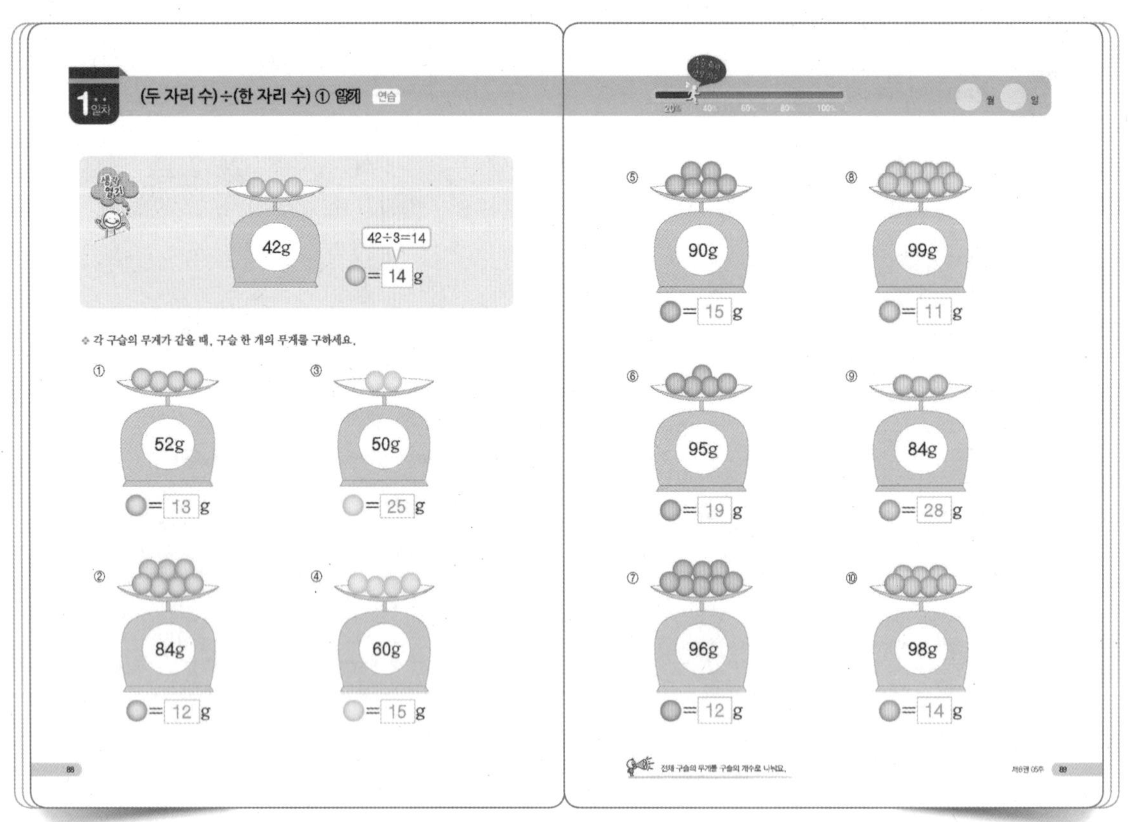

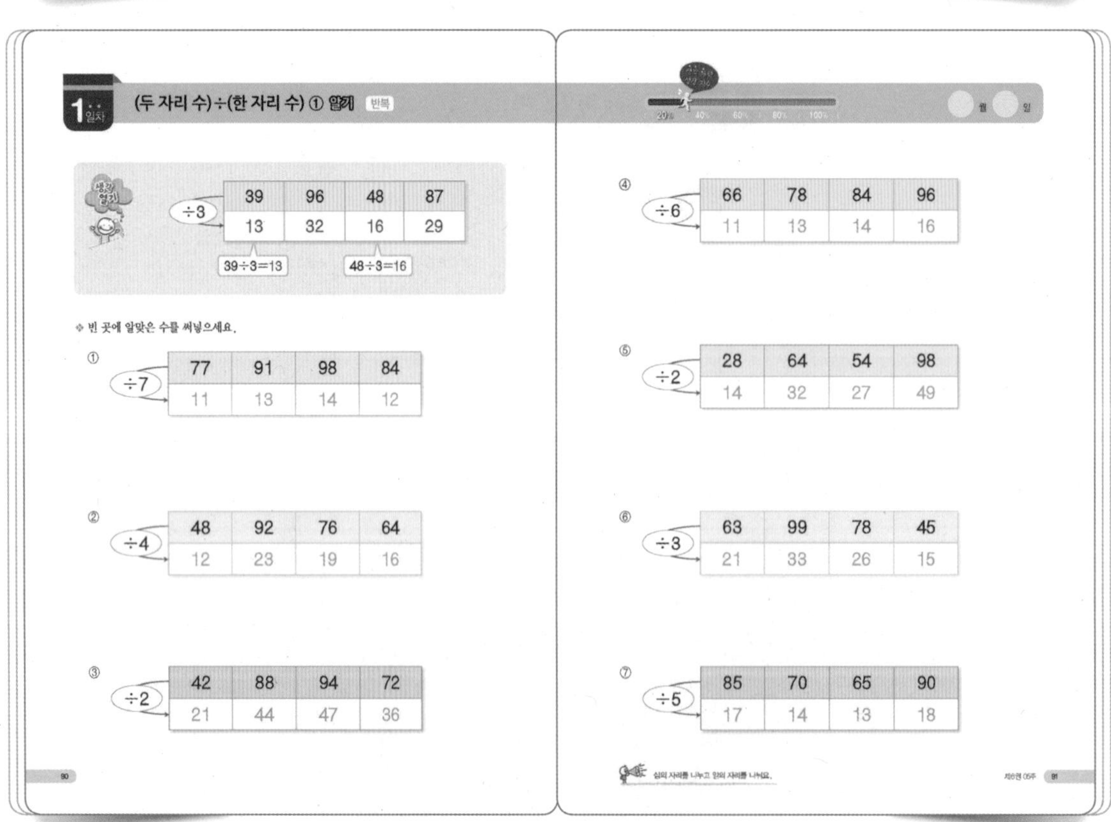

2일차 ······ 92~95쪽

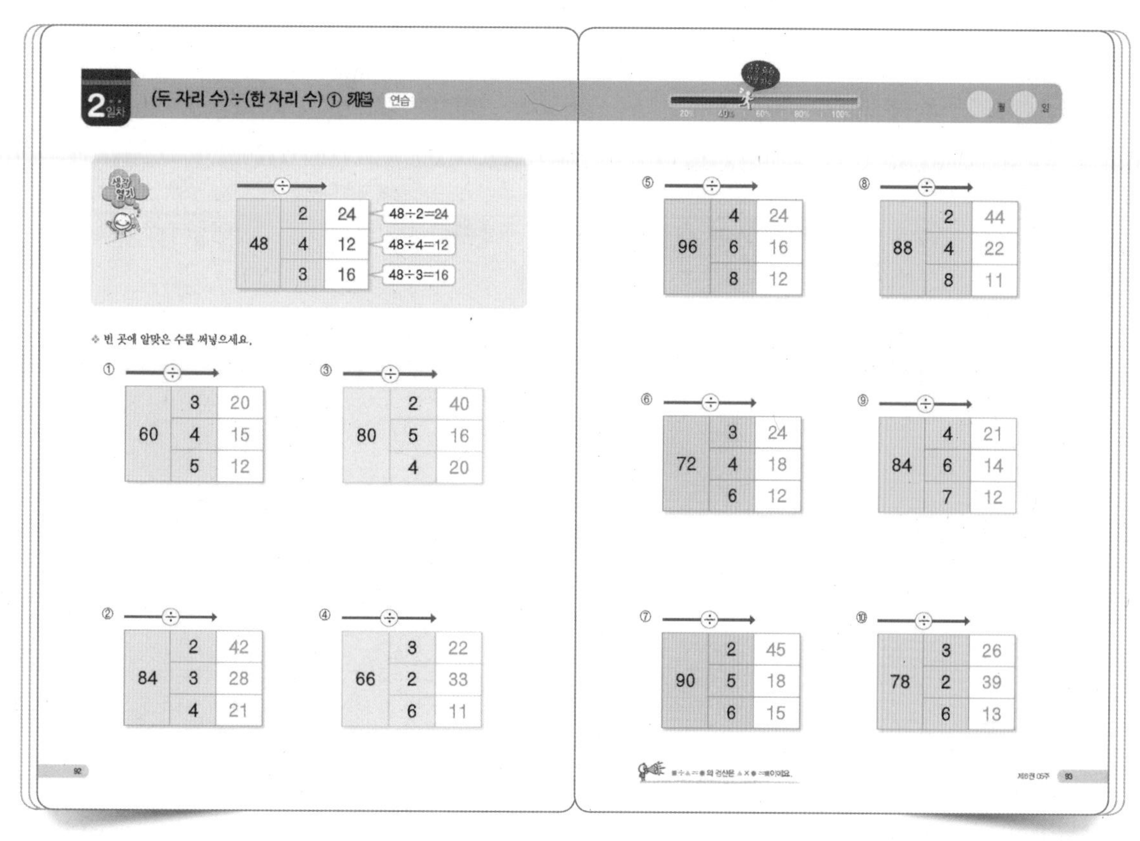

2일차 (두 자리 수)÷(한 자리 수) ① 기본 연습

48	÷	
	2	24 (48÷2=24)
	4	12 (48÷4=12)
	3	16 (48÷3=16)

❖ 빈 곳에 알맞은 수를 써넣으세요.

①

60	÷	
	3	20
	4	15
	5	12

②

84	÷	
	2	42
	3	28
	4	21

③

80	÷	
	2	40
	5	16
	4	20

④

66	÷	
	3	22
	2	33
	6	11

⑤

96	÷	
	4	24
	6	16
	8	12

⑥

72	÷	
	3	24
	4	18
	6	12

⑦

90	÷	
	2	45
	5	18
	6	15

⑧

88	÷	
	2	44
	4	22
	8	11

⑨

84	÷	
	4	21
	6	14
	7	12

⑩

78	÷	
	3	26
	2	39
	6	13

92 · 93

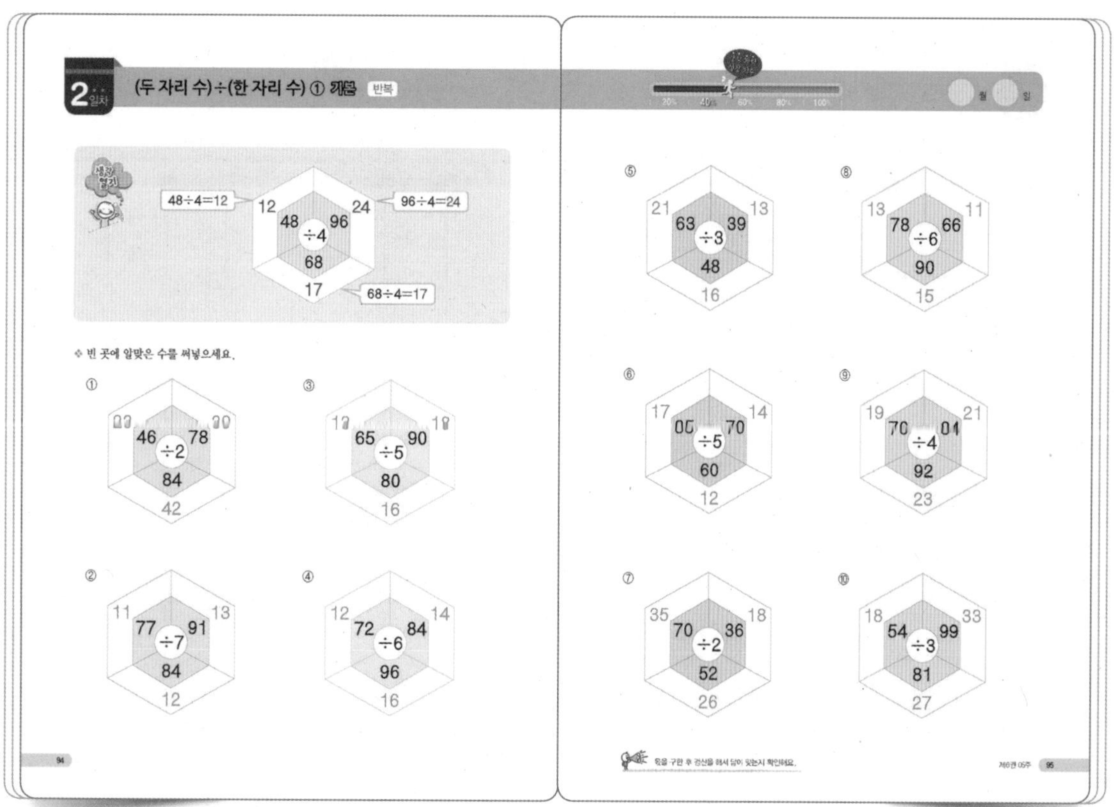

2일차 (두 자리 수)÷(한 자리 수) ① 기본 반복

÷4: 48 → 12 (48÷4=12), 96 → 24 (96÷4=24), 68 → 17 (68÷4=17)

❖ 빈 곳에 알맞은 수를 써넣으세요.

① ÷2: 46 → [illegible], 78 → [illegible], 84 → 42

② ÷7: 77 → 11, 91 → 13, 84 → 12

③ ÷5: 65 → [illegible], 90 → [illegible], 80 → 16

④ ÷6: 72 → 12, 84 → 14, 96 → 16

⑤ ÷3: 63 → 21, 39 → 13, 48 → 16

⑥ ÷5: [illegible] → 17, 70 → 14, 60 → 12

⑦ ÷2: 70 → 35, 36 → 18, 52 → 26

⑧ ÷6: 78 → 13, 66 → 11, 90 → 15

⑨ ÷4: [illegible] → 19, [illegible] → 21, 92 → 23

⑩ ÷3: 54 → 18, 99 → 33, 81 → 27

94 · 95

3일차 -- 96~99쪽

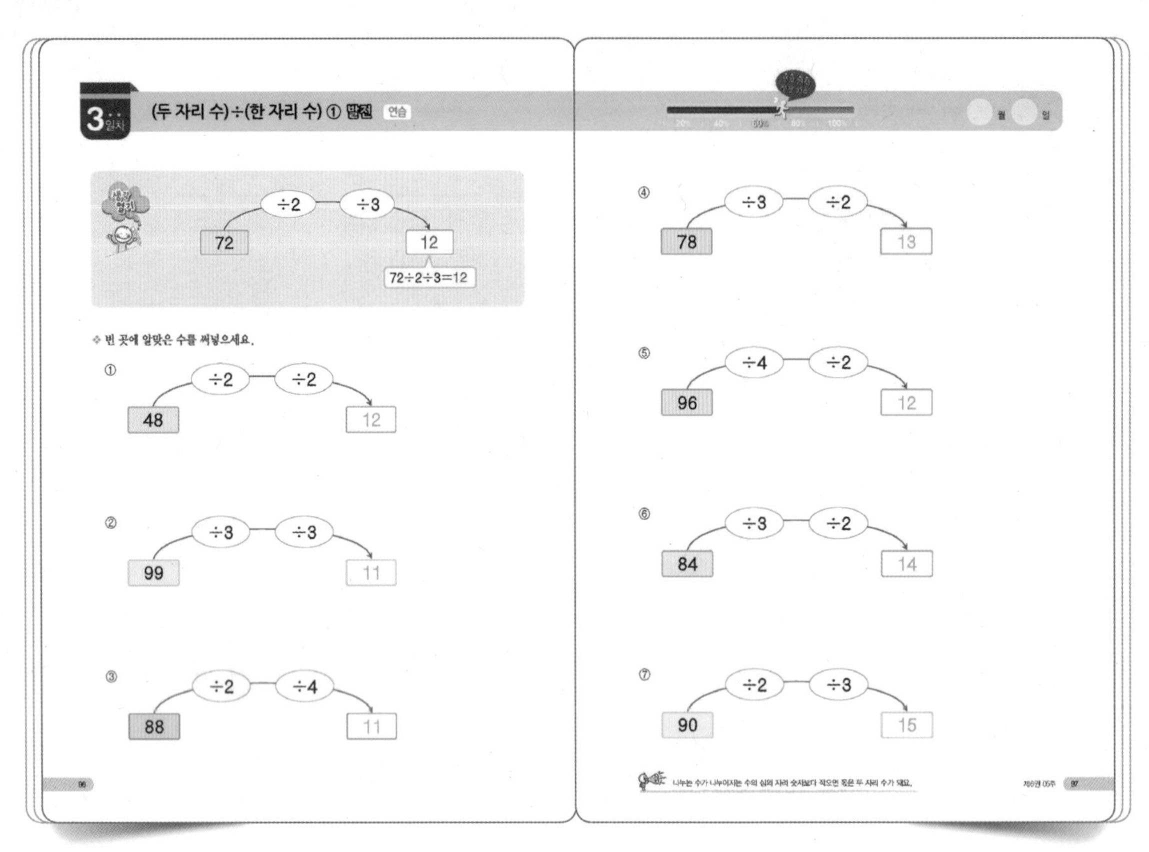
3일차 (두 자리 수)÷(한 자리 수) ① 발전 연습
72
÷2
÷3
12
72÷2÷3=12
빈 곳에 알맞은 수를 써넣으세요.
① 48 ÷2 ÷2 12
② 99 ÷3 ÷3 11
③ 88 ÷2 ÷4 11
④ 78 ÷3 ÷2 13
⑤ 96 ÷4 ÷2 12
⑥ 84 ÷3 ÷2 14
⑦ 90 ÷2 ÷3 15

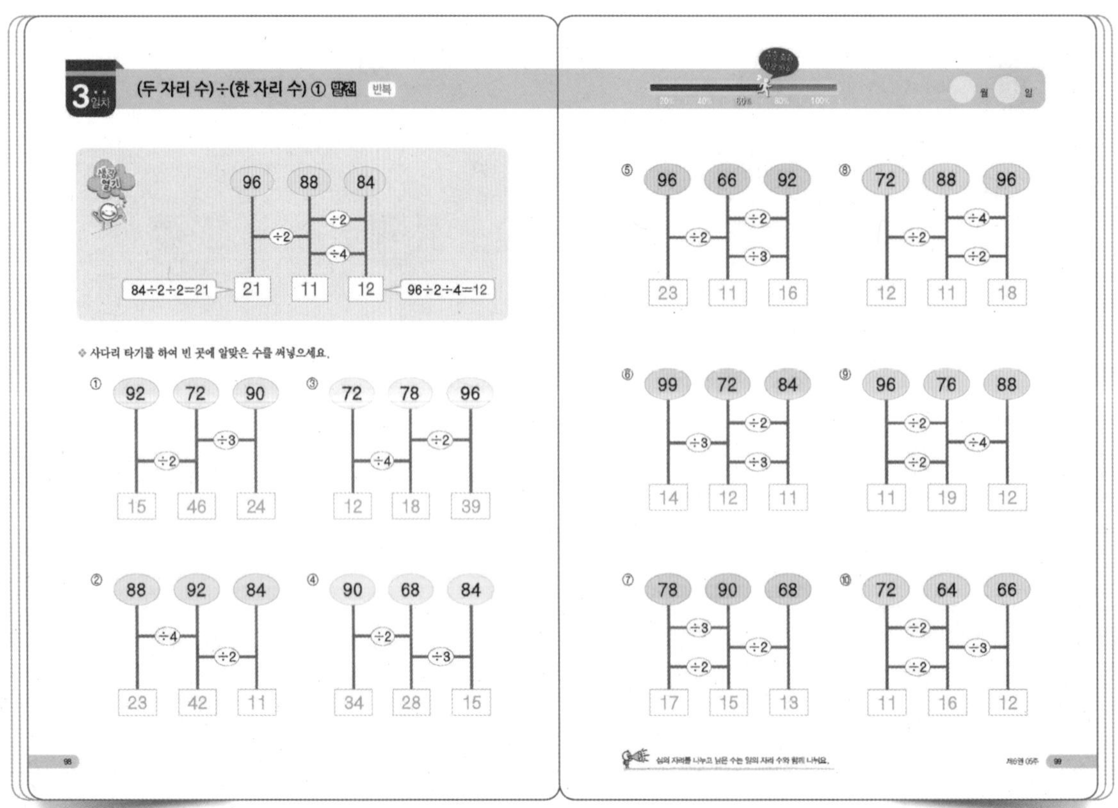
3일차 (두 자리 수)÷(한 자리 수) ① 발전 반복
96 88 84
÷2 ÷2 ÷4
84÷2÷2=21 21 11 12 96÷2÷4=12
사다리 타기를 하여 빈 곳에 알맞은 수를 써넣으세요.
① 92 72 90 ÷3 ÷2 15 46 24
② 88 92 84 ÷4 ÷2 23 42 11
③ 72 78 96 ÷2 ÷4 12 18 39
④ 90 68 84 ÷2 ÷3 34 28 15
⑤ 96 66 92 ÷2 ÷2 ÷3 23 11 16
⑥ 99 72 84 ÷2 ÷3 ÷3 14 12 11
⑦ 78 90 68 ÷3 ÷2 ÷2 17 15 13
⑧ 72 88 96 ÷4 ÷2 ÷2 12 11 18
⑨ 96 76 88 ÷2 ÷2 ÷4 11 19 12
⑩ 72 64 66 ÷2 ÷3 ÷2 11 16 12

4일차 · 100~103쪽

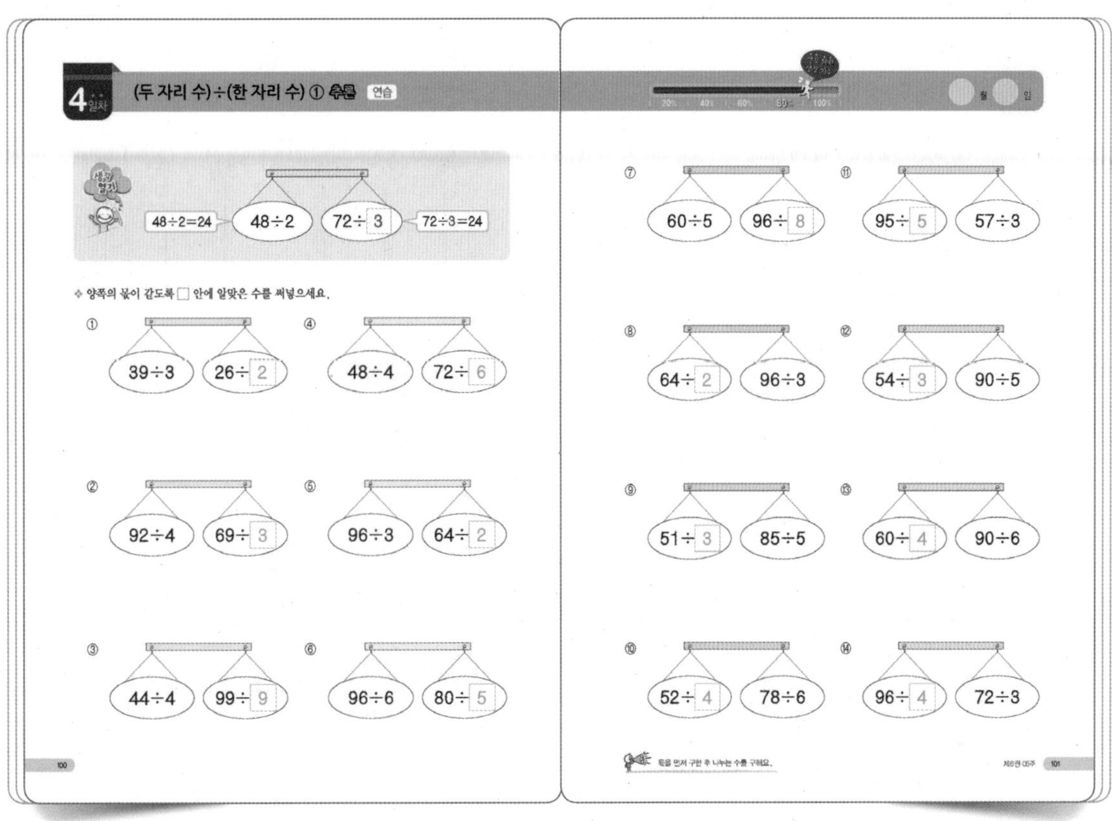
(두 자리 수)÷(한 자리 수) ① 수를 연습
48÷2=24
48÷2
72÷3
72÷3=24
양쪽의 몫이 같도록 □ 안에 알맞은 수를 써넣으세요.
① 39÷3 26÷2
② 92÷4 69÷3
③ 44÷4 99÷9
④ 48÷4 72÷6
⑤ 96÷3 64÷2
⑥ 96÷6 80÷5
⑦ 60÷5 96÷8
⑧ 64÷2 96÷3
⑨ 51÷3 85÷5
⑩ 52÷4 78÷6
⑪ 95÷5 57÷3
⑫ 54÷3 90÷5
⑬ 60÷4 90÷6
⑭ 96÷4 72÷3
100
101

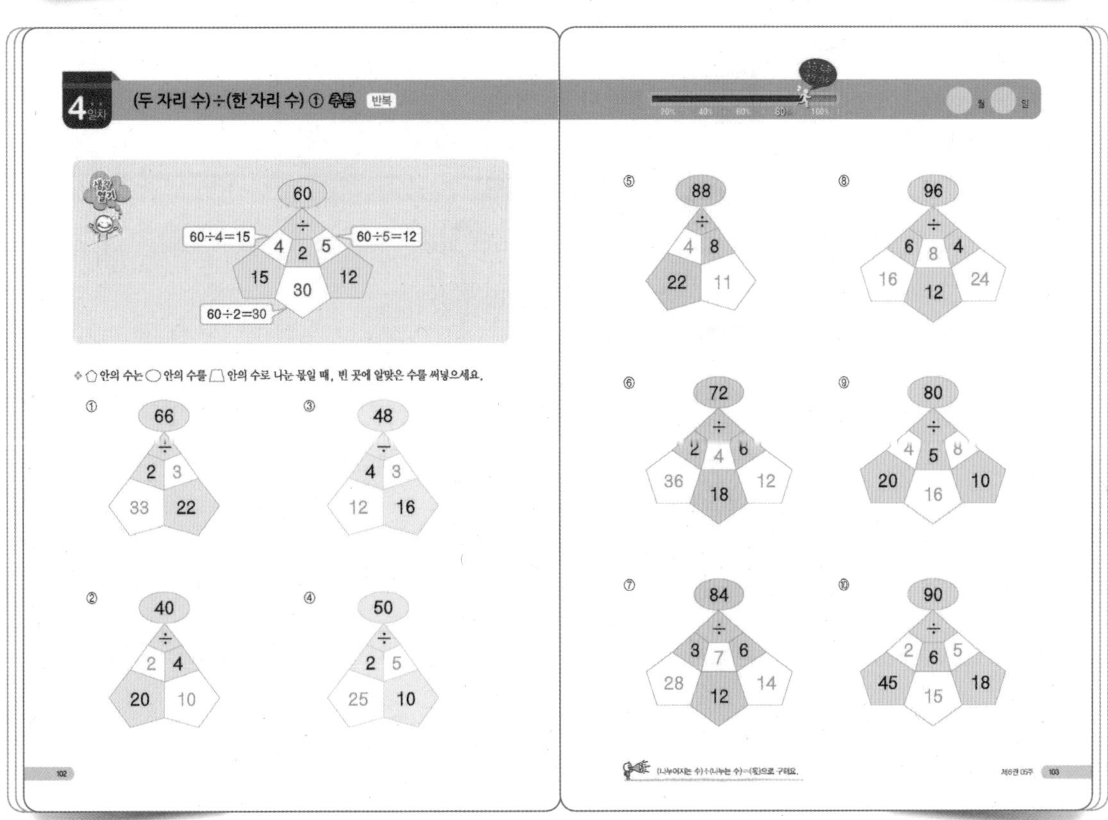
(두 자리 수)÷(한 자리 수) ① 수를 반복
60
60÷4=15
60÷5=12
60÷2=30
4 2 5
15 30 12
안의 수는 안의 수를 안의 수로 나눈 몫일 때, 빈 곳에 알맞은 수를 써넣으세요.
① 66 ÷ 2 3 33 22
② 40 ÷ 2 4 20 10
③ 48 ÷ 4 3 12 16
④ 50 ÷ 2 5 25 10
⑤ 88 ÷ 4 8 22 11
⑥ 72 ÷ 2 4 6 36 18 12
⑦ 84 ÷ 3 7 6 28 12 14
⑧ 96 ÷ 6 8 4 16 12 24
⑨ 80 ÷ 4 5 8 20 16 10
⑩ 90 ÷ 2 6 5 45 15 18
102
103

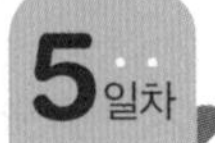
5일차

104~106쪽

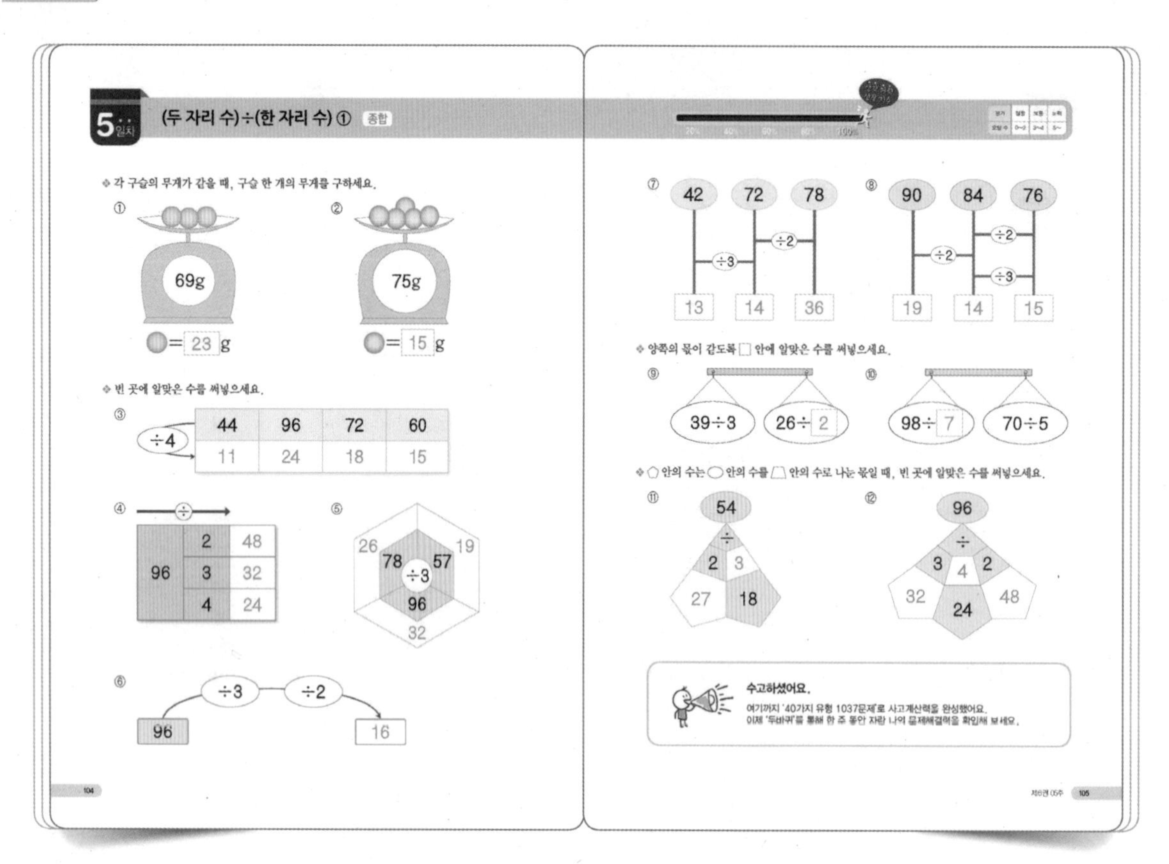
5일차 (두 자리 수)÷(한 자리 수) ① 종합
각 구슬의 무게가 같을 때, 구슬 한 개의 무게를 구하세요.
① 69g = 23 g
② 75g = 15 g
빈 곳에 알맞은 수를 써넣으세요.
③ ÷4 44 96 72 60 11 24 18 15
④ ÷ 96 2 48 3 32 4 24
⑤ 26 19 78 57 ÷3 96 32
⑥ ÷3 ÷2 96 16
⑦ 42 72 78 ÷3 ÷2 13 14 36
⑧ 90 84 76 ÷2 ÷2 ÷3 19 14 15
양쪽의 몫이 같도록 □ 안에 알맞은 수를 써넣으세요.
⑨ 39÷3 26÷2
⑩ 98÷7 70÷5
⑪ 54 ÷ 2 3 27 18
⑫ 96 ÷ 3 4 2 32 24 48
수고하셨어요.
104
105

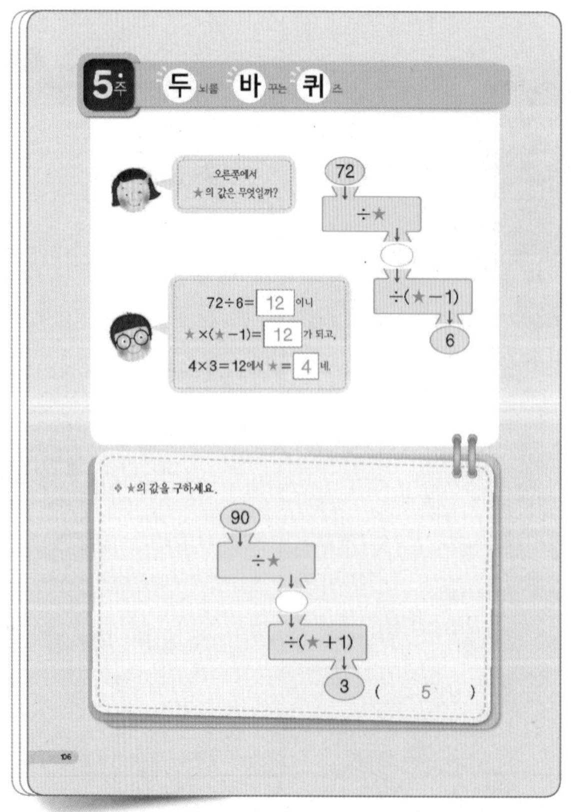
5주 두뇌를 바꾸는 퀴즈
오른쪽에서 ★의 값은 무엇일까?
72 ÷★ ÷(★−1) 6
72÷6= 12 이니
★×(★−1)= 12 가 되고,
4×3=12에서 ★= 4 네.
★의 값을 구하세요.
90 ÷★ ÷(★+1) 3 (5)
106

6주 (두 자리 수)÷(한 자리 수) ②

1일차

108~111쪽

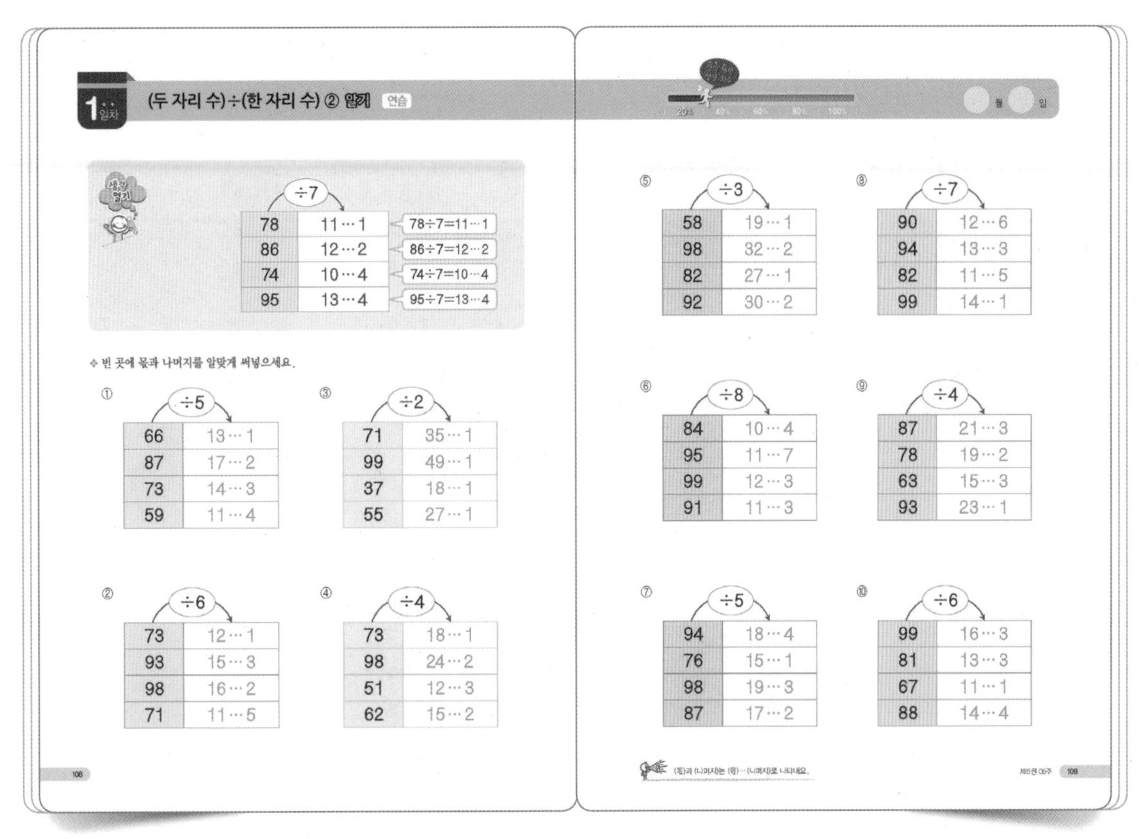

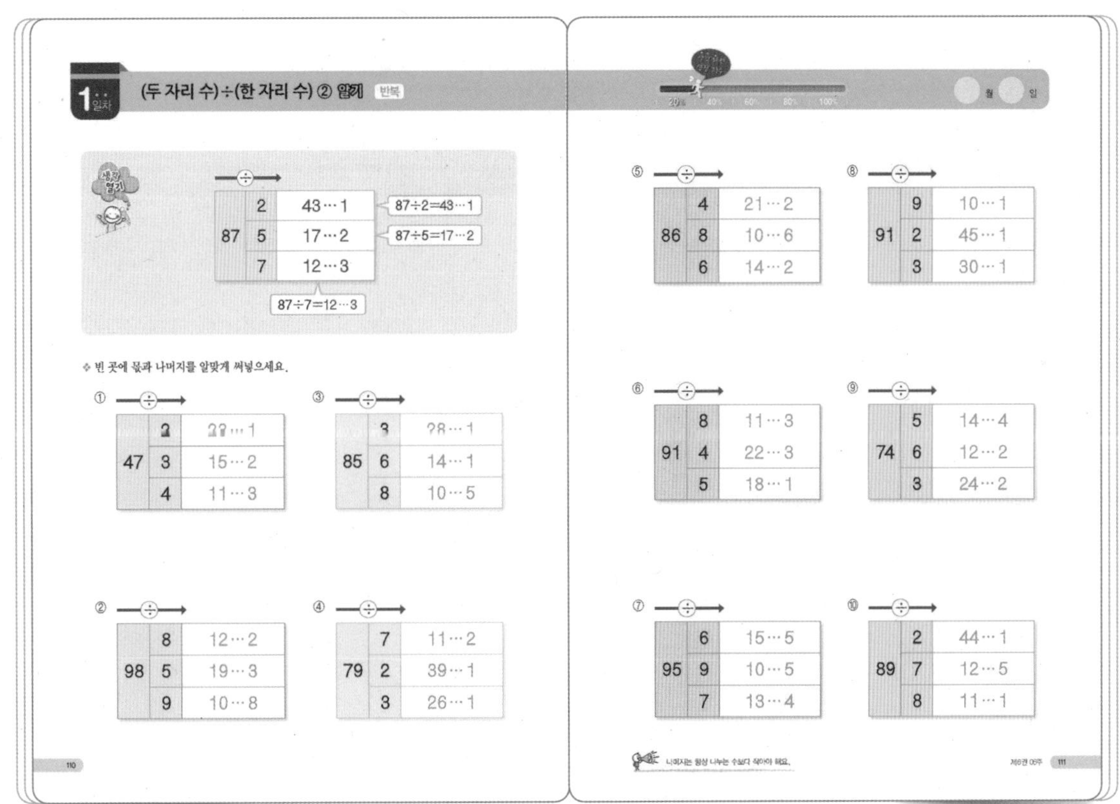

2일차 112~115쪽

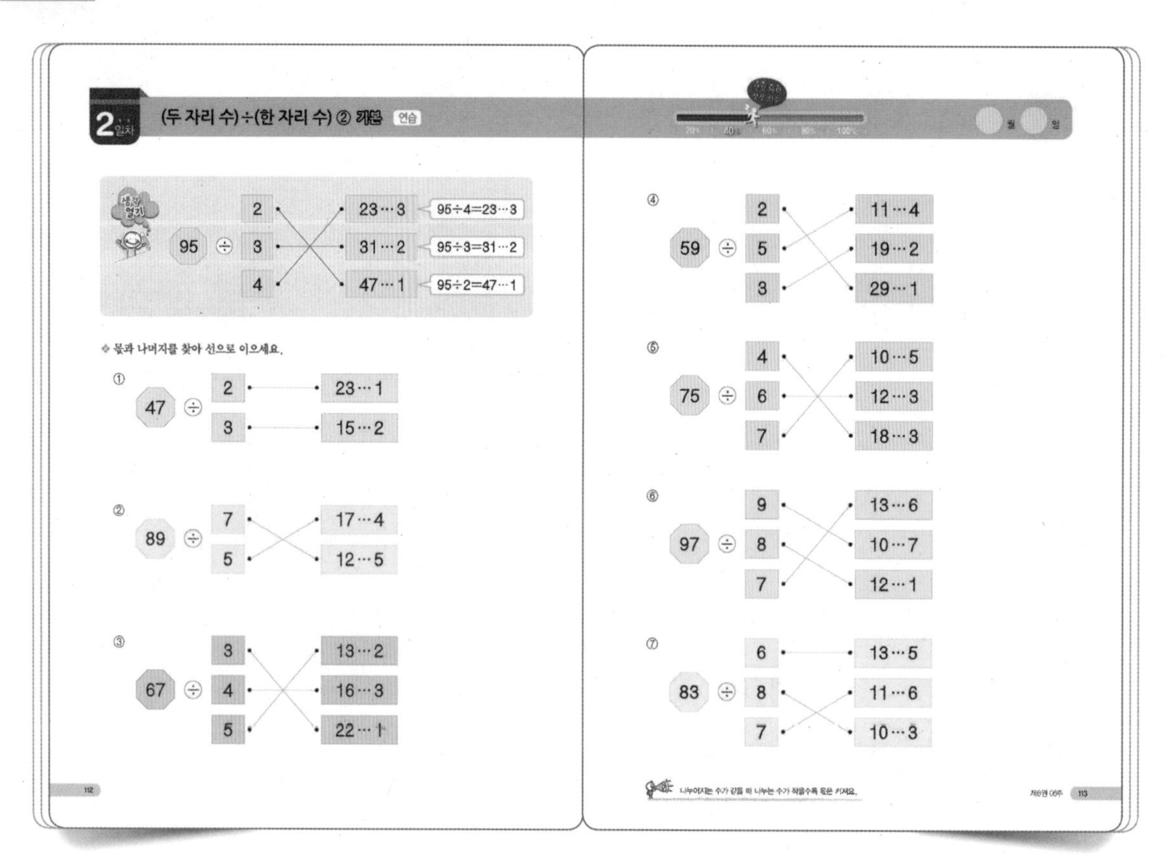
(두 자리 수)÷(한 자리 수) ② 기본 연습
95 ÷ 2 3 4
23…3 31…2 47…1
95÷4=23…3
95÷3=31…2
95÷2=47…1
※ 몫과 나머지를 찾아 선으로 이으세요.
① 47 ÷ 2 3 — 23…1 15…2
② 89 ÷ 7 5 — 17…4 12…5
③ 67 ÷ 3 4 5 — 13…2 16…3 22…1
④ 59 ÷ 2 5 3 — 11…4 19…2 29…1
⑤ 75 ÷ 4 6 7 — 10…5 12…3 18…3
⑥ 97 ÷ 9 8 7 — 13…6 10…7 12…1
⑦ 83 ÷ 6 8 7 — 13…5 11…6 10…3

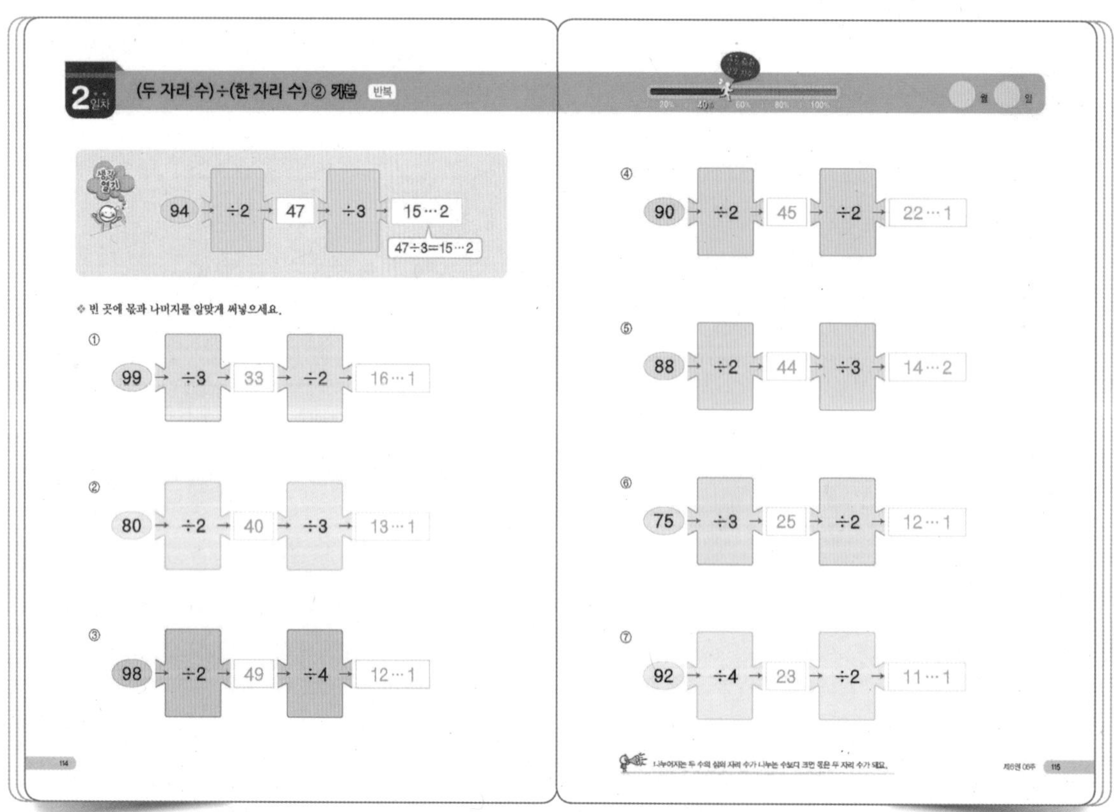
(두 자리 수)÷(한 자리 수) ② 기본 반복
94 ÷2 47 ÷3 15…2
47÷3=15…2
※ 빈 곳에 몫과 나머지를 알맞게 써넣으세요.
① 99 ÷3 33 ÷2 16…1
② 80 ÷2 40 ÷3 13…1
③ 98 ÷2 49 ÷4 12…1
④ 90 ÷2 45 ÷2 22…1
⑤ 88 ÷2 44 ÷3 14…2
⑥ 75 ÷3 25 ÷2 12…1
⑦ 92 ÷4 23 ÷2 11…1

3일차 116~119쪽

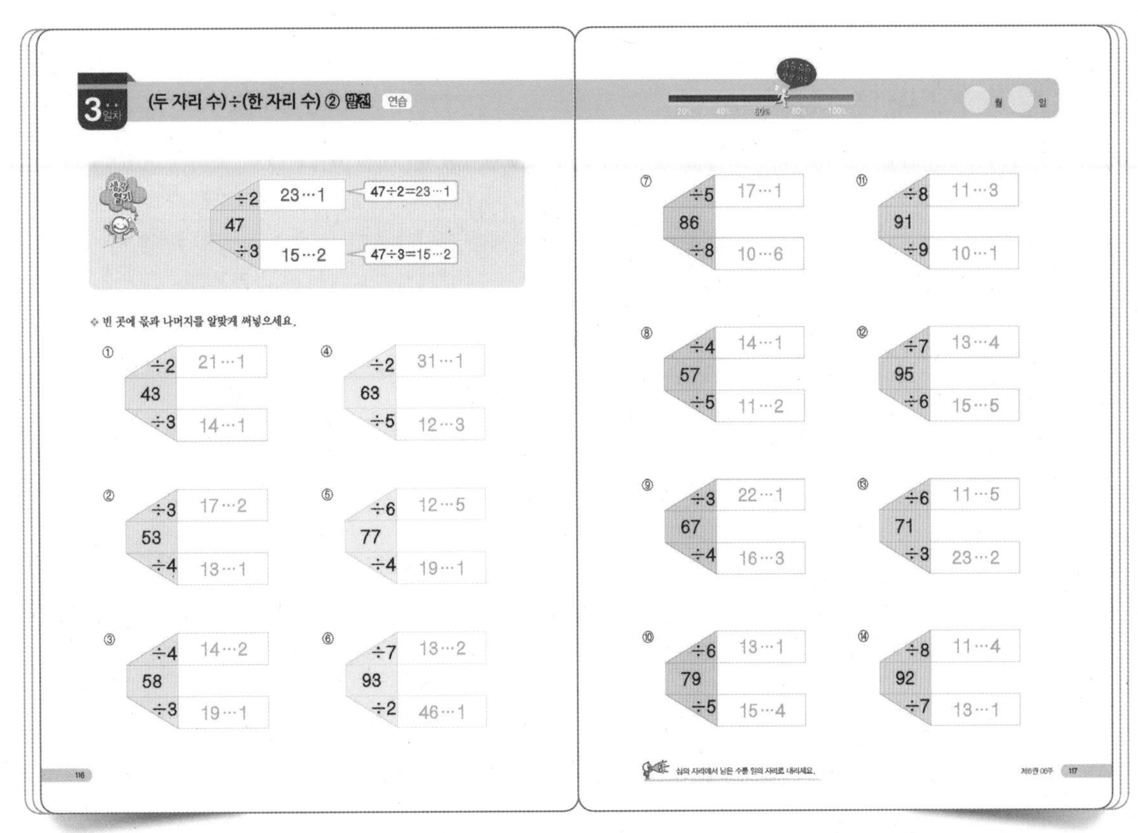

3일차 (두 자리 수)÷(한 자리 수) ② 발전 연습

47 ÷2 23…1 (47÷2=23…1)
47 ÷3 15…2 (47÷3=15…2)

❖ 빈 곳에 몫과 나머지를 알맞게 써넣으세요.

- ① 43 ÷2 21…1 / ÷3 14…1
- ② 53 ÷3 17…2 / ÷4 13…1
- ③ 58 ÷4 14…2 / ÷3 19…1
- ④ 63 ÷2 31…1 / ÷5 12…3
- ⑤ 77 ÷6 12…5 / ÷4 19…1
- ⑥ 93 ÷7 13…2 / ÷2 46…1
- ⑦ 86 ÷5 17…1 / ÷8 10…6
- ⑧ 57 ÷4 14…1 / ÷5 11…2
- ⑨ 67 ÷3 22…1 / ÷4 16…3
- ⑩ 79 ÷6 13…1 / ÷5 15…4
- ⑪ 91 ÷8 11…3 / ÷9 10…1
- ⑫ 95 ÷7 13…4 / ÷6 15…5
- ⑬ 71 ÷6 11…5 / ÷3 23…2
- ⑭ 92 ÷8 11…4 / ÷7 13…1

116 117

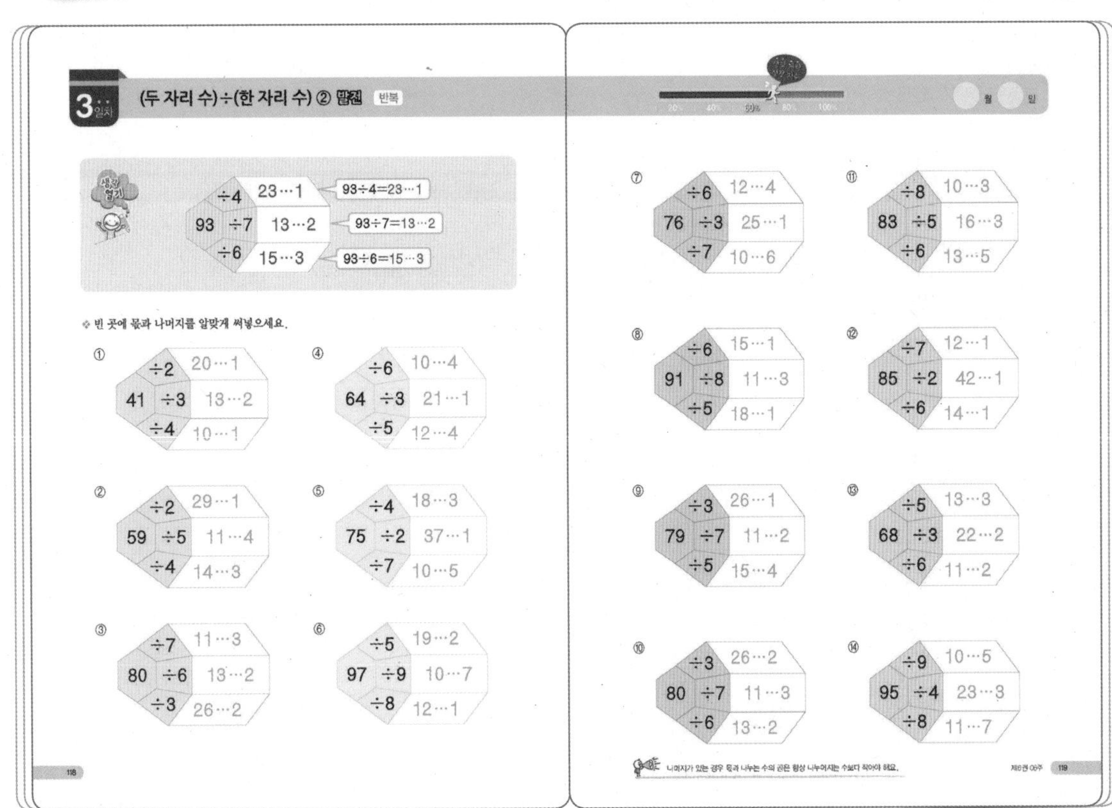

3일차 (두 자리 수)÷(한 자리 수) ② 발전 반복

93 ÷4 23…1 (93÷4=23…1)
93 ÷7 13…2 (93÷7=13…2)
93 ÷6 15…3 (93÷6=15…3)

❖ 빈 곳에 몫과 나머지를 알맞게 써넣으세요.

- ① 41 ÷2 20…1 / ÷3 13…2 / ÷4 10…1
- ② 59 ÷2 29…1 / ÷5 11…4 / ÷4 14…3
- ③ 80 ÷7 11…3 / ÷6 13…2 / ÷3 26…2
- ④ 64 ÷6 10…4 / ÷3 21…1 / ÷5 12…4
- ⑤ 75 ÷4 18…3 / ÷2 37…1 / ÷7 10…5
- ⑥ 97 ÷5 19…2 / ÷9 10…7 / ÷8 12…1
- ⑦ 76 ÷6 12…4 / ÷3 25…1 / ÷7 10…6
- ⑧ 91 ÷6 15…1 / ÷8 11…3 / ÷5 18…1
- ⑨ 79 ÷3 26…1 / ÷7 11…2 / ÷5 15…4
- ⑩ 80 ÷3 26…2 / ÷7 11…3 / ÷6 13…2
- ⑪ 83 ÷8 10…3 / ÷5 16…3 / ÷6 13…5
- ⑫ 85 ÷7 12…1 / ÷2 42…1 / ÷6 14…1
- ⑬ 68 ÷5 13…3 / ÷3 22…2 / ÷6 11…2
- ⑭ 95 ÷9 10…5 / ÷4 23…3 / ÷8 11…7

118 119

4일차 120~123쪽

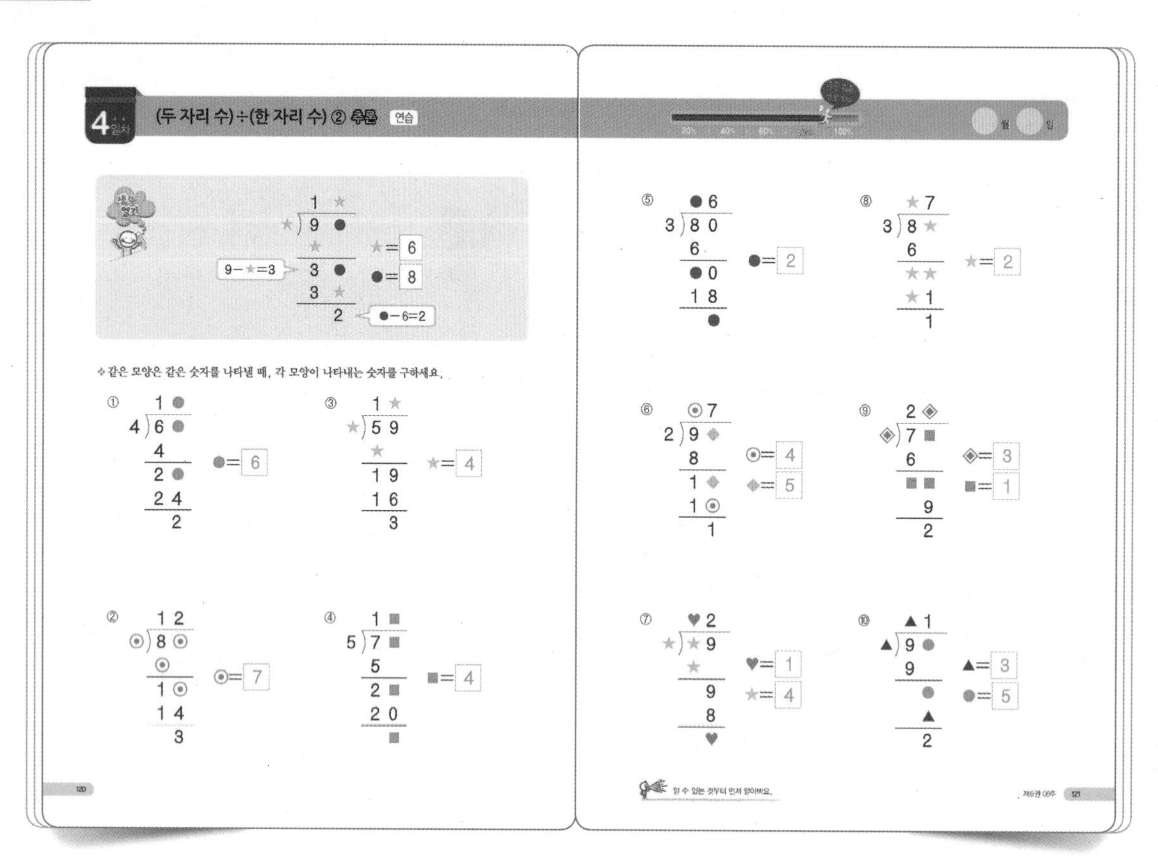

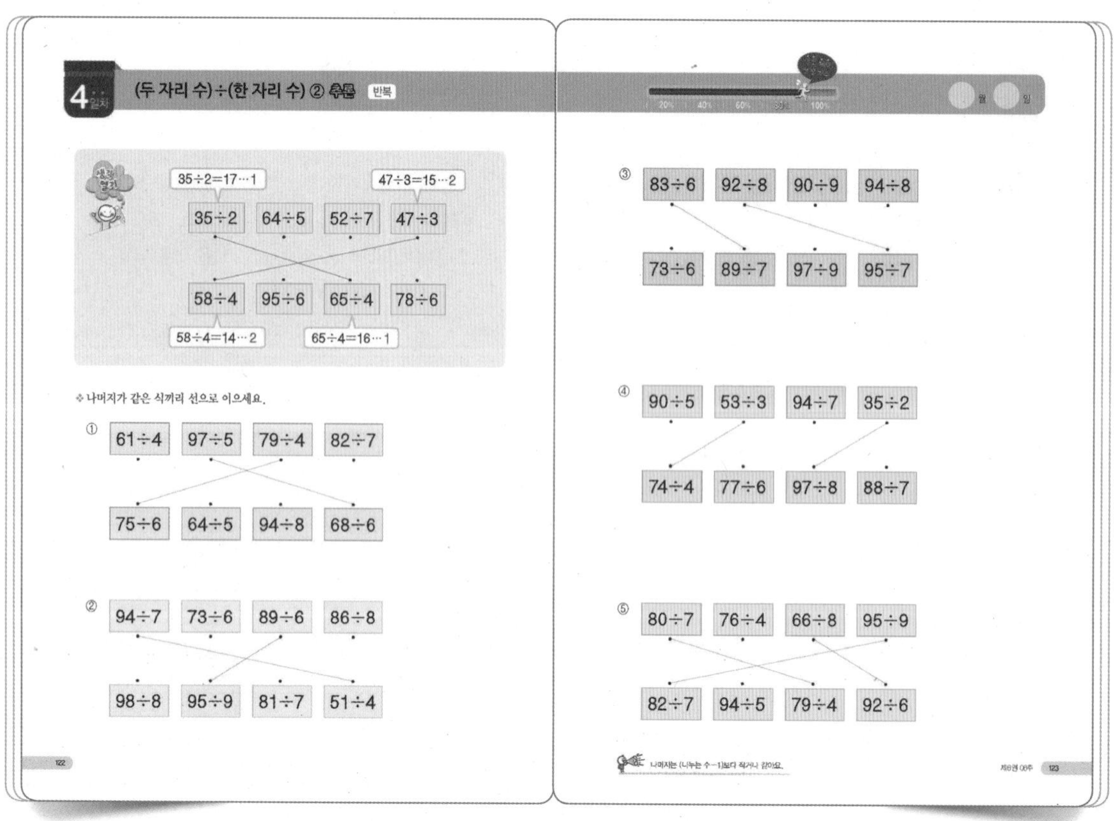

5일차

124~126쪽

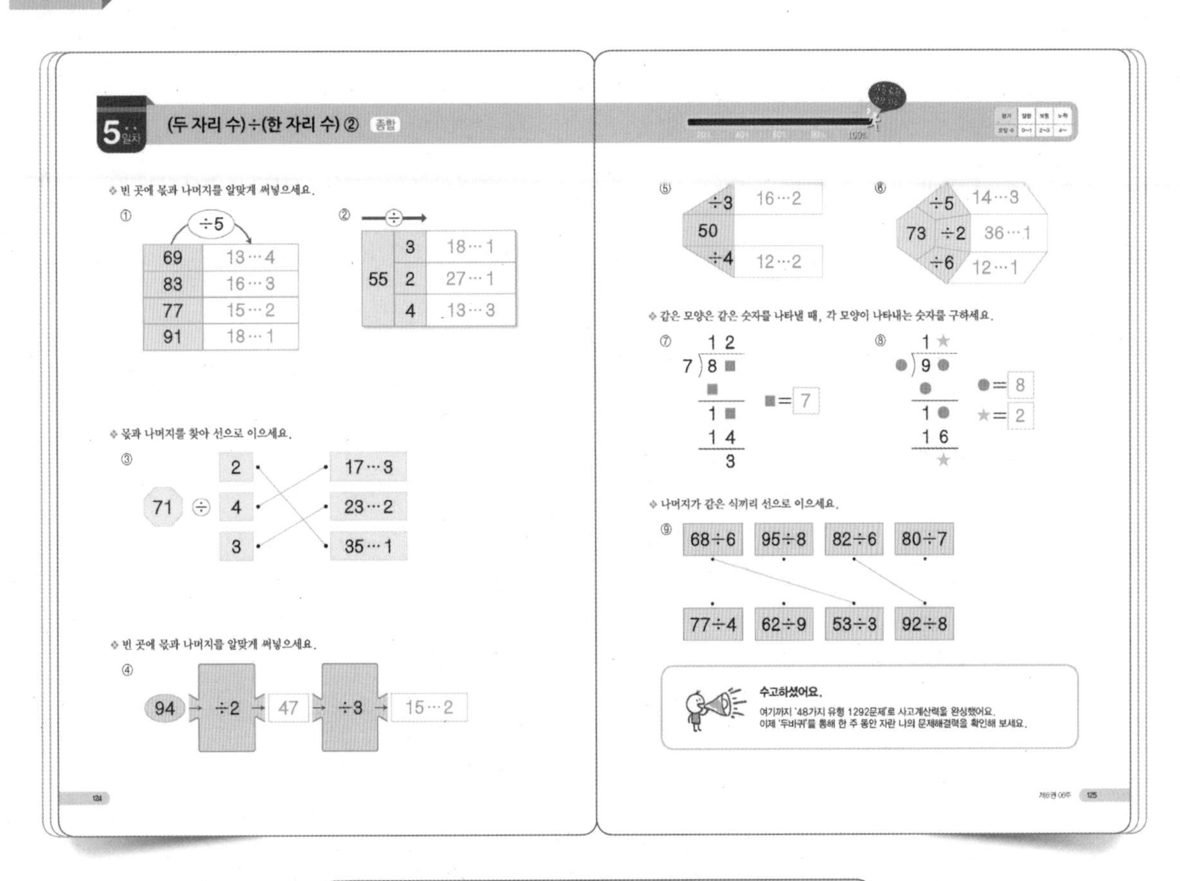

5일차 (두 자리 수)÷(한 자리 수) ② 종합

❖ 빈 곳에 몫과 나머지를 알맞게 써넣으세요.

① ÷5

69	13 ··· 4
83	16 ··· 3
77	15 ··· 2
91	18 ··· 1

② ÷

55	3	18 ··· 1
	2	27 ··· 1
	4	13 ··· 3

❖ 몫과 나머지를 찾아 선으로 이으세요.

③ 71 ÷ 2, 4, 3 — 17 ··· 3, 23 ··· 2, 35 ··· 1

❖ 빈 곳에 몫과 나머지를 알맞게 써넣으세요.

④ 94 → ÷2 → 47 → ÷3 → 15 ··· 2

⑤ 50 ÷3 → 16 ··· 2, ÷4 → 12 ··· 2

⑥ 73 ÷5 → 14 ··· 3, ÷2 → 36 ··· 1, ÷6 → 12 ··· 1

❖ 같은 모양은 같은 숫자를 나타낼 때, 각 모양이 나타내는 숫자를 구하세요.

⑦ 7) 8 ■ = 1 2 ··· 3, ■ = 7

⑧ ●) 9 ● = 1 ★, ● = 8, ★ = 2

❖ 나머지가 같은 식끼리 선으로 이으세요.

⑨ 68÷6, 95÷8, 82÷6, 80÷7 — 77÷4, 62÷9, 53÷3, 92÷8

수고하셨어요.

여기까지 '48가지 유형 1292문제'로 사고계산력을 완성했어요.
이제 '두바퀴'를 통해 한 주 동안 자란 나의 문제해결력을 확인해 보세요.

124 125

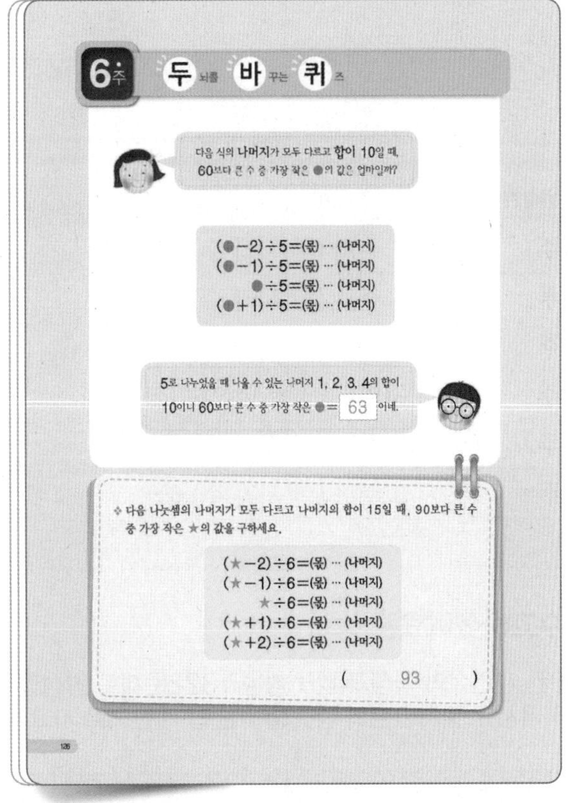

6주 두뇌를 바꾸는 퀴즈

다음 식의 나머지가 모두 다르고 합이 10일 때, 60보다 큰 수 중 가장 작은 ●의 값은 얼마일까?

(●−2)÷5=(몫) ··· (나머지)
(●−1)÷5=(몫) ··· (나머지)
●÷5=(몫) ··· (나머지)
(●+1)÷5=(몫) ··· (나머지)

5로 나누었을 때 나올 수 있는 나머지 1, 2, 3, 4의 합이 10이니 60보다 큰 수 중 가장 작은 ●= 63 이네.

❖ 다음 나눗셈의 나머지가 모두 다르고 나머지의 합이 15일 때, 90보다 큰 수 중 가장 작은 ★의 값을 구하세요.

(★−2)÷6=(몫) ··· (나머지)
(★−1)÷6=(몫) ··· (나머지)
★÷6=(몫) ··· (나머지)
(★+1)÷6=(몫) ··· (나머지)
(★+2)÷6=(몫) ··· (나머지)

(93)

126

6권 자연수의 곱셈과 나눗셈

권말평가

127~128쪽

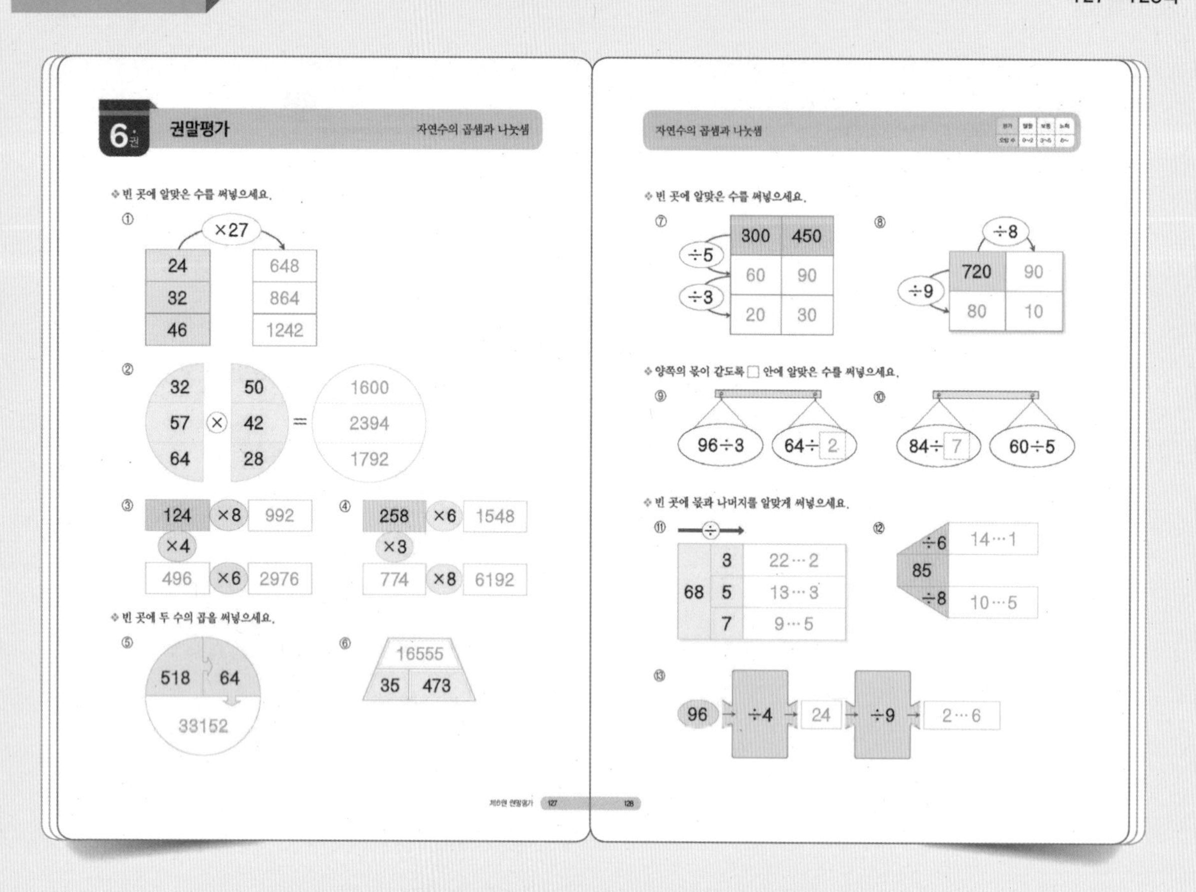
6권 권말평가 자연수의 곱셈과 나눗셈

◆ 빈 곳에 알맞은 수를 써넣으세요.

① ×27

24	648
32	864
46	1242

② 32, 57, 64 × 50, 42, 28 = 1600, 2394, 1792

③ 124 ×8 992, ×4, 496 ×6 2976

④ 258 ×6 1548, ×3, 774 ×8 6192

◆ 빈 곳에 두 수의 곱을 써넣으세요.

⑤ 518, 64 → 33152

⑥ 35, 473 → 16555

자연수의 곱셈과 나눗셈

◆ 빈 곳에 알맞은 수를 써넣으세요.

⑦ ÷5, ÷3

300	450
60	90
20	30

⑧ ÷8, ÷9

720	90
80	10

◆ 양쪽의 몫이 같도록 □ 안에 알맞은 수를 써넣으세요.

⑨ 96÷3, 64÷2

⑩ 84÷7, 60÷5

◆ 빈 곳에 몫과 나머지를 알맞게 써넣으세요.

⑪ ÷

68	3	22…2
	5	13…3
	7	9…5

⑫ 85 ÷6 14…1, ÷8 10…5

⑬ 96 → ÷4 → 24 → ÷9 → 2…6

문항별 학습내용

틀린 문항에 대한 학습 내용을 한 번 더 확인하세요.

문항번호	학습내용	
①, ②	1주	(두 자리 수) x (두 자리 수)
③, ④	2주	(세 자리 수) x (한 자리 수)
⑤, ⑥	3주	(세 자리 수) x (두 자리 수)
⑦, ⑧	4주	(몇십)÷(몇), (몇백 몇십)÷(몇)
⑨, ⑩	5주	(두 자리 수)÷(한 자리 수) ①
⑪, ⑫, ⑬	6주	(두 자리 수)÷(한 자리 수) ②

수고하셨어요.

6권 자연수의 곱셈과 나눗셈을 1322문제로 완성했어요.
이어서 7권 자연수의 나눗셈 / 혼합 계산으로 사고계산력을 키우세요.

메가
계산력

응용 6권
초등 3학년

메가 계산력

정답

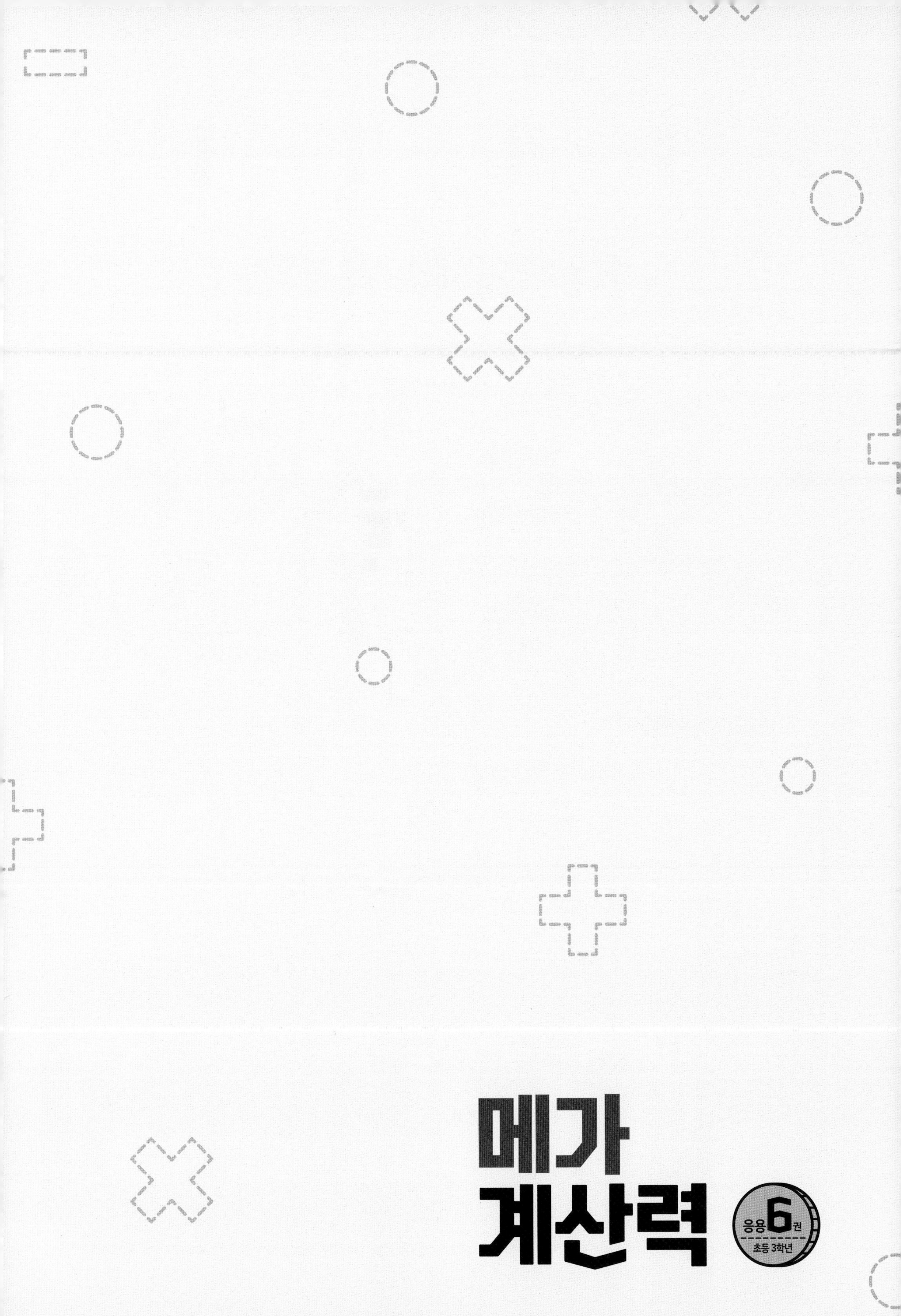

메가
계산력
응용 6권
초등 3학년

megastudy

한 권으로 끝내는 개념 기본서

메가스터디 초등 수학

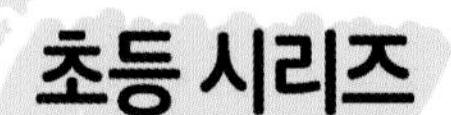

- 개념에서 유형까지 단계별 완전 학습

교과서 개념잡기 ▶ 개념 확인 문제 ▶ 개념 다지기 문제 ▶ 실력 쌓기 문제 ▶ 유형으로 실력 쌓기 문제 ▶ 서술형 문제 ▶ 단원평가

- 교과서와 익힘책에서 다룬 모든 유형의 문제 수록
- 서술형, 창의 · 융합 문제로 수학적 사고력 강화